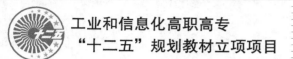

工业和信息化高职高专
"十二五"规划教材立项项目

高等职业院校
机电类"十二五"规划教材

UG NX 6.0 应用与实例教程

（第2版）

The Application & Example
Courses for UG NX 6.0 (2nd Edition)

U0336496

◎ 周玮 霍松林 编著

人民邮电出版社
北 京

精品系列

图书在版编目（CIP）数据

　　UG NX6.0应用与实例教程 / 周玮，霍松林编著. --
2版. -- 北京：人民邮电出版社，2012.9（2019.7重印）
　　高等职业院校机电类"十二五"规划教材
　　ISBN 978-7-115-28809-7

　　Ⅰ. ①U… Ⅱ. ①周… ②霍… Ⅲ. ①数控机床－加工
－计算机辅助设计－应用软件－高等职业教育－教材
Ⅳ. ①TG659-39

　　中国版本图书馆CIP数据核字(2012)第161011号

内 容 提 要

　　本书从实用角度出发，以应用为主线，结合实例介绍了 UG NX 6.0 的基本功能及应用技巧。全书共分 9 章，内容主要包括曲线曲面造型、实体特征造型、装配设计、数控铣削加工等。全书的理论知识与实例相结合，读者通过这些典型实例的操作练习，可达到事半功倍的学习效果。

　　本书可作为高职高专院校机械类（机制、数控、模具、计算机辅助设计与制造、机械制造与自动化）各专业及近机类专业的教材使用，也可作为热加工专业的专业横向拓展课程的教材使用；同时，也适用于从事机械 CAD/CAM 工作的技术人员自学参考。

工业和信息化高职高专"十二五"规划教材立项项目
高等职业院校机电类"十二五"规划教材
UG NX6.0 应用与实例教程（第 2 版）

◆ 　编　著　周　玮　霍松林
　　责任编辑　李育民

◆ 　人民邮电出版社出版发行　　北京市丰台区成寿寺路 11 号
　　邮编　100164　　电子邮件　315@ptpress.com.cn
　　网址　http://www.ptpress.com.cn
　　固安县铭成印刷有限公司印刷

◆ 　开本：787×1092　1/16
　　印张：19.5　　　　　　　　2012 年 9 月第 2 版
　　字数：461 千字　　　　　　2019 年 7 月河北第 10 次印刷

ISBN 978-7-115-28809-7

定价：39.80 元

读者服务热线：**(010) 81055256**　印装质量热线：**(010) 81055316**
反盗版热线：**(010) 81055315**

Forward

前言

    Unigraphics（简称 UG）是 SIEMENS 公司（原 UGS 公司）开发的 CAD/CAM/CAE 软件，广泛用于机械、模具、汽车、家电、航天、军事等领域，现已成为世界上最流行的 CAD/CAM/CAE 软件之一。UG 软件从 1990 年进入我国后，20 多年来，在工业制造领域得到了越来越广泛的应用，特别是进入 21 世纪后，机械 CAD/CAM/CAE 技术逐渐向中小型企业普及，应用 UG 软件进行产品设计和开发的企业越来越多，因此，市场上急需一大批懂技术、懂设计、懂软件、会操作的应用型高技能人才。本书是基于目前社会上对 UG 应用人才的需求和各个院校开设相关课程的教学需求，以及企业中部分技术人员学习 UG 软件的需求而编写的。

    全书按照"基础—提高—巩固应用—实例应用拓展"的结构体系进行编排，从基础入手，以实用性强、针对性强的实例为引导，从 3D 造型、工程图、装配设计，到数控铣加工，循序渐进地介绍了 UG NX 6.0 的使用方法和使用其设计产品的过程及技巧。本书每章都附有实践性较强的实训习题，供学生上机操作时使用，以帮助学生进一步巩固所学内容。

    本书图文并茂、深入浅出、通俗易懂，适用于高职高专层次机械类（机制、数控、模具、机电一体化、计算机辅助设计与制造、机械制造与自动化）各专业及近机类专业作为教材使用，也可作为热加工专业的横向拓展课程的教材使用；同时，也适用于从事机械 CAD/CAM 工作的技术人员自学。

    本书的参考学时为 64 学时，其中实践环节为 22 学时，各章的学时安排可参见下面的学时分配表。

章节	课程内容	学时分配	
		讲授	实训
第 1 章	UG NX 6.0 基础知识	2	
第 2 章	曲线造型基础	4	2
第 3 章	草图	4	2
第 4 章	实体建模	8	4

续表

章节	课程内容	学时分配	
		讲授	实训
第 5 章	曲面造型基础	4	2
第 6 章	工程图设计基础	4	2
第 7 章	装配设计基础	4	2
第 8 章	UG NX 6.0 数控铣削加工基础	6	4
第 9 章	UG NX 6.0 应用综合实例	6	4
课时总计		42	22

　　本书由周玮、霍松林编著，参加编写工作的还有赵宏立、吴爽、李庆、耿慧莲、周文博、王秀梅、郭英。

　　由于编写时间仓促，加之编者水平有限，书中难免存在不足之处，恳请广大读者批评指正。

编著者

2012 年 7 月

Content

目 录

第1章

| NX 6.0 基础知识 |

【学习目标】

1. 了解 UG NX 6.0 基本特点及常用模块功能
2. 掌握 UG NX 6.0 的安装方法
3. 掌握 UG NX 6.0 基本设置方法
4. 掌握 UG NX 6.0 基本操作方法

UG NX 6.0 简介

Unigraphics（简称 UG）是 SIEMENS 公司（原 UGS 公司）开发的产品全生命周期解决方案中面向产品开发领域的 CAD/CAM/CAE 软件，UG NX 软件为用户提供了一套集成的、全面的产品开发解决方案，用于产品设计、分析、制造，广泛用于机械、模具、汽车、家电、航天、军事等领域，现已成为世界上最流行的 CAD/CAM/CAE 软件之一。UG NX 先后推出了多个版本，并不断升级，每次发布的最新版本，都代表着当时世界同行业制造技术的发展前沿，很多现代设计方法和理念，都能较快地在新版本中反映出来。同样，UG NX 6.0 版本的很多内容也是在原来的基础上进行了改进和升级，使其灵活性和协调性更好，可更方便地帮助用户实现产品的创新，缩短产品上市时间、降低成本、提高产品的设计和制造质量。

UG NX 6.0 为 CAD/CAM/CAE 市场提供了突破性的技术创新，在生产力改进方面的提高幅度超过了以前任何一个版本，是 UGS 高性能产品开发解决方案历程中的一个重要里程碑，其创新技术为行业设定了新标准，UG NX 6.0 的各项技术的集成极大地提高了企业有效利用所有业务知识的能力。

1.1.1   UG NX 6.0 的特点

UG NX 6.0 提供了一个基于过程的产品设计环境，使产品开发从设计到加工真正实现了数据的无缝集成，从而优化了企业的产品设计与制造。UG 面向过程驱动的技术是虚拟产品开发的关键技术，在面向过程驱动技术的环境中，用户的全部产品及精确的数据模型能够在产品开发全过程的各个环节保持相关，从而有效地实现了并行工程。

UG NX 6.0 不仅具有强大的实体造型、曲面造型、虚拟装配、产生工程图等设计功能，而且在设计过程中可进行有限元分析、机构运动分析、动力学分析和仿真模拟，以提高设计的可靠性；同时，可用建立的三维模型直接生成数控代码，用于产品的加工，其后处理程序支持多种类型数控机床。另外，它还提供二次开发语言，便于用户开发专用的 CAD 系统。

UG NX 6.0 是在低版本基础上改进而来，所以，它具有 UG 软件的共同特点。

（1）具有统一的数据库，真正实现了 CAD/CAE/CAM 等各模块之间无数据交换的自由切换，可实施并行工程和协同设计。

（2）采用复合建模技术，可将实体建模、曲面建模、线框建模、显示几何建模与参数化建模融为一体。

（3）用基于特征的建模和编辑方法作为实体造型基础，形象直观，类似于工程师传统的设计办法，并能用参数驱动。

（4）曲面设计采用非均匀有理 B 样条作基础，可用多种方法生成复杂的曲面，特别适合于汽车外形设计、汽轮机叶片设计等复杂曲面造型。

（5）出图功能强，能按照国际标准和国标标注尺寸、形位公差和汉字说明，十分方便地从三维实体模型直接生成二维工程图等。并能直接对实体做旋转剖、阶梯剖和轴测图挖切，生成各种剖视图，增强了绘制工程图的实用性。

（6）以 "Parasolid" 为实体建模核心，实体造型功能处于领先地位。目前，著名的 CAD/CAE/CAM 软件均以此作为实体造型基础。

（7）提供了界面良好的二次开发工具，并能通过高级语言接口，使 UG 的图形功能与高级语言的计算功能紧密结合起来。

（8）具有良好的用户界面，绝大多数功能都可通过图标实现；进行对象操作时，具有自动推理功能；同时，在每个操作步骤中，都有相应的提示信息，便于用户做出正确的选择。

UG NX 6.0 主要增强功能及突破性创新包括以下几方面。

● 更多的灵活性—UG NX 6.0 提供了 "同步建模技术驱动" 的无约束的设计，通过对几何结构编辑的立即反馈、三维尺寸驱动的编辑等，把功能强大的动态编辑及创建功能添加到开发产品的过程中，使 CAD 技术对于非设计人员也易于使用，使产品设计更加方便快捷。

● 更好的协调性—UG NX 6.0 提供了一个基于过程的产品设计环境，并且可利用新功能来扩展任何来源数据的使用，使产品开发从设计到加工真正实现了数据的无缝集成，用户的全部产品及精确的数据模型能够在产品开发全过程的各个环节保持相关，有效地协调并优化了企业产品设计与制造过程。

- 更高的生产力—UG NX 6.0 提供了一个新的用户界面，以及由用户做主的自定义功能，可根据个人的应用情况及习惯，定制适合自己的工作界面，从而提高了工作效率。
- 更强劲的效能—UG NX 6.0 把 CAD/CAM/CAE 无缝集成到一个统一、开放的环境中，进一步提高了产品和流程信息的效率。

1.1.2 UG NX 6.0 对计算机的要求及安装

1. 硬件的要求

为保证 UG NX 6.0 工作流畅，计算机硬件配置要满足以下条件：

CPU 主频 2.5GHz 以上，内存 2GB 以上，采用独立显卡且显存 256MB 以上，硬盘存储空间 250GB 以上。

2. 系统软件的要求

UG NX 6.0 需要在 Windows XP、Windows 7（32 位或 64 位）系统上安装和运行。

Windows XP 支持 "NTFS" 和 "FAT" 两种新旧类型的文件系统，但 UG NX 6.0 和所有相关产品必须安装在位于 "NTFS" 文件系统的分区。

UG NX 6.0 如安装在旧的 "FAT" 文件系统的分区上，将无法正常运行。

3. UG NX 6.0 的安装

完全安装 UG NX 6.0 的所有模块大约需要 2.5GB 的空闲磁盘空间。运行安装程序时，它将提示安装所需的空间，并要求保证目标磁盘具有所需数量的空间。

UG NX 6.0 的安装过程如下。

（1）使用具有管理员权限的账户登录到工作站。

（2）将 UG NX 6.0 软件的 DVD 光盘放入到系统的 DVD 驱动器中并选择 UG NX 6.0 的安装选项。

（3）在 "欢迎使用" 对话框中，单击【下一步】继续。在安装过程中可随时单击【取消】按钮，停止（并回滚）安装。

（4）选择所需的安装类型，如图 1-1 所示，各选项的含义如下。

- 典型：将安装所有 UG NX 6.0 产品，为 UG NX 6.0 配置注册表项、快捷方式和系统文件。
- 自定义：默认情况下，仅为这种安装选择主

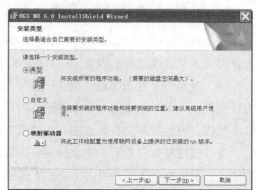

图1-1 确定安装类型

要的 UGII 工具包。选择希望安装的附加产品后，系统将为选定的产品配置注册表项、快捷键和系统文件。

● 映射的驱动器：使用此选项，可将 UG NX 6.0 配置为从先前在服务器上安装的映射的驱动器位置运行。这样就允许在其他机器上运行"共享的"UG NX 6.0 副本。

此选项不可用于修复先前安装的产品。使用【修复】或【修改】选项可修复或更改本地安装。在安装 UG NX 6.0 之后运行安装程序时，【修复】和【修改】选项将变为可用。

（5）输入目标目录路径或接受系统提供的默认目录路径，如果该目录不存在，安装程序将创建该目录，如图 1-2 所示。

　　　　　　　路径及目录不得用中文字符命名。

（6）输入许可证服务器的名称。在许可证服务器界面中，系统将询问为运行 UG NX 6.0 提供许可信息的机器的服务器名。许可证服务器的主机名应以"<端口>@<主机名>"的形式输入（其中<端口>是 TCP 端口，UGS License 服务运行于许可证服务器的此端口上，通常为 28 000），此选择将设置 UGS_LICENSE_SERVER 环境变量，如图 1-3 所示。

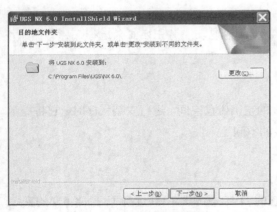
图1-2　确定安装路径及目录

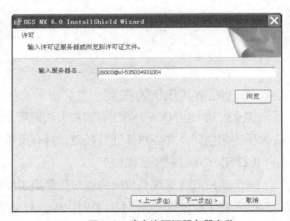
图1-3　确定许可证服务器名称

（7）选择运行时的文本语言。可选择运行 UG NX 6.0 时用于显示菜单和文本的语言，UG NX 6.0 支持简体中文，此选择将设置 UGII_LANG 环境变量，如图 1-4 所示。

（8）最后一个对话框是"设置确认"界面。用于在进行文件复制进程之前确认安装选择。要更改任何设置，可单击【上一步】按钮，向后导航到相应的安装对话框。确认设置无误后，单击【安装】按钮，开始复制文件，如图 1-5 和图 1-6 所示。

完成文件复制过程后，安装过程将配置 UG NX 6.0，以便在计算机上运行。安装结束后，弹出如图 1-7 所示的对话框，单击【完成】按钮。

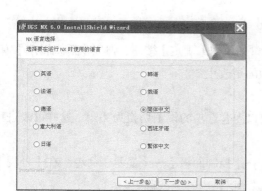

图1-4 确定显示菜单的文本语言

图1-5 设置确认

图1-6 复制文件

图1-7 安装完成

如果安装完成后，后续执行setup.exe命令，将显示"维护"界面，用户可选择【修复】、【修改】或【移除】产品安装的选项。

- 【修复】：系统将试图重新安装或更正所有与最初安装不匹配的文件。
- 【修改】：系统将允许安装程序添加或移除已安装的UG NX 6.0版本的功能（即工具包）。此选项将卸载未选择的产品。必须重新选择所有不希望移除的先前已安装的产品，以便安装。如果这些产品已安装，则不会重新安装，但是，如果未选择它们，则会将它们卸载。
- 【移除】：系统将完全卸载UG NX 6.0。

1.1.3 UG NX 6.0 的运行

1. 检查系统虚拟内存

运行UG NX 6.0前首先要设置系统虚拟内存，可选择【开始】→【设置】→【控制面板】→【系统】→【高级】选项卡，单击【性能】按钮。虚拟内存大小显示在标记为"虚拟内存"的区域下。单击【更改】按钮，修改磁盘和内存大小选择。在【虚拟内存】对话框中，高亮显示磁盘驱动器并确认选定的驱动器具有足够的磁盘空间。

将初始大小设置为推荐值，推荐将初始大小和最大内存设置为同一值。

初始大小为1 024MB，这是需要的最小值，但是，需要进行较大、较复杂装配的用户可能需要

更多内存，最大内存为 2 048MB。

单击【设置】按钮，在弹出的【性能选项】窗口中单击【确定】按钮，弹出【系统属性】窗口。单击【确定】按钮，重新启动系统，以使所做的更改生效。

2. 检查桌面设置

运行 UG NX 6.0 之前，建议将拖动时显示窗口内容选项的设置切换为关闭。这样可改进移动 UG NX 6.0 窗口时图形的外观。

要检查桌面设置，可选择【开始】→【设置】→【控制面板】→【显示】命令。在【外观】选项卡中单击【效果】，确认可视设置选项拖动时，显示窗口内容未被选中。

3. 从【开始】菜单运行 UG NX 6.0

运行 UG NX 6.0，可选择【开始】→【所有程序】→【UGS NX 6.0】→【NX 6.0】命令。UG NX 6.0 闪屏出现后弹出 UG NX 6.0 窗口，如图 1-8 所示。

图1-8 启动界面及UG NX 6.0窗口

4. 通过双击部件文件运行 UG NX 6.0

运行 UG NX 6.0 也可通过双击 UG NX 6.0 部件（.prt）文件来实现。UG NX 6.0 安装完成后，将在部件文件和 UG NX 6.0 之间建立文件名关联，双击.prt 文件，如果 UG NX 6.0 不能正常启动，则关联已由其他应用程序更改。使用安装【修复】选项可重新建立此文件名关联，要检查文件关联，可在【资源管理器】窗口中选择【工具】→【文件夹】选项，单击【文件类型】选项卡，向下滚动列表，直到找到部件（.prt）文件的条目。

UG NX 6.0 常用功能模块

UG NX 6.0 包含几十个功能不同的模块，如图 1-9 所示。常用的有建模模块、工程图模块、装配模块、产品设计模块、模具设计模块、固定轴铣削加工模块、多轴铣削加工模块、车削加工模块、线切割加工模块、加工后处理模块、刀具路径编辑、切削仿真模块等。UG NX 6.0 的常用模块按应用类型一般可分为 4 类：CAD 模块、CAM 模块、CAE 模块和其他模块。

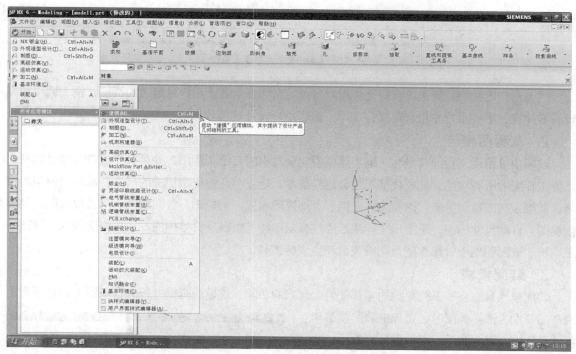

图1-9　UG NX 6.0的功能模块

1.2.1　CAD 模块

1. 建模模块

（1）实体建模：该模块具有基于约束的特征建模和显式几何建模的复合建模功能，用户能够方便地建立二维和三维线框模型。实体建模提供了草图设计、各种曲线生成、编辑、布尔运算、扫掠实体、旋转实体、沿导轨扫掠、尺寸驱动、定义、编辑变量及其表达式等工具。

（2）特征建模：特征建模模块可根据工程特征的设计含义建模。该模块提供了各种标准设计特征的生成和编辑，如各种孔、键槽、凹腔、方形、圆形、异形、方形凸台、圆形凸台、异形凸台、圆柱、方块、圆锥、球体、管道、杆、倒圆、倒角、模型抽空产生薄壁实体等，还包括倒斜角、拔锥等特征操作。

（3）自由曲面建模：该模块用于创建复杂曲面形状，包括直纹面、扫描面、通过一组曲线的自由曲面、通过两组类正交曲线的自由曲面、等半径和变半径倒圆、两张及多张曲面间的光顺桥接、动态拉动调整曲面、等距或不等距偏置、曲面裁减、编辑、点云生成、曲面编辑等。【自由曲面形状】工具栏如图 1-10 所示。

图1-10　【自由曲面形状】工具栏

（4）用户定义的特征：该模块允许用户自行定义和存储基于用户自定义的特征，便于调用和编辑的零件族，形成用户专用自定义特征库，提高用户设计建模效率。

2. 工程图模块

该模块可帮助工程师获得与三维实体模型完全对应的二维工程图，并具有完成符合国家标准的二维工程图的所有功能。此模块基于复合建模技术，建立与几何模型相关的尺寸，确保当模型修改时，二维工程图自动更新。该模块还提供了自动视图布置、剖视图、各向视图、局部放大图、局部剖视图、自动尺寸标注、手工尺寸标注、形位公差标注、粗糙度符号标注、简体中文输入、视图手工编辑、装配图剖视、爆炸图及明细表自动生成等工具。

3. 装配模块

装配模块具有将一系列单独的零部件装配起来的功能，该模块提供并行的自顶而下和自下而上的产品开发方法。装配时，可保证装配模型和零件设计完全双向相关，零件设计修改后，装配模型中的零件会自动更新，同时，也可在装配环境下直接修改零件设计。

4. 外观造型设计模块

该模块提供工业造型功能，为工业设计师提供产品概念设计阶段的设计环境，利用提供的高级图形工具可获得视觉更好的产品设计效果图。外观造型设计模块主要包括"形状分析"、"形象化渲染"等子模块，工具栏如图1-11所示。

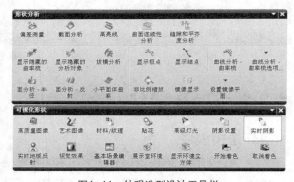

图1-11　外观造型设计工具栏

1.2.2　CAM 模块

UG NX 6.0 中的 CAM 模块主要是指数控加工模块，该模块可以根据所建立的三维模型直接生成数控代码，用于产品的加工制造。UG NX 6.0 强大的加工功能由多个加工模块组成，具有数控车、型芯和型腔铣、固定轴铣、可变轴铣、顺序铣、线切割等功能，可根据所加工零件的特点，选择不同的加工模块对零件进行加工制造，并对数控加工进行自动编程。UG NX 6.0 中 CAM 模块的工具栏如图 1-12 所示。

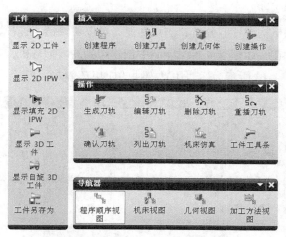

图1-12　CAM模块工具栏

1.2.3　CAE 模块

CAE 模块是用于产品分析的主要模块，包括设计仿真、运动仿真等模块。

1. 设计仿真模块

该模块是一个集成化、全相关、直观易用的 CAE 工具，可对零件和装配进行快速的有限元前后置处理。主要用于设计过程中的有限元分析计算和优化，以得到优化的高质量产品，并缩短产品开发时间。该模块具有将几何模型转化为有限元分析模型的全套工具，既可在实体模型上进行全自动网格划分，又可交互式划分，提供材料特性定义、载荷定义、约束条件定义等功能，生成的有限元前后置处理结果可直接提供给有限元线性解算器进行有限元计算，也可输出到 ANSYS 软件进行计算，并能对有限元分析结果进行图形化显示和动画模拟，提供输出等值线图、云图、动态仿真、数据输出等功能。图 1-13 所示为设计仿真模块的应用对话框。

图1-13　设计仿真模块的应用对话框

2. 运动仿真模块

运动仿真模块可提供机构设计、分析和仿真功能，可以对铰链、连杆、弹簧、阻尼、初始运动条件等机构定义要素，并在实体模型或装配环境中创建产品的虚拟样机，对样机进行动力学、运动学以及静力学的分析。图 1-14 所示为运动仿真模块的应用环境。

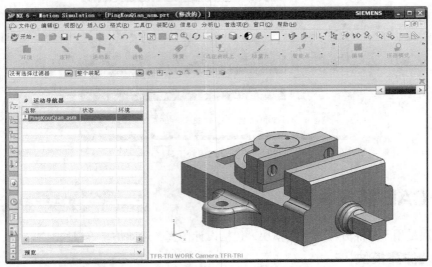

图1-14　运动仿真模块的应用环境

1.2.4　其他模块

除了以上介绍的常用模块外，UG NX 6.0 还有其他一些功能模块，如用于钣金设计的钣金模块；用于模具设计的级进模向导、注塑模向导；用于管路设计的机械管线布置模块；用于电气设计的电气管线布置模块；船舶设计模块；供用户进行二次开发的开发模块等。

UG NX 6.0 基本设置

1.3.1　UG NX 6.0 操作环境

单击【开始】→【所有程序】→【UGS NX 6.0】→【NX 6.0】命令，可以启动 UG NX 6.0，进入登录界面。

在登录界面、UG NX 6.0 提供了快速帮助功能，对常用的模块，如应用模块、定制、查看、选择、对话框、导航器等基本功能进行简单介绍，只要光标经过相应的位置，对应的帮助信息就会出现在屏幕上，如图 1-15 所示。

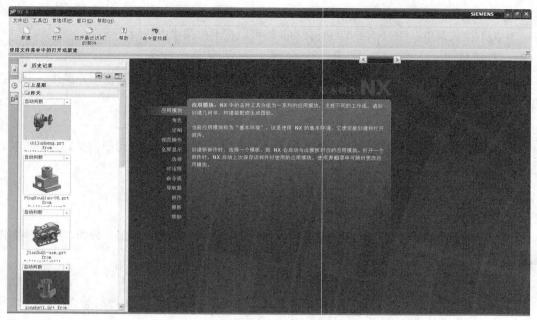

图1-15 登录界面及快速帮助

UG NX 6.0 的工作界面如图 1-16 所示，包括标题栏、菜单栏、工具栏、提示栏、状态栏、绘图区、资源栏、坐标系、轨道夹及对话框、选择条（选择杆）等。

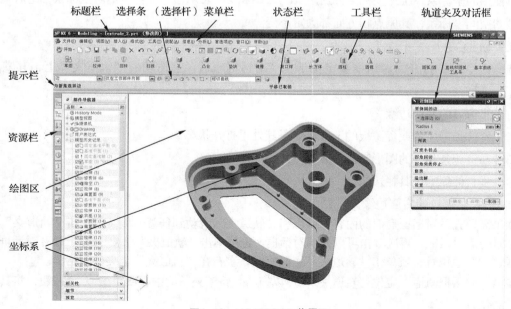

图1-16 UG NX 6.0工作界面

1. 标题栏

标题栏用于显示 UG NX 6.0 的版本、进入功能模块的名称和用户当前正在使用的文件名。

2. 菜单栏

菜单栏用于显示文件、编辑、视图、格式、工具、装配、信息、分析、首选项、窗口、帮助等菜单，均为下拉式菜单，UG NX 6.0 的所有功能都可以在下拉菜单中找到。

3. 工具栏

工具栏用于显示 UG NX 6.0 的常用功能，是常用操作的快捷方式，以方便用户操作。工具栏中的图标可以通过工具栏定制功能由用户自行定义。

4. 提示栏

提示栏用于显示下一步操作步骤的命令提示。在操作过程中，提示栏对于初学者非常重要。

5. 状态栏

状态栏用于显示用户当前的一些状况和某些操作。

6. 绘图区

绘图区以图形方式显示模型的相关信息，是用户进行建模、编辑、装配、分析、渲染等操作的区域。

7. 资源栏

资源栏是许多页面组合在一起的一个公用区域，包括部件导航器、装配导航器、历史记录、Web浏览器、渲染、加工及部件材料等。

8. 坐标系

坐标系是实体建模特别是参数化建模必备的要素。坐标系有两种：一种是工作坐标系，即用户建模时使用的坐标系，工作坐标系分别用 XC、YC 和 ZC 表示；另一种是绝对坐标系，绝对坐标系是模型的空间坐标系，其原点和方向都固定不变。

9. 轨道夹

选择命令时，打开的对话框会定位于在"对话框轨道"上滑动的"轨道夹"上，其默认位置如下。

（1）主窗口的左侧边缘。

（2）资源条导航器或资源板的上方（如果其处于打开状态）。

（3）与资源条相邻的图形窗口上方。

（4）垂直停靠的工具栏边缘。

（5）NX 主窗口的右侧边缘。

如果需要查看对话框后面的内容，可以将"轨道夹"滑动到任意一侧，或单击"轨道夹"的中心，暂时隐藏对话框，再次单击可以显示对话框。也可单击"轨道夹"上█按钮，松开对话框，将对话框移动其他位置；或单击"轨道夹"上█按钮，重新在"轨道夹"上夹住对话框。

要沿"对话框轨道"定位"轨道夹"，可以拖动"轨道夹"的中心或单击＜、＞按钮，将其移动到合适的位置。

10. 选择条

选择条是从 UG NX 5.0 开始新增的功能条，它将各种选择选项合并到一个方便的位置中，便于操作中频繁使用，如图 1-17 所示。

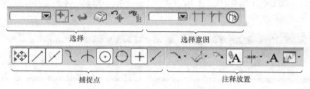

图1-17 UG NX 6.0的选择条

1.3.2 UG NX 6.0 菜单工具栏设置

1. 工具栏的设置方法

在默认状态下，UG NX 6.0 只是显示一些常用的工具栏及常用图标，用户可以根据需要，自己定制工具栏。定制工具栏有如下两种方法。

（1）在工具栏中单击鼠标右键，在弹出的快捷菜单中选择需要的工具栏。

（2）选择【工具】→【定制】命令，进入工具栏定制窗口，如图 1-18 所示，在其中选择需要的工具栏。

图1-18 工具栏定制窗口

定制工具栏后，还可以定义每一工具栏中的功能图标。

　　用户还可以选择【工具】→【定制】命令，进入工具栏定制窗口，单击【命令】选项卡，然后，自定义我的按钮、我的菜单、我的下拉菜单和我的用户命令。

2. UG NX 6.0 常用工具栏

（1）【标准】工具栏：提供常用的模型文件管理、常用对象编辑功能，如图1-19所示。

图1-19　【标准】工具栏

（2）【视图】工具栏：提供改变模型的显示方式、放缩、着色与线框显示、显示方位等工具，如图1-20所示。

图1-20　【视图】工具栏

　　此工具栏的一些功能可通过鼠标快捷键实现。
　　① 按住鼠标中键并移动鼠标可翻转模型，当绿色十光标出现时，还可绕此光标点翻转模型。
　　② 按住鼠标中键 + Shift 键可平移模型。
　　③ 按住鼠标中键 + Ctrl 键可缩放模型。

（3）【实用工具】工具栏：提供图层、坐标系、模型显示属性管理的工具，如图1-21所示。

图1-21　【实用工具】工具栏

（4）【应用】工具栏：提供建模、工业设计、制图、加工、运动分析、装配等模块的入口，如图1-22所示。

图1-22 【应用】工具栏

（5）【曲线】工具栏：提供建立各种形状曲线的工具，如图 1-23 所示。

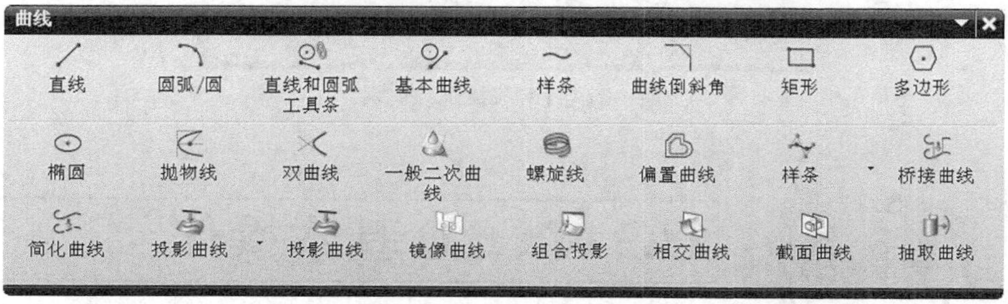

图1-23 【曲线】工具栏

（6）【直线和圆弧】工具栏：提供建立各种直线和圆弧的工具，如图 1-24 所示。

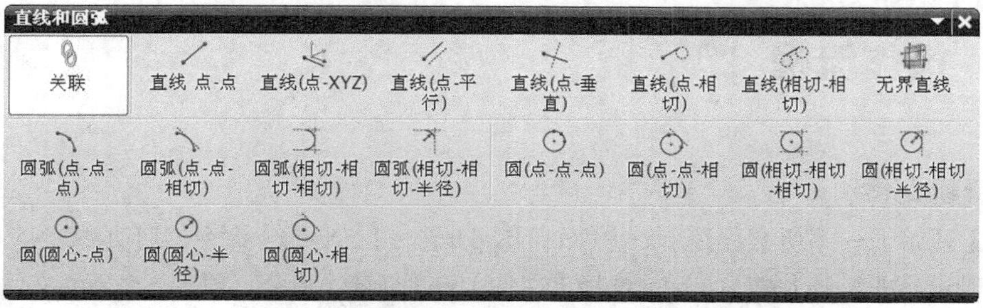

图1-24 【直线和圆弧】工具栏

（7）【编辑曲线】工具栏：提供修改曲线形状与参数的工具，如图 1-25 所示。

图1-25 【编辑曲线】工具栏

（8）【特征】工具栏：提供建立参数化特征实体模型的工具，主要用于建立规则和不太复杂的模型，如图 1-26 所示。

（9）【特征操作】工具栏：提供对模型进行进一步细化和局部修改的实体形状特征建立工具，以及建立一些形状规则但较复杂的实体特征，如图 1-27 所示。

图1-26　【特征】工具栏

图1-27　【特征操作】工具栏

UG NX 6.0 基本操作

1.4.1　操作流程

1. 新建文件

选择【开始】→【所有程序】→【UGS NX 6.0】→【NX 6.0】命令，启动 UG NX 6.0 窗口，如图 1-28 所示。进入 UG NX 6.0 后，选择【文件】→【新建】命令，创建一个新的文件。

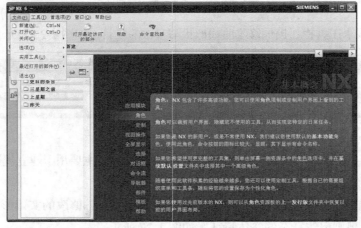

图1-28　UG NX 6.0窗口

使用【文件】→【新建】命令创建新部件时，要根据工作任务的需要选择模板。模板按类型分组，如"建模"、"图纸"或"仿真"，如图 1-29 所示。输入文件名及路径，确定后即可进入选定模板的相应应用程序，如选择"模型"模板，系统将转到相应的建模应用模块。

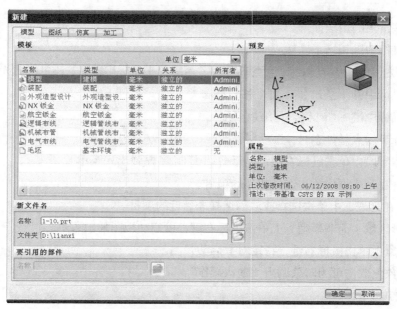

图1-29 【新建】对话框

从模板新创建的部件具有该模板部件中所有对象的副本，并继承其所有设置。

系统根据每个模板类型的用户默认设置，为新文件生成一个默认名称和位置。如果不希望使用默认名称和位置，则可在使用部件之前或第一次保存部件时更改名称和位置。

输入的文件名及路径不能含有中文字符，只允许用英文字符或数字命名。

2. 打开已有文件

可通过双击部件文件（.prt）来运行 UG NX 6.0。当需要对已有部件进行编辑时，可采用此方法。

1.4.2 鼠标及快捷键的用法

在 UG NX 6.0 中，鼠标和键盘的应用非常重要，工具栏中的一些功能可通过鼠标和键盘的快捷键实现。熟练应用鼠标及键盘可以加快完成任务的进度，节省时间，提高效率。

1. 鼠标的用法

在 UG NX 6.0 的命令提示中，MB1 表示鼠标左键，MB2 表示鼠标中键，MB3 表示鼠标右键。一些操作可随时根据提示，通过鼠标的 3 个键与键盘配合来快速完成。

键盘上的回车键相当于三键鼠标的中键或滚轮。

鼠标的一些常用的用法如下。

（1）单击鼠标中键相当于确认或应用。

（2）按住鼠标中键并移动鼠标，可翻转模型，当绿色**+**光标出现时，还可绕此光标点翻转模型。

（3）按住鼠标中键 + Shift 键，可平移模型。

（4）按住鼠标中键 + Ctrl 键，可缩放模型。

（5）当光标下的点是静态时，滚动鼠标滚轮，可缩放模型。

（6）在文本字段中单击鼠标右键，显示剪切/复制/粘贴弹出式菜单。

（7）Shift + 在列表框中单击选择相邻的项目。

（8）Ctrl + 在列表框中单击选择或取消选择非邻近的项目。

（9）在图形区域（而非模型）上单击鼠标右键，可启动视图弹出菜单。

（10）在对象上单击鼠标右键，特定对象启动弹出。

（11）在对象上双击可为对象调用"默认操作"。

2. 键盘快捷键

UG NX 6.0 定义了键盘的快捷键，常用键盘快捷键及功能如下。

（1）F1：激活联机帮助，并显示与当前操作相对应的帮助内容。

（2）F3：隐藏/显示当前对话框。

（3）F4：打开/关闭信息窗口。

（4）F5：刷新显示。

（5）F6：缩放模型。

（6）F7：旋转模型。

（7）Ctrl + N：创建新文件。

（8）Ctrl + O：打开现有文件。

（9）Ctrl + S：保存文件。

（10）Ctrl + Shift + A：另存文件。

（11）Ctrl + F：适合窗口，调整工作视图的中心和比例以显示所有对象。

（12）W：显示 WCS 工作坐标系。

（13）S：打开草图生成器任务环境。

（14）Ctrl + Q：完成草图，退出草绘。

（15）X：创建拉伸特征。

（16）R：创建回转特征。

（17）Home：正二侧视图。

（18）End：正等侧视图。

（19）Ctrl＋Alt＋F：前视图（主视图）。

（20）Ctrl＋Alt＋T：俯视图。

（21）Ctrl＋Alt＋L：左视图。

（22）Ctrl＋Alt＋R：右视图。

（23）Ctrl＋D：删除对象。

（24）Ctrl＋Z：撤销上次操作。

（25）Ctrl＋Y：重新执行先前撤销的操作。

（26）Ctrl＋T：变换操作。

（27）Ctrl＋B：隐藏。

（28）Ctrl＋Shift＋K：显示。

（29）Ctrl＋Shift＋B：显示/隐藏。

除了以上 UG NX 6.0 定义的常用快捷键外，用户还可以自定义键盘快捷键。创建长方体特征的快捷键定义的方法如下。

选择【工具】→【定制】命令，打开【定制】对话框，单击【键盘】按钮，弹出【定制键盘】对话框，在【类别】选项栏中选择【插入】→【设计特征】命令，在右侧【命令】选项栏中选择【长方体】命令，将光标移到【按新的快捷键】文本框中，按键盘上的"P"键，单击【指派】按钮，在【指定键盘序列】提示栏中，可以看到创建长方体特征的快捷键已被定义成"P"键，如图1-30和图1-31所示。

图1-30 【定制】对话框

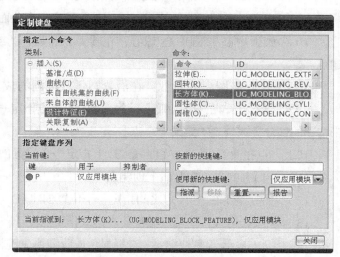

图1-31 【定制键盘】对话框

① 输入键盘上的快捷键命令时，不能为汉字输入状态。

② 在通过键盘输入快捷键时，如该快捷键已经被定义，在定制键盘对话框的左下角会提示该快捷键已被定义成某功能，如无提示则该快捷键可用，且不冲突。

③ 定义的快捷键可以参考同类命令，将其定义成仅应用模块或全局。

1.4.3　创建工具对象

1. 创建"点"

在 UG NX 6.0 中，可以使用标准点创建方法创建点。选择【插入】→【基准/点】→【点】命令或单击"点"图标，选择点选项，显示点构造器对话框，如图 1-32 所示。

创建"点"的具体方法如下。

（1）自动判断的点：根据选择指定要使用的点选项。系统使用单个选择来指定点，所以，自动推断的选项被局限于光标位置、已存点、端点、控制点以及圆弧/椭圆中心。

（2）光标位置：在光标的位置指定一个位置创建点，位于坐标系的平面中。

图1-32　点构造器对话框

（3）现有点：通过选择一个现有点对象来指定一个位置。通过选择一个现有点，使用该选项在现有点的顶部创建一个点或指定一个位置。该方式是从一个工作图层得到另一个工作图层的点的拷贝的最快方法。

（4）端点：在现有的直线、圆弧、二次曲线，以及其他曲线的端点指定一个位置创建点。

（5）控制点：在几何对象的控制点指定一个位置创建点。

（6）交点：在两条曲线的交点或一条曲线和一个曲面或平面的交点处指定一个位置创建点。

（7）圆弧中心/椭圆中心/球心：在圆弧、椭圆、圆或椭圆边界或球的中心指定一个位置创建点。

（8）圆弧/椭圆上的角度：在沿着圆弧或椭圆的成角度的位置指定一个位置创建点。

（9）象限点：在一个圆弧或一个椭圆的四分点指定一个位置创建点。用户还可以在一个圆弧未构建的部分（或外延）定义一个点。

（10）点在曲线/边上：在曲线或边上指定一个位置创建点。

（11）面上的点：在曲面上创建点。

（12）两点之间：在两点之间指定一个位置创建点。

（13）按表达式：使用点类型的表达式指定点。

（14）显示/隐藏快捷键：选择显示或隐藏快捷键状态时，在点构造器对话框的【类型】栏中显示或隐藏点类型的快捷图标。

2. 创建基准轴

选择【插入】→【基准/点】→【基准轴】命令或单击"基准轴"图标，可打开基准轴对话框，如图 1-33 所示。根据条件选择不同的类型，可创建一个基准轴，用于构造其他特征，具体方法如下。

（1）自动判断：根据所选的对象确定要使用的最佳基准轴类型。

（2）交点：在两个平的面、基准平面或平面的相交处创建基准轴。

（3）曲线/面轴：沿线性曲线或线性边、或者圆柱面、圆锥面或圆环的轴创建基准轴。

（4）曲线上矢量：创建与曲线或边上的某点相切、垂直或双向垂直，或者与另一对象垂直或平行的基准轴。

图1-33　【基准轴】对话框

（5）XC 轴：沿坐标系的 XC 轴创建固定基准轴。

（6）YC 轴：沿坐标系的 YC 轴创建固定基准轴。

（7）ZC 轴：沿坐标系的 ZC 轴创建固定基准轴。

（8）点和方向：从一点沿指定方向创建基准轴。

（9）两点：定义两个点，经过这两个点创建基准轴。

（10）显示/隐藏快捷键：选择显示或隐藏快捷键状态时，在基准轴对话框的【类型】栏中显示或隐藏基准轴类型的快捷图标。

3. 创建坐标系

创建坐标系的基本步骤为：选择【插入】→【基准/点】→【基准 CSYS】命令或单击【特征】工具栏上的"基准 CSYS"图标，打开【基准 CSYS】对话框，如图 1-34 所示。

根据条件选择不同的类型，可创建一个坐标系，具体方法如下。

（1）动态：可手动将坐标系移到所需的任何位置或方向。

（2）自动判断：通过选择的对象或输入沿 X、Y、Z 坐标轴方向的增量值来定义一个坐标系。

图1-34　【基准CSYS】对话框

（3）原点，X 点，Y 点：利用点创建功能，先后指定 3 个点来定义一个坐标系，这 3 点应分别是原点、X 轴上的点和 Y 轴上的点。设置的第 1 点为原点，第 1 点指向第 2 点的方向为 X 轴的正向，从第 2 点至第 3 点按右手定则来确定 Z 轴正向。

（4）三平面：通过先后选择 3 个平面来定义一个坐标系。3 个平面的交点为坐标系的原点，第 1 个面的法向为 X 轴，第 1 个面与第 2 个面的交线方向为 Z 轴。

（5）X 轴，Y 轴，原点：根据选定或定义的一点和两个矢量来定义 CSYS。X 轴和 Y 轴都是矢量；原点为一点。

（6）Z 轴，X 轴，原点：根据选择或定义的一点和两个矢量定义 CSYS。Z 轴和 X 轴是矢量；原点为一点。

（7）[icon]Z 轴，Y 轴，原点：根据选择或定义的一点和两个矢量定义 CSYS。Z 轴和 Y 轴是矢量；原点为一点。

（8）[icon]绝对 CSYS：指定模型空间坐标系作为坐标系。X 轴和 Y 轴是"绝对 CSYS"的 X 轴和 Y 轴；原点为"绝对 CSYS"的原点。

（9）[icon]当前视图 CSYS：用当前视图定义一个新的坐标系。XOY 平面为当前视图的所在平面，原点为视图的原点。

（10）[icon]偏置 CSYS：通过输入选定的坐标系的 X、Y、Z 轴方向的增量来定义新的坐标系 CSYS。

（11）[icon]/[icon]显示/隐藏快捷键：选择显示或隐藏快捷键状态时，在基准 CSYS 对话框的类型栏中显示或隐藏基准 CSYS 类型的快捷图标[icons]。

4. 创建基准平面

选择【插入】→【基准/点】→【基准平面】命令或单击"基准平面"图标[icon]，打开【基准平面】对话框，如图 1-35 所示。根据条件选择不同的类型，可创建一个基准平面，用于构造其他特征。

图1-35　【基准平面】对话框

|1.4.4　操作对象的选取|

1. 基本操作

在 UG NX 6.0 中，可以在图形窗口或部件、装配导航器中选择对象，也可通过快速拾取对话框和"选择条"在图形窗口中选择对象。

将光标移动到图形窗口中对象的上方时，会预先高亮显示可选择的对象。单击以选择所需对象，会高亮显示选定的对象。

要取消选择对象，可按住 Shift 键并单击该对象。通过按 Esc 键可取消选择所有选定的对象。

（1）通过【快速拾取】对话框选取：使用【快速拾取】对话框可方便地选择特定对象如边、面、特征和体。

打开【快速拾取】对话框的方法：将光标置于要选择的对象上方，当光标变为"快速拾取"指示器（3 个点）[icon]时，单击鼠标，出现【快速拾取】对话框，如图 1-36 所示。在【快速拾取】对话框中，高亮显示所需的项，可单击该项进行选择。

图1-36　【快速拾取】对话框

（2）通过选择条选取：默认情况下，选择条会显示在窗口顶部的工具栏下方，如图 1-37 所示。

图1-37　选择条

选择条提供各种方法对发现的可选对象进行过滤，这可简化选择属于特定类型、颜色、图层等对象的操作。为了方便选择操作，选择条还提供了多个按钮，如全选、全不选以及全部（选定的除外）。用户可以通过添加和移除项来定制选择条，也可以更改选择条的位置。

2. 点对象的选取

在进行建模操作时，经常要对点对象进行选取，具体选取方法如下。

（1）✛启用捕捉点：启用"捕捉点"选项，以便捕捉对象上的点。

（2）⟋终点：允许选择直线、圆弧、二次曲线、样条、所有边类型和所有中心线（整圆中心线和局部圆周中心线除外）的端点。

（3）⟋中点：可选择直线的中点、开口弧的中点及所有边类型。

（4）⇃控制点：用于选择几何对象的控制点。控制点包括现有点、二次曲线的端点、圆的中心点、样条的端点和节点以及直线和开口弧的端点和中点。系统支持下列制图对象类型：线性中心线、整螺栓圆和局部螺栓圆、偏置中心点、圆柱中心线、长方体中心线和目标点。

（5）⊞交点：允许通过一次点击，在两条曲线的相交处选择一个点。系统支持下列制图对象类型：线性中心线、圆柱中心线、对称中心线和长方体中心线。

（6）⊙圆弧中心：用于选择圆弧中心点、圆周中心线和螺栓圆中心线。

（7）○象限点：用于选择圆的象限点。

（8）＋现有点：用于选择现有的点。系统支持下列制图对象类型：偏置中心点、交点、目标点、公差特征引用和线性中心线。

（9）◿相切点：用于在圆、二次曲线、实体边缘、剖面边界、实体轮廓线、整螺栓圆和局部螺栓圆、完整中心线和局部中心线上选择切点。

（10）◹两条曲线的交点：允许分两次选择两个不在选择范围内的对象的交点。系统支持下列对象：直线、圆、二次曲线、样条、实体边缘、剖面边界、实体轮廓、剖切段、线性中心线、直径中心线和长方体中心线。

（11）⟋点在曲线上：用于在曲线上选择最接近光标中心的点。

（12）◉点在曲面上：用于在曲面上选择点。

（13）⤒点构造器：用于打开点构造器对话框。

以上点对象选取方法，要根据具体建模需要选择。

3. 类对象的选取

在建模及编辑操作时，经常要通过类选择器进行对象选取。所谓类选择器，就是UG NX 6.0能让设计者快速选取到需要的对象的辅助过滤功能。类选择器如图1-38所示。

（1）根据对象选择。根据对象选择可以直接用鼠标选择所需要的对象，也可以全选或反向选择。

（2）根据名称选择。如果知道所要选择对象的名称，可直接输入对象名称进行选择。

（3）过滤器选择。可通过类型过滤器、图层过滤器、颜色过滤器和属性过滤器来选取对象。

① 类型过滤器。系统列出了可以选择的类型，如曲线、草图、实体、片体、基准、点、尺寸、符号等类型，如图1-39所示。用户可以根据需要选择一个类型，或者按下Ctrl键的同时选择多个类

型，系统默认为所有类型。

　　② 图层过滤器。可按图层来选取对象，图层范围为 1～255 层，系统默认所有图层，如图 1-40 所示。

图1-38　类选择器　　　　　图1-39　类型选择对话框　　　　　图1-40　图层选择对话框

　　③ 颜色过滤器。指定系统按颜色来选取对象，如图 1-41 所示。

　　④ 属性过滤器。允许用户按照对象的一些属性来选择，如实体、虚线、中心线、线的宽度等属性，如图 1-42 所示。

图1-41　颜色选择对话框　　　　　　　图1-42　属性选择对话框

1.4.5　对象操作

1. 对象的变换

对象变换的操作步骤如下。

（1）选择【编辑】→【变换】命令或按快捷键 Ctrl＋T，系统弹出【类选择】对话框，该对话框与图 1-38 所示完全相同，按照需要变换对对象的要求，选择变换对象并确定。

（2）系统弹出【变换】对话框，如图 1-43 所示。在该对话框中选择要进行变换的类型，如通过一直线镜像、矩形阵列、圆形阵列、通过一平面镜像、点拟合等。

（3）选择不同的变换类型，系统将弹出与之对应的对话框，在这些对话框中设置变换的参数和选择变换的参考对象。

（4）最后，系统弹出如图1-44所示的对话框。根据变换的需要，在该对话框中单击【移动】或【复制】或其他按钮完成变换。

图1-43 【变换】对话框

图1-44 变换方式对话框

2. 移动对象

移动对象操作可实现对对象的移动、复制、旋转，操作步骤如下。

（1）选择【编辑】→【移动对象】命令或按快捷键Ctrl+Shift+M，系统弹出移动对象对话框，如图1-45所示。

（2）在该对话框中选择要进行移动的对象，并选择移动对象的运动方式，如图1-46所示。

图1-45 移动对象对话框

图1-46 移动方式对话框

（3）根据不同的运动方式，设置对应的参数。

（4）最后，确定移动或复制的相关参数，单击【应用】或【确定】按钮完成移动对象操作。

3. 对象布尔操作

在基本建模完成后，后续的建模与已建实体间存在多个实体之间的相互操作关系，分别为"创建"、"布尔求和"、"布尔求差"和"布尔求交"4种关系。采用创建时，生成的实体为独立实体，如在建模时对对象采用布尔操作或对已建完模型进行布尔运算，则操作后合并成一个实体或片体。

布尔操作包括布尔求和、布尔求差和布尔求交操作，布尔操作对话框如图1-47所示。

（1）布尔加操作：该操作用于将两个或两个以上的不同实体结合起来，也就是求实体间的并集。在【特征操作】工具栏中，单击图标或单击【插入】→【组合体】→【求和】命令时，系统会弹出【选取对象】对话框，让用户选择目标体和刀具体。在绘图工作区中，选择需要与其他实体相加的目标体、选择与目标体相加的实体或片体作为刀具体，对话框如图1-48所示。完成选择后，系统会将所选择的刀具体与目标体合并成一个实体或片体，如图1-49所示。

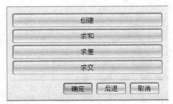

图1-47　布尔操作对话框

图1-48　实体布尔运算时目标体及刀具体选择对话框

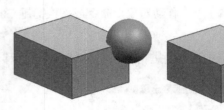

操作前的两个实体　　　操作后的一个实体

图1-49　布尔加操作

所选的工具体必须与目标体相交，否则，在求和时会产生出错信息。

（2）布尔减操作：该操作用于从目标体中删除一个或多个工具体，也就是求实体间的差集。在【特征操作】工具栏中单击图标或单击【插入】→【组合体】→【求差】命令，系统会弹出【选取对象】对话框，让用户选择目标体和刀具体。在绘图工作区中，选择需要与其他实体相减的目标体、选择与目标体相减的实体或片体作为刀具体。完成选择后，则系统会从目标体中删掉所选的刀具体，如图1-50所示。

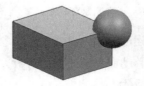
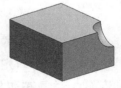

操作前的两个实体　　　操作后的一个实体

图1-50　布尔减操作

所选的工具体必须与目标体相交，否则，在相减时会产生出错信息。另外，片体与片体之间不能相减。

（3）布尔交操作：该操作用于使目标体和所选工具体之间的相交部分成为一个新的实体，

也就是求实体间的交集。在【特征操作】工具栏中单击 图标或选择【插入】→【组合体】→【求交】命令，系统会弹出【选取对象】对话框，让用户选择目标体和刀具体。在绘图工作区中选择需要与其他实体相交的目标体、选择与目标体相交的实体或片体作为刀具体。完成选择后，系统会由所选的目标体与刀具体的公共部分产生一个新的实体或片体，如图 1-51 所示。

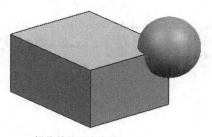

操作前的两个实体　　　　　　　　　　操作后的一个实体

图1-51　布尔交操作

　所选的工具体必须与目标体相交，否则，在相交操作时会产生出错信息。

1.4.6　帮助的使用

UG NX 6.0 提供了多种帮助方式，其帮助功能很强大，用户可以根据需要随时随地获得所需要的帮助。

1. 快捷帮助

在登录界面上，UG NX 6.0 提供了快速帮助功能，对常用的模块，如应用模块、定制、查看、选择、对话框、导航器等基本功能进行简单介绍，只要光标经过相应的位置，对应的帮助信息就会出现在屏幕上。

2. 功能键 F1 帮助

在 UG NX 6.0 的操作过程中，可随时按功能键 F1，激活联机帮助，并显示出与当前操作相对应的帮助内容。

3. 菜单帮助

单击【帮助】可打开如图 1-52 所示的下拉菜单。

（1）选择【帮助】→【关联】命令，其作用与按功能键 F1 一样，显示与当前操作相对应的帮助内容。

（2）选择【帮助】→【文档】命令，可进入 UG NX 6.0 帮助库，帮助库提供了从入门、设计、加工到数字仿真等一系列完善的帮助。

图1-52　帮助菜单

（3）选择【帮助】→【新增功能指南】命令，可了解并学习新版本的新增功能。

（4）选择【帮助】→【培训】命令，可显示集成到 UG NX 6.0 上的计算机辅助自学（CAST）联机库，

CAST 为用户提供了一个集联机讲解、自动主题帮助、解题示范和练习于一体的高效 UG 自学环境，可提高学习速度和效率，节约培训费用和时间。

（5）选择【帮助】→【在线技术支持】命令，可通过互联网连接 UGS 全球技术支持中心（GTAC），在线获得技术支持。

基本操作实例——轴零件建模

本节通过一个轴零件的建模过程，介绍 UG NX 6.0 的基本功能及基本操作过程，包括 UG NX 6.0 的启动、新建文件、选择模板、工具栏及按钮定制、键盘快捷键的自定义，以及 UG NX 6.0 导出 Parasolid 格式文件等基本操作。通过该操作实例，可以对本章内容加深理解。

1. 启动 UG NX 6.0

在计算机桌面左下角选择【开始】→【所有程序】→【UGS NX 6.0】→【NX 6.0】命令，打开 UG NX 6.0。

2. 创建 zhou.prt 文件

在 UG NX 6.0 窗口中选择【文件】→【新建】命令或单击"新建"图标 →打开如图 1-53 所示的 【新建】对话框→选择【模型】选项卡→输入新文件名为"zhou"、文件夹路径为"D:\lianxi"→【确定】→打开【NX 5-Modeling-[zhou.prt（修改的）]】进入建模环境。

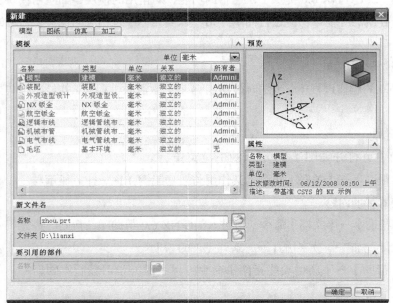

图1-53 【新建】对话框

3. 显示所需的工具栏

设置工作界面，显示 zhou.prt 创建所用的工具栏，包括【编辑特征】、【特征操作】、【直线和圆弧】和【编辑曲线】工具栏。选择【工具】→【定制】命令，打开【定制】对话框→单击【工具条】选项卡→在【工具条】列表中把【编辑特征】、【特征操作】、【直线和圆弧】和【编辑曲线】工具条前的复选框选中，各工具条显示如图 1-54 所示。

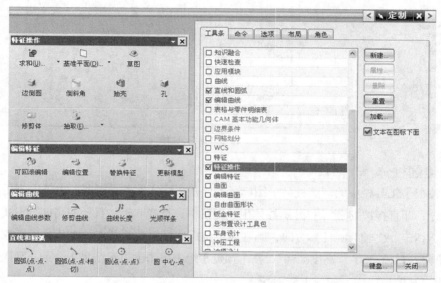

图1-54　定制工具栏对话框

4. 显示工具栏上的图标

根据需要分别对上述工具栏图标进行显示和隐藏操作，单击【直线与圆弧】工具栏右上角的三角形图标￭，选择【添加或移除按钮】→【直线和圆弧】命令，打开菜单栏，分别选择要显示的【直线和圆弧】工具栏图标，如图 1-55 所示。其他工具栏上的图标显示与隐藏的方法与此类似。

5. 定义键盘快捷键

选择【工具】→【定制】命令→打开【定制】对话框→单击【键盘】命令，弹出【定制键盘】对话框→在【类别】选项栏中选择【插入】→【设计特征】命令→在右侧【命令】选项栏中选择【圆柱体】命令→将光标移到【按新的快捷键】文本框中→按键盘上的 Y 键→单击【指派】按钮，在【指定键盘序列】提示栏中，可以看到创建圆柱体特征的快捷键已被定义成 Y 键，如图 1-56 所示。

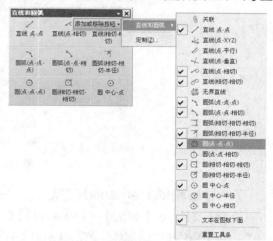

图1-55　显示和隐藏工具栏上的图标

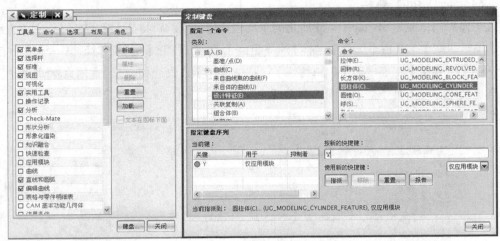

图1-56　自定义键盘快捷键

6. 创建圆柱体

单击【特征】工具栏中的"圆柱体"图标，打开圆柱体生成对话框。也可以利用自定义的键盘快捷键命令，即直接按 Y 键，打开圆柱体生成对话框，选择"轴、直径和高度"方式创建，在矢量构造器中，指定 YC 轴为圆柱体方向，圆柱体定位点选择自动判断点，默认为坐标原点，在圆柱【属性】组中输入直径"30"、高度"80"，在【预览】组中单击【显示结果】命令，确认无误后单击【确定】按钮，轴建模完成，如图 1-57 所示。

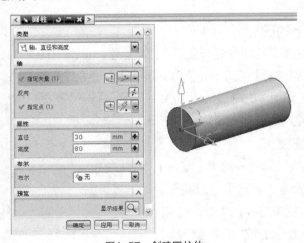

图1-57　创建圆柱体

7. 导出轴的 Parasolid 格式

选择【文件】→【导出】→【Parasolid】命令，打开导出对话框，选择要导出的版本"18.0- NX 6.0"，在绘图区选择轴部件，单击导出对话框中的【确定】按钮，出现导出 Parasolid 文件名和路径的对话框，输入导出的文件名"zhou"及路径"D:\lianxi"后，单击【确定】按钮，如图 1-58 所示。

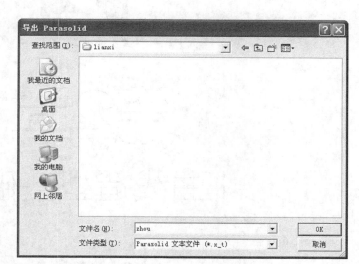

图1-58 导出轴的Parasolid格式

本 章 小 结

　　本章介绍了 UG NX 6.0 入门的一些基础知识和一些基本操作功能，包括 UG NX 6.0 的特点、强化功能和 CAD 模块、CAM 模块、CAE 模块等模块功能，还介绍了 UG NX 6.0 安装与运行、UG NX 6.0 界面、基本操作、用户自定义设置菜单、工具栏、鼠标的用法、键盘快捷键的应用及设置等，同时，也对点、基准轴、坐标系等工具对象的创建，点、类等操作对象的选取，对象的变换及布尔操作等做了介绍。针对不同的用户及自学的需要又介绍了在不同场合下帮助的应用。最后，通过具体操作实例——轴零件的建模，介绍了 UG NX 6.0 的基本功能及基本操作过程，包括 UG NX 6.0 的启动、新建文件、选择模板、工具栏及按钮定制、键盘快捷键的自定义，以及 UG NX 6.0 导出 Parasolid 格式文件等基本操作方法和过程。

练 习 题

1. 设置 UG NX 6.0 操作界面，自定义工具栏练习。
2. 熟练使用鼠标及键盘快捷键操作练习。
3. 定制键盘快捷键练习。
4. 点、基准轴、坐标系创建练习。
5. 对象的选取练习。
6. 帮助的使用方法练习。

Chapter 2

第2章

| 曲线造型基础 |

1. 了解曲线的功能及作用
2. 掌握基本曲线创建方法
3. 掌握复杂曲线创建方法
4. 掌握曲线操作及编辑方法

2.1 基本曲线

UG NX 6.0 的主要功能是三维实体建模，而几何体是由点—线，线—面，面—体形成的。因此，三维建模的基础是曲线的构造。

曲线功能在 UG NX 6.0 的 CAD 模块中应用得非常广泛，有些实体需要通过曲线的拉伸、旋转等操作构造特征，也可以用曲线创建曲面进行复杂实体造型。在特征建模过程中，曲线也常用做建模的辅助线。另外，曲线还可添加到草图中进行参数化设计。

曲线的功能一般分为"曲线的生成"和"曲线的编辑"两部分，可以选择【插入】及【编辑】菜单中的【曲线】命令或由【曲线】、【直线和圆弧】和【编辑曲线】工具栏来完成。【曲线】、【直线和圆弧】和【编辑曲线】工具栏分别如图 2-1、图 2-2 和图 2-3 所示。

UG NX 6.0 的曲线可分为"基本曲线"和"复杂曲线"，其中基本曲线包括点、直线、圆、倒圆角、圆弧、多边形等。

绘制基本曲线可通过单击【曲线】工具栏和【基本曲线】对话框中相应的图标进行，【曲线】工具栏中包含了绘制点、直线、圆弧、矩形、多边形、椭圆、文本等功能。

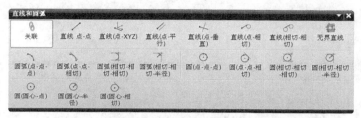

图2-1　【曲线】工具栏

图2-2　【直线和圆弧】工具栏

图2-3　【编辑曲线】工具栏

　　　　　基本曲线都是非参数化的，UG NX 6.0 中还有参数化直线和圆/圆弧，以及可关联的直线和圆弧也是参数化的，可作为特征存在。

2.1.1　创建点和点集

　　点分为"关联点"和"非关联点"两种。

　　关联点：关联点是所依附对象上的中心点、象限点、中点、面上点等，当对象发生变化时，点的位置也随之变化。

　　非关联点：当非关联点创建之后，即使所依附对象发生变化，点的位置也不发生变化。

　　创建点时，可单击曲线工具栏中的"点"图标＋或选择【插入】→【基准/点】→【点】命令，打开点创建对话框，通过点构造器来完成，如图 2-4 所示。具体创建方法见第 1 章中 1.4.3 小节。

　　点集主要用来构造按一定规律分布在曲线或曲面上的点，创建时，可单击【曲线】工具栏上的"点集"图标，调出【点集】对话框，如图 2-5 所示。点集有曲线点、样条点、面的点等不同的类

型，可根据不同的条件及要求来选择。

图2-4　点创建对话框

图2-5　点集对话框

2.1.2　创建直线

在【曲线】工具栏中，单击"基本曲线"图标，系统会弹出如图 2-6 所示的【基本曲线】对话框。

在绘制基本曲线中的直线时，系统会弹出跟踪条，如图 2-7 所示。跟踪条是一系列数据输入字段，包括位置字段和参数字段。

图2-6　【基本曲线】直线对话框

图2-7　直线跟踪条

位置字段为 XC、YC、ZC，这些字段会跟踪光标位置，也可以使用它们来输入固定的值。

参数字段控制曲线的参数，如直线的长度、角度等。

选择对话框中不同的选项，可按不同方式建立直线。【基本曲线】对话框中各选项的功能如下。

● 点方法：单击右侧的 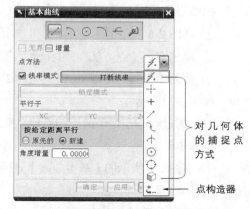 图标，能对已有的几何体进行捕捉，也可利用光标或点构造器来指定点，如图 2-8 所示。

● 线串模式：选中该复选框能连续生成直线或弧。

● 打断线串：用于在线串模式激活状态下构造直线时，打断曲线串。

● 锁定模式：激活时，新创建的直线为被锁定平行或垂直于选定的 *XC*、*YC*、*ZC* 已有的直线的一条直线。

● 平行于：用于生成与坐标轴或已知直线平行、垂直或成一定角度的直线。

图2-8 建立直线时点的捕捉方式

● 平行距离：按给定距离平行。

● 原先的：新创建的平行线的距离由原先选择线算起。

● 新建：新创建的平行线的距离由新选择线算起。

● 角度增量：可控制连续绘制直线间的夹角。

创建直线的方法有多种，不同的方法对应的操作步骤会有所不同。下面介绍直线的几种常用创建方法。如要创建两点之间的直线，只需简单地定义两个点。这些点可以是光标位置、控制点或通过在直线跟踪条的 *XC*、*YC*、*ZC* 字段中输入数字并按回车键确认而建立的值，还可以从"点方法"菜单中，选择点捕捉器或点构造器来定义点。

【例 2-1】 两点之间的直线创建。

（1）用跟踪条输入坐标绘制直线。

操作步骤如下。

① 在图 2-6 所示的【基本曲线】对话框中，单击直线图标。

② 在弹出的跟踪条内输入坐标值，如图 2-9 所示，得到给定 2 个坐标点之间的直线，如图 2-10 所示。

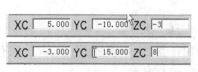

图2-9 用跟踪条输入坐标

图2-10 用跟踪条输入坐标绘制直线

① 在跟踪条内输入坐标值时，可使用 Tab 键在字段中切换，按回车键确认。在此过程中，光标要在跟踪条范围内，否则，输入的坐标值会发生变化。

② 使用跟踪条构造直线时，可使用 *XC*，*YC*，*ZC* 来确定下一点；也可用长度、角度来确定下一点。

（2）通过2个圆的象限点建立直线。

操作步骤如下。

① 在图2-6所示的【基本曲线】对话框中，单击直线图标。

② 单击右侧"点方法"图标，选择其中的 ⊙ 图标，捕捉方式为象限点。

③ 捕捉2个圆的象限点，得到经过2个圆象限点的直线，如图2-11所示。

（3）通过圆心和样条的控制点建立直线。

操作步骤如下。

① 在图2-6所示的【基本曲线】对话框中，单击"直线"图标。

② 单击右侧"点方法"图标，选择其中的 ⊙ 图标和 ∿ 图标。

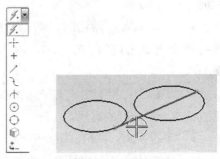

图2-11 通过2个圆的象限点建立直线

③ 通过捕捉圆的圆心和样条控制点得到直线，如图 2-12 所示。

（4）通过长方体边的中点和直线的端点建立直线。

操作步骤如下。

① 在如图 2-6 所示的【基本曲线】对话框中，单击直线图标。

② 单击右侧点方法图标，选择其中的 ／ 图标和 ∿ 图标。

③ 通过捕捉曲线的端点和控制点（长方体边中点）得到直线，如图 2-13 所示。

图2-12 通过圆心和样条的控制点建立直线

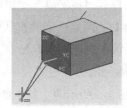

图2-13 通过长方体边的中点和直线的端点建立直线

【例 2-2】 一个点和另一已知直线间的直线创建。

（1）通过一个点并平行或垂直于一条直线，或者与现有直线成一角度的直线。

操作步骤如下。

① 在图 2-6 所示的【基本曲线】对话框中，单击直线图标。

② 单击右侧"点方法"图标，选择其中的现有点图标＋，捕捉已定义的现有点。

③ 选择点方法中"自动判断点"图标，拾取现有直线。

④ 在移动光标的过程中，根据光标的位置，可以预览平行、垂直或成角度的直线，并在状态行中显示正在预览的模式。

⑤ 根据要求建立通过一个点并平行或垂直于选中直线，或者与选中直线成一角度的直线，如图 2-14 所示。

① 拾取现有直线时，不要选择它的控制点。

② 建立与现有直线成一角度的直线，在预览时使用的角度就是选择直线时跟踪条中角度字段中的值。

（2）通过一个点并与一条曲线相切或垂直的直线。

操作步骤如下。

① 在图 2-6 所示的【基本曲线】对话框中，单击直线图标。

② 单击右侧 "点方法" 图标 ⟋·，选择其中的现有点图标 ＋，捕捉已定义的现有点。

③ 选择点方法中 "自动判断点" 图标 ⟋·。

④ 在移动光标过程中，根据光标的位置，可以预览在选定曲线的平面内，与选定曲线相切或垂直的直线，并在状态行中显示正在预览的模式。

⑤ 根据要求建立通过一个点并与已知曲线相切或垂直的直线，如图 2-15 所示。

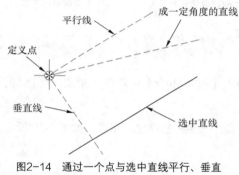

图2-14　通过一个点与选中直线平行、垂直
　　　　或成一角度的直线建立

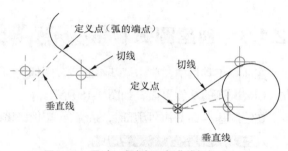

图2-15　通过一个点与已知曲线相切
　　　　或垂直的直线建立

① 如果创建通过点与曲线相切的直线，也可以先选择曲线，然后定义点。

② 如果创建垂直直线，则必须先定义点。

例 2-3　通过两条曲线创建直线。

（1）与一条曲线相切并与另一条曲线相切或垂直的直线创建。

操作步骤如下。

① 选择第 1 条曲线，注意不要选择它的控制点。

② 直线以橡皮筋方式拖动，与选定曲线相切。

③ 在第 2 条曲线上移动光标，当显示所需直线时，选择第 2 条曲线，如图 2-16 所示。

直线捕捉成与曲线相切还是垂直，取决于光标的位置。

（2）与一条曲线相切并与另一条直线平行或垂直的直线创建。

操作步骤如下。

① 选择曲线，注意不要选择它的控制点。

② 直线以橡皮筋方式拖动，与选定曲线相切。

③ 选择直线，同样注意不要选择它的控制点。

④ 做橡皮筋式拖动的直线显示为与选定直线平行或垂直，如图 2-17 所示。

⑤ 当想要的直线显示时，可指定光标的位置、选择几何图形，或者在跟踪条中输入长度，来确定长度。

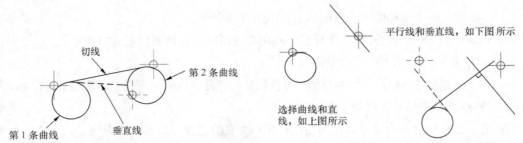

图2-16　通过两条曲线创建直线　　　　图2-17　与一条曲线相切并与另一条直线平行或垂直的直线创建

2.1.3　创建圆弧

在曲线工具栏中，单击"基本曲线"图标，系统进入【基本曲线】对话框，单击圆弧图标，进入创建圆弧的功能界面，如图 2-18 所示。

在绘制基本曲线中的圆弧时，系统会弹出跟踪条，跟踪条是一系列数据输入字段，如图 2-19 所示。

图2-18　【基本曲线】圆弧对话框

图2-19　圆弧跟踪条

常用的圆弧创建方法一般有 5 种，下面分别加以说明。

1. 按起点、终点、圆弧上的点方式画圆弧

先选定图 2-18 所示对话框中的【起点、终点、圆弧上的点】单选钮，然后，用点方法在窗口上单击第 1 点作为圆弧起点，再单击第 2 点作为圆弧的终点，如图 2-20 左图所示，圆弧变成一条"橡皮筋"，在鼠标拖动下不断变化自己的曲率，再单击一点作为圆弧上的一点，就完成了如图 2-20 右图所示的圆弧。

2. 按圆弧中心、起点、终点方式绘制圆弧

同样先选定图 2-18 所示对话框中的【中心、起点、终点】单选钮，然后，用点方法在窗口上单击 1 点，作为圆弧中心点，再单击 1 点作为圆弧的起始点，这个时候圆弧是 1 个可变圆弧，再单击 1 点作为终点，就完成了如图 2-21 所示的圆弧。

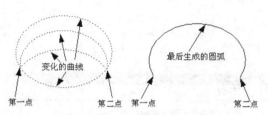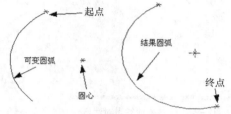

图2-20　起点、终点、圆弧上的点方式画圆弧　　　　图2-21　圆弧中心、起点、终点方式绘制圆弧

3. 与曲线相切圆弧

先选定图 2-18 所示对话框中的【起点、终点、圆弧上的点】单选钮，然后，分别单击两个点作为圆弧的起点和终点，再单击欲相切的曲线，这样所生成的圆弧就和原曲线相切，如图 2-22 所示。

4. 与直线相切圆弧

先选定图 2-18 所示对话框中的【起点、终点、圆弧上的点】单选钮，然后，分别单击两个点作为圆弧的起点和终点，再单击欲相切的直线，这样所生成的圆弧就和原直线相切，如图 2-23 所示。

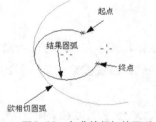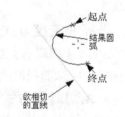

图2-22　与曲线相切的圆弧　　　　　　　图2-23　与直线相切的圆弧

5. 利用跟踪条创建圆弧

除以上 4 种方式外，还可以直接在图 2-19 所示的【跟踪条】工具栏的【XC】、【YC】、【ZC】文本框中输入圆心坐标，在半径或直径文本框中输入半径或直径值，在起始圆弧角和终止圆弧角文本框中分别输入起始圆弧角和终止圆弧角，系统按给定条件创建圆弧。

2.1.4　创建圆

单击【曲线】工具栏中的"基本曲线"图标，系统进入【基本曲线】对话框，单击"圆"图标，进入创建圆的功能界面，如图 2-24 所示。

在绘制基本曲线中的圆时，系统会弹出"跟踪条"，"跟踪条"是一系列数据输入字段，如图 2-25 所示。

图2-24　【基本曲线】对话框

图2-25　圆跟踪条

圆对话框中的选项与其他对话框相比简单了不少，其中，"多个位置"选项用来复制与前一个圆相同的多个圆。当第一个圆绘制完成后，该选项才可选，选中后，只要给定圆心位置，就可复制与前一圆相同的多个圆。

生成圆的方法有许多种，下面介绍几种常用方法。

1. 圆心、圆上一点方式

先用点构造器在屏幕上生成一点作为圆心点，然后，拖动鼠标就会出现以刚才点为圆心不确定的圆，再用点构造器确定一点作为圆上的点，这样就确定了一个圆，半径是两点之间的距离，创建的圆如图 2-26 所示。

2. 圆心、半径或直径方式

在图 2-25 所示的圆【跟踪条】工具栏的【XC】、【YC】、【ZC】文本框中输入圆心坐标，在半径或直径文本框中输入半径或直径的值，然后，按回车键确认，系统按给定条件创建圆弧。

3. 中心点、相切对象方式

在图形区域定义一个点或在【跟踪条】对话框中输入 XC、YC、ZC 的值，该点作为圆心。选择一个对象，创建的圆将与该对象相切，如图 2-27 所示。

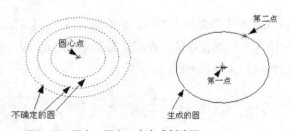

图2-26　圆心、圆上一点方式创建圆

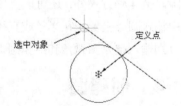

图2-27　中心点、相切对象方式创建圆

2.1.5　创建关联直线

在 UG NX 6.0 中，直线、圆弧和圆还有一套全参数化构造方法，它具有关联性，可作为特征存

在，并可以编辑。它包括关联直线、关联圆和圆弧，以及从关联直线、关联圆弧和圆派生出的直线和圆弧。

所谓"关联"，是指定直线具有关联特征，即更改输入的参数，关联直线将自动更新。可以使用【直线】对话框的"编辑参数"或"部件导航器"的细节面板编辑关联直线。关联直线在"部件导航器"中使用某个名称，如用"LINE (3)"来显示，而用【基本曲线】对话框中直线功能绘制的直线，在部件导航器中则不显示。

"关联直线"可通过选择【插入】→【曲线】→【直线】命令或单击【曲线】工具栏中的"直线"图标，打开关联【直线】对话框进行创建，如图 2-28 所示。

关联直线通常可根据需要采用以下几种方式创建。

（1）创建两点之间的直线，如图 2-29 所示。

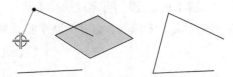

图2-28　关联【直线】菜单及对话框　　　　　图2-29　两点间的关联直线创建

（2）创建与另一直线成角度的直线，如图 2-30 所示。

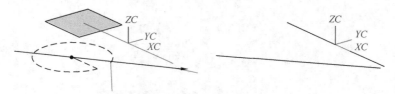

图2-30　与另一直线成角度的关联直线创建

（3）创建与另一直线平行的直线，如图 2-31 所示。

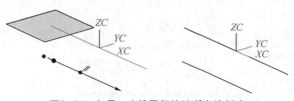

图2-31　与另一直线平行的关联直线创建

（4）创建与圆弧相切的直线，如图 2-32 所示。

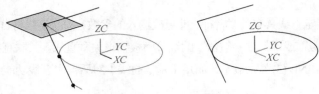

图2-32   与圆弧相切的关联直线创建

关联直线特征的创建，还可以通过【曲线】工具栏上的 图标实现。当单击 图标后，系统弹出【直线和圆弧】工具栏，可根据创建条件及要求，选择工具栏中合适的直线创建图标，使用预定义约束组合迅速地创建关联直线。【直线和圆弧】工具栏中，关联直线的创建图标如图 2-33 所示。

图2-33   【直线和圆弧】工具栏中关联直线的创建图标

采用这种方法创建关联直线时，不必打开对话框或操作其他选项，工具栏中图标显示形象生动、简单直观，创建方法方便迅捷、易于使用。但要注意工具栏中的关联开关应为关联状态。

2.1.6 创建关联圆弧及圆

"关联圆弧及圆"可通过选择【插入】→【曲线】→【圆弧/圆】命令或单击【曲线】工具栏中的"圆弧/圆"图标 ，打开关联【圆弧/圆】对话框进行创建，如图 2-34 所示。

图2-34   创建关联圆弧及圆对话框

创建关联圆和圆弧特征时，所获取的圆及圆弧的类型取决于所采用组合的约束类型，通过组合不同类型的约束，可以创建多种类型的圆弧及圆。

表 2-1 所示为关联圆弧通常的几种创建方式及得到的圆弧。

表 2-1 关联圆弧常用的创建方法

创建方法	创建后的关联圆弧	创建方法	创建后的关联圆弧
通过 3 点创建弧		从切点开始创建弧	
使用相切点创建圆弧		使用半径值创建圆弧	
使用 3 个相切点创建弧		创建从中心开始的圆弧/圆	

关联圆和圆弧特征的创建，还可以通过【曲线】工具栏上的 图标实现。当单击 图标后，系统弹出【直线和圆弧】工具栏，可根据创建条件及要求，选择工具栏中合适的图标，使用预定义约束组合迅速地创建关联圆或圆弧。【直线和圆弧】工具栏中，关联圆或圆弧的创建图标如图 2-35 所示。

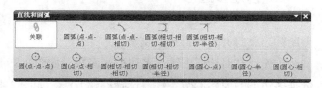

图2-35 【直线和圆弧】工具栏

采用这种方法创建关联圆或圆弧时，不必打开对话框或操作其他选项，工具栏中图标显示形象生动、简单直观，创建方法方便迅捷、易于使用。但要注意工具栏中的关联开关应为关联状态。

需要指出的是，关联直线、圆弧和圆，经过倒角、修剪、修剪角等操作后，参数将丢失，成为基本曲线，所以，通常在形成体后，再对体进行修改以达到要求。

2.1.7 创建其他类型的曲线

其他类型曲线主要指多边形、矩形、椭圆及文本等，可通过【曲线】工具栏选择相应命令来创建，如图 2-36 所示。

1. 创建矩形

"矩形"可通过选择【插入】→【曲线】→【矩形】命令或单击【曲线】工具栏中的"矩形"图标 □，打开对话框进行创建。

图2-36 【曲线】工具栏

创建矩形时，可直接通过光标捕捉现有的两点，作为矩形的两对角点来创建矩形，也可通过对话框输入矩形的两对角点的坐标值创建矩形，如图 2-37 和图 2-38 所示。

图2-37　矩形创建对话框　　　　　　　　　　　图2-38　矩形创建

① 直接在绘图区拾取点创建的矩形，所在平面是在 XC-YC 平面上或平行于 XC-YC 平面。

② 如创建的矩形所在平面不与 XC-YC 平面平行，应预先通过变换 WCS 坐标系使之与 XC-YC 平行，或者生成矩形后，通过对象变换到要求的平面上。

2. 创建多边形

"多边形"可通过选择【插入】→【曲线】→【多边形】命令或单击【曲线】工具栏中的多边形图标⊙，打开对话框进行创建。

首先，在对话框中输入多边形侧面数，如图 2-39 所示。确认后，弹出多边形创建方法对话框，依据多边形的原始参数条件，选择创建方法，如图 2-40 所示。

图2-39　多边形侧面数对话框　　　　　　　图2-40　多边形创建方法对话框

再根据所选择的方法，输入内接圆半径、多边形的方位角（边长、多边形的方位角；外切圆半径、多边形的方位角）的具体参数，如图 2-41 所示。

图2-41　多边形参数对话框

最后，在多边形定位点对话框中，输入多边形中心坐标，如图 2-42 所示，得到如图 2-43 所示的多边形。

图2-42　多边形中心定位点对话框

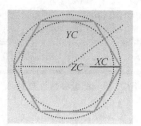
图2-43　多边形创建

注意

　　① 直接在绘图区拾取点创建的多边形所在平面是在 XC-YC 平面上或平行于 XC-YC 平面。
　　② 如创建的多边形所在平面不与 XC-YC 平面平行，应预先通过变换 WCS 坐标系使之与 XC-YC 平行，或者生成多边形后，通过对象变换到要求的平面上。

3. 创建椭圆

椭圆可通过选择【插入】→【曲线】→【椭圆】命令或单击【曲线】工具栏中的"椭圆"图标 ⊙，打开对话框进行创建。

椭圆参数的意义如图 2-44 所示。

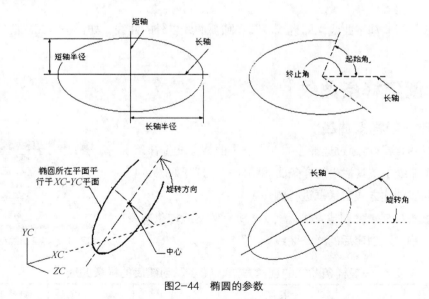
图2-44　椭圆的参数

创建椭圆时，系统首先弹出点构造器对话框，确定椭圆的中心后，系统弹出椭圆参数设置对话框。在相应的参数文本框中输入设定的椭圆参数值，如图 2-45 所示，确定后系统即能完成创建椭圆的工作，如图 2-46 所示。

图2-45　椭圆参数设置对话框

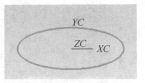

图2-46　椭圆创建

　　① 直接在绘图区拾取点创建的椭圆所在平面是在 *XC−YC* 平面上或平行于 *XC−YC* 平面。

　　② 如果创建的椭圆所在平面不与 *XC−YC* 平面平行，应预先通过变换 WCS 坐标系使之与 *XC−YC* 平行，或者生成椭圆后，通过对象变换到要求的平面上。

2.2　复杂曲线

　　复杂曲线是指非基本曲线，即直线、圆和圆弧曲线以外的曲线，如样条、二次曲线、螺旋线、规律曲线等。

2.2.1　创建样条曲线

1. 创建一般样条曲线

　　"一般样条曲线"可通过选择【插入】→【曲线】→【样条】命令或单击【曲线】工具栏中的样条曲线图标～，打开如图2-47所示的样条曲线创建方式对话框进行创建。

　　一般样条曲线有 4 种创建方法，表 2-2 所示为一般样条曲线的创建方法、特点及创建后的样条曲线。

图2-47　样条曲线创建方式对话框

表 2-2　　　　　一般样条曲线的创建方法、特点及创建后的样条曲线

方法	特点	创建后的样条曲线
根据极点	样条通过两个端点,使样条向各个数据点(即极点)移动,但并不通过这些点	

续表

方法	特点	创建后的样条曲线
通过点	样条通过一组数据点	
拟合	按指定公差将各数据点拟合成样条曲线，但样条不必通过这些点	
垂直于平面	样条通过并垂直于平面集中的各个平面	

2. 创建艺术样条曲线

"艺术样条曲线"可通过选择【插入】→【曲线】→【艺术样条】命令或单击【曲线】工具栏中的"艺术样条曲线"图标，打开如图 2-48 所示的【艺术样条】曲线创建对话框进行创建。

艺术样条曲线有"点"方法和"极点"方法 2 种创建方式，图 2-49 所示为点方法生成的艺术样条曲线，图 2-50 所示为极点方法生成的艺术样条曲线。

图2-48　【艺术样条】曲线创建
对话框

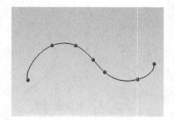

图2-49　点方法创建艺术
样条曲线

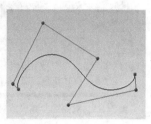

图2-50　极点方法创建
艺术样条曲线

2.2.2　创建二次曲线

"二次曲线"是由截面截取圆锥所形成的截线，二次曲线的形状由截面与圆锥的角度而定，同时，在平行于 XC—YC 平面的面上由设定的点来定位。一般常用的二次曲线包括圆、椭圆、抛物线和双曲线，下面介绍比较复杂的抛物线和双曲线的创建方法。

1. 创建抛物线

可通过选择【插入】→【曲线】→【抛物线】命令或单击【曲线】工具栏中的"抛物线"图标，进入抛物线绘制。在绘图区域指定抛物线顶点，或者在弹出的点构造器对话框中输入抛物线顶点的坐标值，确定抛物线的位置后，系统弹出如图 2-51 所示的抛物线参数设置对话框，设定抛物线参数，单击【确定】按钮，即可完成抛物线的创建，如图 2-52 所示。

抛物线参数设置对话框中各参数的含义如图 2-53 所示。

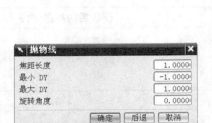

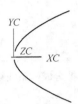

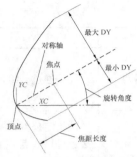

图2-51　抛物线参数设置对话框　　　图2-52　抛物线创建　　　图2-53　抛物线参数

2. 创建双曲线

可通过选择【插入】→【曲线】→【双曲线】命令或单击【曲线】工具栏中的"双曲线"图标，进入双曲线绘制。在绘图区域指定双曲线中心点，或者在弹出的点构造器对话框中输入双曲线中心点的坐标值，确定双曲线的位置后，系统弹出如图2-54所示的双曲线参数设置对话框，设定双曲线参数，单击【确定】按钮，即可完成双曲线的创建，如图2-55所示。

双曲线参数设置对话框中各参数的含义如图2-56所示。

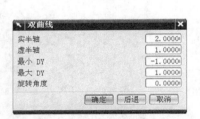

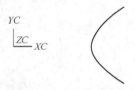

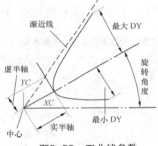

图2-54　双曲线参数设置对话框　　　图2-55　双曲线创建　　　图2-56　双曲线参数

2.2.3　创建螺旋线

可通过选择【插入】→【曲线】→【螺旋线】命令或单击【曲线】工具栏中的"螺旋线"图标，进入螺旋线创建，系统首先弹出如图2-57所示的螺旋线参数设置对话框。

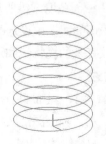

图2-57　螺旋线参数设置对话框　　　图2-58　螺旋线创建

操作步骤如下。

（1）打开【螺旋线】对话框。

（2）输入螺旋线的【圈数】和【螺距】。

（3）确定螺旋线的半径方法和半径值。

（4）定义旋转线旋转方向，即左旋或右旋。

（5）定义螺旋线的 Z 轴方位，系统默认螺旋线的轴线平行于 Z 轴。

（6）最后，用点构造器指定螺旋基点，系统默认螺旋线基点为坐标原点。创建的螺旋线如图 2-58 所示。

① 半径方法采用输入半径时，螺距值要大于 0；半径方法采用使用规律曲线时，螺距值可以等于 0，此时创建的为平面涡旋线。

② 通过定义方位来定义坐标系 Z 轴时，新定义的 Z 轴应是已存的直线。

③ 半径方法选择规律曲线选项时，半径字段框不可用，并且系统将弹出【规律函数】对话框，如图 2-59 所示。

规律函数作为控制曲线用时，它往往并不真的生成曲线，而是通过它的变化规律对螺旋线产生影响。使用规律函数控制半径，创建的螺旋线如表 2-3 所示。

图2-59 【规律函数】对话框

表 2-3 规律函数作为控制曲线创建的螺旋线

恒定	线性	三次	沿着脊线的值—线性	沿着脊线的值—三次	根据方程	根据规律曲线

2.3 曲线对象操作

2.3.1 偏置曲线

"偏置曲线"就是相对于原始曲线，按给定偏置距离和方向生成一个或几个新曲线的过程。偏置曲线可以用来偏置边缘、直线、曲线、圆弧、圆锥曲线、自由曲线等。选择偏置对象后，输入间距，并设置为平行或垂直，用规律控制等方式来进行偏置。

　　可通过选择【插入】→【来自曲线集的曲线】→【偏置】命令或单击【曲线】工具栏中的"偏置曲线"图标，进入偏置曲线操作，系统将弹出如图2-60所示的【偏置曲线】对话框。

　　根据要偏置的实际情况，可在对话框的【类型】下拉列表中选择"距离"、"拔模"、"规律控制"或"3D轴向"等偏置方式。

　　不同类型的偏置方式创建的偏置曲线如图2-61、图2-62、图2-63和图2-64所示。

图2-60　【偏置曲线】对话框

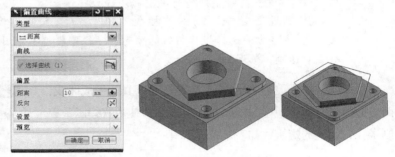

图2-61　"距离"类型偏置曲线创建

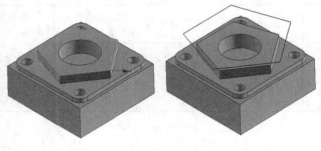

图2-62　"拔模"类型偏置曲线创建

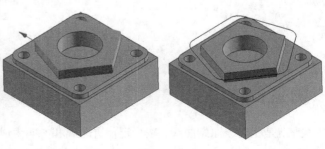

图2-63　"规律控制"类型偏置曲线创建

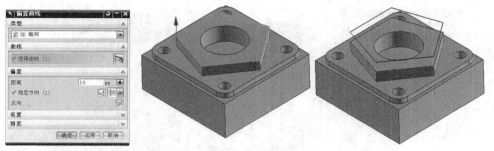

图2-64 "3D轴向"类型偏置曲线创建

2.3.2 投影曲线

"投影曲线"是将曲线、边、点或草图沿指定的方向投影到片体、面或基准平面上的曲线操作。

可通过选择【插入】→【来自曲线集的曲线】→【投影】命令或单击【曲线】工具栏中的"投影曲线"图标，进入投影曲线操作，系统将弹出如图 2-65 所示的【投影曲线】对话框。

图2-65 【投影曲线】对话框

可通过调整投影朝向指定的矢量、点或面的法向，或者与它们成一角度，得到需要的投影曲线。图 2-66 所示为沿面的法向方向向指定平面投影，图 2-67 所示为沿矢量方向向指定曲面投影。

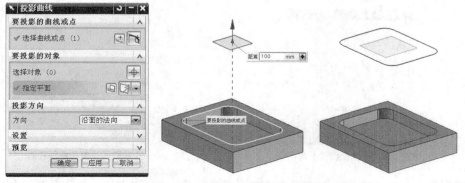

图2-66 沿面的法向方向向指定平面投影

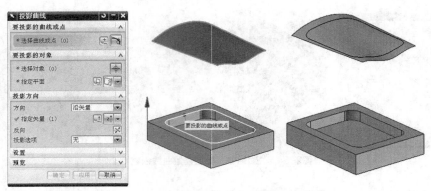

图2-67　沿矢量方向向指定曲面投影

 ① 在设置中选中"关联"复选框，创建关联投影曲线特征时，可以隐藏或保持原始投影对象。对于非关联投影对象，除隐藏和保持选项之外，还可以删除或替换原始投影对象。

② 如果创建关联投影曲线特征，则可以修改原始对象及指定的片体、面或平面，并且投影对象会更新以反映这些更改。

③ 选择沿矢量或与矢量所成的角度作为方向方法时，选定矢量将保持关联。如果更改矢量方向，投影方向将自动更新。

2.3.3　镜像曲线

"镜像曲线"功能能通过基准平面或平面复制关联或非关联曲线和边。

可通过选择【插入】→【来自曲线集的曲线】→【镜像】命令或单击【曲线】工具栏中的"镜像曲线"图标 ，进入镜像曲线操作，系统将弹出如图2-68所示的【镜像曲线】对话框。

操作步骤如下。

（1）打开【镜像曲线】对话框。

（2）选择需要做镜像的曲线和边，曲面的边被高亮显示，如图2-69所示。

图2-68　【镜像曲线】对话框

图2-69　选择需要镜像的曲线和边

（3）选择现有的作为镜像平面使用的基准平面或平面，也可以创建一个新平面作为镜像平面，

此时，被选基准平面或平面高亮显示，如图 2-70 所示。

（4）在设置话框中设置镜像是否关联。

（5）单击【确定】或【应用】按钮，完成镜像曲线操作，如图 2-71 所示。

图2-70　选择镜像平面　　　　　　　　图2-71　镜像曲线

2.3.4　桥接曲线

"桥接曲线"可通过一定的方式把两条分离的曲线顺接起来，创建两条曲线之间的相切圆角曲线并对其进行约束。

可通过选择【插入】→【来自曲线集的曲线】→【桥接】命令或单击【曲线】工具栏中的"桥接曲线"图标，进入桥接曲线操作，系统将弹出如图 2-72 所示的【桥接曲线】对话框。

图 2-73 所示为桥接前的曲线，图 2-74 所示为采用相切幅值方式创建的桥接曲线，图 2-75 所示为采用深度和歪斜方式创建的桥接曲线，图 2-76 所示为采用参考成型方式创建的桥接曲线，图 2-77 所示为桥接位置不同时得到的桥接曲线。

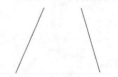

图2-72　【桥接曲线】对话框　　　　　图2-73　桥接前的曲线

图2-74　采用相切幅值方式创建的桥接曲线

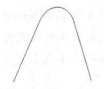

图2-75　采用深度和歪斜方式创建的桥接曲线

图2-76　采用参考成型方式创建的桥接曲线

图2-77　桥接位置不同时得到的桥接曲线

注意　　桥接曲线开始时为横跨两条曲线的端点，可以根据需要使用形状控制滑杆调整数值或在图中直接使用拉杆沿着曲线拖动其桥接曲线位置，通过实时预览最终确定桥接曲线。

2.3.5　简化曲线

"简化曲线"可将一条复合曲线简化成数段圆弧或直线，即将高阶方程的曲线降阶为二次或一次方程曲线，创建一个由最佳圆弧和拟合直线组成的线串，简化后的误差以系统设置的精度为准。

可通过选择【插入】→【来自曲线集的曲线】→【简化】命令或单击【曲线】工具栏中的"简化曲线"图标 ，进入简化曲线操作，系统将弹出如图2-78所示的【简化曲线】对话框。

图2-78　【简化曲线】对话框

在对话框中，可以指定原始曲线在转换之后的状态，共有保持、删除和隐藏3个选项。

- 保持：在创建直线和圆弧之后保留原始曲线。
- 删除：简化之后移除原始曲线且不能再恢复。
- 隐藏：将选中的原始曲线从屏幕上移除，但并未被删除。

图2-79所示为简化前的高阶样条曲线，图2-80所示为简化为22段圆弧后的曲线。

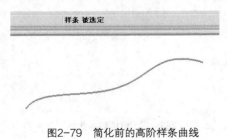

图2-79　简化前的高阶样条曲线

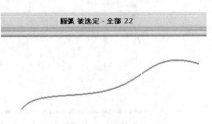

图2-80　简化后的曲线

2.4 曲线编辑

2.4.1 曲线圆角编辑

"曲线圆角编辑"有两种方法，一种是在【基本曲线】对话框中选择"圆角"进行曲线倒圆的创建，另一种是在【编辑曲线】工具栏中选择"编辑圆角"。

1. 在直线间创建圆角

在【基本曲线】对话框中单击"圆角"图标，系统弹出如图2-81所示的【曲线倒圆】对话框。曲线倒圆共有3种方法，分别是"简单圆角"、"2曲线倒圆"和"3曲线倒圆角"。

（1）简单圆角。简单圆角可在2条共面非平行的直线之间生成圆角。

在【曲线倒圆】对话框中，单击"简单圆角"图标，在【半径】
后的数值框中输入半径，确定圆角的大小，在选择球半径范围之内拾取两条直线，生成简单圆角，如图2-82所示。

图2-81 【曲线倒圆】对话框

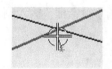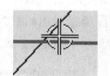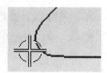

图2-82 简单圆角

① 两条直线要在选择球的半径范围之内。
② 选择球的位置决定倒圆的方向。

（2）2条曲线倒圆。在2条曲线之间构造一个圆角，2条曲线间的圆角是从第1条选定曲线到第2条曲线沿逆时针方向生成的。

在【曲线倒圆】对话框中，单击"2曲线倒圆"图标，输入半径确定圆角的大小，选择是否修剪第1条曲线和第2条曲线，按逆时针方向依次拾取两条曲线，再用鼠标单击大概的圆角中心位置，即可生成两条曲线间的圆角，如图2-83所示。

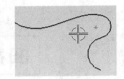

图2-83　两条曲线倒圆

（3）3条曲线倒圆。

在【曲线倒圆】对话框中，单击"3曲线倒圆"图标，选择是否修剪第1条曲线、第3条曲线，以及是否删除第2条曲线，按逆时针方向依次拾取3条曲线，再用鼠标单击大概的圆角中心位置，即可生成3条曲线间的圆角，如图2-84所示。

如果选定的曲线中有一条是圆弧，则系统弹出如图2-85所示的对话框，要求确认已经存在的圆弧与生成的圆角间的关系。图2-86所示为与圆弧采用外切方式时，生成的3条曲线之间的倒圆。

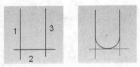

图2-84　3条曲线倒圆　　　图2-85　圆弧与圆角间关系对话框　　　图2-86　与圆弧外切时的3条曲线倒圆

2. 编辑圆角

该功能用来修改圆角的大小及修剪方式。

可通过选择【编辑】→【曲线】→【圆角】命令或单击【编辑曲线】工具栏中的"编辑圆角"图标，进入编辑圆角操作，系统将弹出如图2-87所示的【编辑圆角】对话框。

首先，选择编辑圆角时的修剪方式，然后，选择要编辑的对象，按逆时针方向依次拾取第1条曲线、圆角、第2条曲线，此时，系统弹出如图2-88所示的【编辑圆角】对话框，输入圆角参数后，单击【确定】按钮，得到编辑后的圆角如图2-89所示。

图2-87　【编辑圆角】对话框　　　图2-88　输入圆角参数　　　图2-89　编辑圆角操作

2.4.2　曲线斜角编辑

"曲线倒斜角"可在两条共面直线或曲线间的尖角处创建斜角。

可通过选择【插入】→【曲线】→【倒斜角】命令或单击【曲线】工具栏中的"曲线倒斜角"图标，进入曲线倒斜角操作，系统将弹出如图2-90所示的【倒斜角】对话框。

图2-90　【倒斜角】对话框

曲线倒斜角有两种方法，分别是"简单倒斜角"和"用户定义倒斜角"。

1. 简单倒斜角

简单倒斜角是在 2 条共面直线之间生成斜角直线。

在【倒斜角】对话框中，选择"简单倒斜角"，输入倒斜角的偏置距离，如图 2-91 所示，在选择球半径范围之内拾取两条直线，生成简单倒斜角，如图 2-92 所示。

图2-91　给定偏置距离　　　　　　　　　　图2-92　简单倒斜角操作

① 两条直线是基本直线时，斜角处会自动修剪。
② 两条直线是关联直线时，斜角处不会被自动修剪，直线仍然保持其关联特性。

2. 用户定义倒斜角

用户定义倒斜角是在 2 条共面的曲线之间生成斜角直线。

在【倒斜角】对话框中，选择【用户定义倒斜角】，系统弹出如图 2-93 所示的倒斜角修剪方式对话框。选择【自动修剪】、【手工修剪】或【不修剪】3 种方式中的 1 种修剪方式，在继续弹出的如图 2-94 所示的偏置和角度参数对话框中，在【偏置】和【角度】后的数值框中输入数值，或者单击【偏置值】按钮，弹出如图 2-95 所示的偏置参数对话框，在【偏置 1】和【偏置 2】后的数值框中输入距离的数值，确定后，依次拾取 2 条需要倒斜角的曲线，最后，用鼠标单击大概的相交点，完成用户定义倒斜角。图 2-96 所示为自动修剪方式生成的倒斜角。

图2-93　倒斜角修剪方式对话框　　图2-94　偏置和角度参数对话框　　图2-95　偏置参数对话框

图2-96　自动修剪方式生成的倒斜角

① 自动修剪与不修剪操作过程相同。
② 手工修剪在生成斜角后，还需要确认是否要修剪曲线 1 和曲线 2，还需指明修剪的端点。

|2.4.3　修剪曲线|

修剪曲线命令可以利用设定的边界对象调整曲线的端点，可以延伸或修剪曲线。

可通过选择【编辑】→【曲线】→【修剪】命令或单击【编辑曲线】工具栏中的修剪曲线图标，进入修剪曲线操作，系统将弹出如图 2-97 所示的【修剪曲线】对话框。

图2-97　【修剪曲线】对话框

下面通过几个实例说明常用的修剪曲线的方法。

1.　将修剪对象延伸

如果两条曲线没有相交，则修剪后的曲线将延伸到作为边界对象的曲线上，如图 2-98 所示。

2.　一个修剪对象与一个边界对象的修剪

在需要修剪的一端单击修剪对象，然后，单击边界对象，确定后完成修剪，如图 2-99 所示。

图2-98　将修剪曲线延伸至边界对象　　　　　图2-99　一个修剪对象与一个边界对象的修剪

3.　一个修剪对象与两个边界对象的修剪

在需要修剪的部分单击修剪对象，然后，依次单击两个边界对象，确定后完成修剪，如图 2-100 所示。

如果一个圆与一条直线相交，需要对圆进行修剪，则直线在圆外的部分可以作为两个边界对象，如图 2-101 所示。

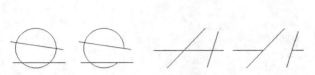
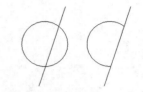

图2-100　一个修剪对象与两个边界对象的修剪　　　图2-101　圆与直线边界对象的修剪

4. 多个修剪对象与一个边界对象的修剪

首先在【修剪曲线】对话框中单击边界对象——选择对象（1）选项，在绘图区中单击作为边界对象的曲线，然后，在【修剪曲线】对话框中单击要修剪的曲线——选择曲线选项，最后，依次在需要修剪的曲线一端单击修剪对象完成修剪，如图 2-102 所示。

图2-102　多个修剪对象与一个边界对象的修剪

5. 多个修剪对象与 2 个边界对象的修剪

首先在【修剪曲线】对话框中单击边界对象——选择对象（1）选项，在绘图区中依次单击作为第 1 条、第 2 条边界对象的曲线，然后，在【修剪曲线】对话框中单击要修剪的曲线——选择曲线选项，最后，依次在需要修剪的曲线部分单击修剪对象完成修剪，如图 2-103 所示。

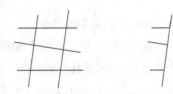

图2-103　多个修剪对象与2个边界对象的修剪

① 点、曲线、面、体、边缘、基准平面和基准轴均可作为边界对象。
② 设置中的输入选项设为"保持"时，被修剪曲线段以虚线表示。
③ 设置中的输入选项设为"隐藏"时，可将被修剪曲线段隐藏起来。

2.4.4 分割曲线

利用该命令选项可以将曲线分割成多个分段。

可通过选择【编辑】→【曲线】→【分割】命令或单击【编辑曲线】工具栏中的"分割曲线"图标 ，进入分割曲线操作，系统将弹出如图 2-104 所示的【分割曲线】对话框。

图2-104 　【分割曲线】对话框

分割曲线有 5 种方法，表 2-4 所示为分割曲线的类型及功能。

表 2-4 分割曲线的类型及功能

分割曲线的类型	功能	曲线分割前	曲线分割后
等分段	将曲线分割为等分段		
按边界对象	根据边界对象分割曲线		
圆弧长段数	将圆弧按给定弧长进行分割		
在节点处	在样条曲线的节点上分割曲线		
在拐角上	在连结后的曲线拐角上分割曲线		

2.4.5 拉长曲线

"拉长曲线"命令用来移动几何对象，并可拉长或缩短直线。

可通过选择【编辑】→【曲线】→【拉长】命令或单击【编辑曲线】工具栏中的"拉长曲线"图标 ，进入拉长曲线操作，系统将弹出如图 2-105 所示的【拉长曲线】对话框。

在【拉长曲线】对话框中，可通过在【XC 增量】、【YC 增量】和【ZC 增量】后的数值框中输入数值或单击【点到点】按钮，指定两点来设定增量值。图 2-106 所示为拉长直线段操作，图 2-107 所示为移动曲线操作，图 2-108 所示为移动曲线和缩短直线段同时操作。

图2-105 　【拉长曲线】对话框　　　　　　　　　　　　图2-106 　拉长直线段操作

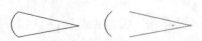

图2-107 　移动曲线操作　　　　　　　　　图2-108 　移动曲线和缩短直线段同时操作

① 拉长或缩短直线段时，可用鼠标单击要拉长的直线段的端点或用选择直线段的矩形线框选择，但矩形线框不能包含全部拉长直线段。

② 移动曲线时，可在要移动的曲线上单击或用选择曲线的矩形线框选择，但矩形线框必须包含全部移动曲线。

③ 移动曲线和拉长或缩短直线段可同时完成。

2.5　曲线造型实例——吊钩

本节通过一个吊钩的设计过程，介绍曲线造型的基本操作过程，包括曲线的绘制、曲线的编辑操作等。通过该操作实例，回顾曲线造型功能及应用，以便对曲线的创建过程及编辑操作方法加深理解，并熟练掌握操作命令。

1. 曲线造型分析

吊钩零件图如图 2-109 所示。吊钩零件图由一个 $\phi 45$ 的圆、若干段圆弧、两条相切直线及一个 $R14$ 的圆角组合而成。

通过分析，我们可以得出曲线造型的大概思路：确定 $\phi 45$ 的圆心为坐标原点、画出 $\phi 45$ 的圆及 $\phi 100$ 的圆弧（或圆）、依据零件图尺寸画出与 $\phi 100$ 的圆弧相切的 $R125$ 圆弧，再依据零件图尺寸找出 $R64$ 圆弧及 $R130$ 圆弧的中心并将其画出（注意尺寸及方位关系），接下来绘制 2 条切线，最后绘制 $R14$ 的圆角。

2. 绘制吊钩零件图

（1）画 $\phi 45$ 及 $\phi 100$ 的圆弧（或圆）。确定坐标原点为 $\phi 45$ 的圆心，画出 $\phi 45$ 的圆及 $\phi 100$ 的圆弧（或圆），如图 2-110 所示。

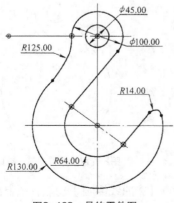

图2-109　吊钩零件图

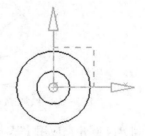

图2-110　画 $\phi 45$ 及 $\phi 100$ 的圆

（2）画 $R125$ 的圆弧（或圆）。根据零件图尺寸，以坐标原点水平左（x 轴反方向）175 处为中心，画出 $R125$ 圆弧（或圆），$R125$ 圆弧（或圆）与 $\phi100$ 的圆弧（或圆）相切，如图 2-111 所示。

（3）画 $R64$ 及 $R130$ 圆弧（或圆）。根据零件图尺寸，以 $R125$ 的圆心为中心，以 $125+130$ 为半径，在坐标原点下方（y 轴反方向）找出 $R64$ 圆弧（或圆）及 $R130$ 圆弧（或圆）的中心并将其画出（注意尺寸及方位关系），如图 2-112 所示。

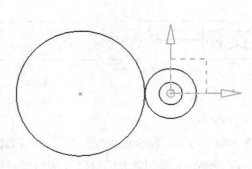

图2-111　画 $R125$ 圆

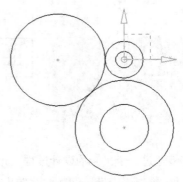

图2-112　画 $R64$ 及 $R130$ 圆

（4）绘制 2 条切线。绘制 $\phi100$ 圆与 $R64$ 圆弧（或圆）的切线，在 $R64$ 圆弧切点处作一条垂线作为辅助线，与 $R64$ 圆弧（或圆）的另一端相交，在交点处再作一条与切线平行的直线，如图 2-113 所示。

（5）修剪圆弧（或圆）。应用修剪曲线命令，采用一个修剪对象与两个边界对象的修剪方法，修剪 $\phi100$ 的圆弧（或圆）、$R125$ 的圆弧（或圆）、$R64$ 圆弧（或圆）、$R130$ 圆弧（或圆），如图 2-114 所示。

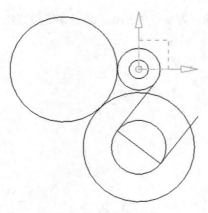

图2-113　绘制2条切线

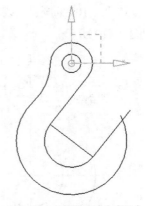

图2-114　修剪圆弧（或圆）

（6）绘制 $R14$ 圆角。应用【基本曲线】→【倒圆】→【2 曲线倒圆】功能，绘制经过修剪后的 $R130$ 圆弧与 $R64$ 圆弧切线间的 $R14$ 圆角，如图 2-115 所示。

（7）删除辅助线，完成设计。删除通过 R64 圆弧中心与切点的辅助线，完成全图的曲线造型设计，效果如图 2-116 所示。

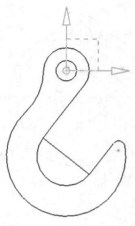
图2-115　绘制R14圆角

图2-116　完成曲线造型设计

本 章 小 结

　　本章介绍了 UG NX 6.0 的曲线绘制功能，包括基本曲线、关联曲线、矩形、多边形、椭圆及样条曲线、二次曲线、螺旋线等一些复杂曲线的绘制；还介绍了曲线的偏置、投影、镜像、桥接及简化等操作，修剪和编辑等操作；以及曲线圆角、曲线斜角、修剪曲线、分割曲线、拉长曲线等曲线的编辑方法；最后，结合一个具体的工程实例——吊钩的曲线造型，介绍了如何进行曲线造型，并对绘制的曲线进行编辑操作。

　　需要注意的是，曲线的创建是草图、实体及曲面造型的基础，特别是对曲面造型尤其重要，因为各种复杂空间曲面的造型都是以曲线造型为基础的，所以，各种类型曲线的创建是否成功在很大程度上决定了曲面造型的成败。

　　同时需要指出的是，本章中介绍的很多曲线造型方法中，有些是可以相互转换的，这取决于设计者现有数据的类型及参数。选择合适的创建方法，不仅可以提高工作效率，还可以提高绘图质量。

练 习 题

利用 UG NX 6.0 的曲线绘制功能，绘制图 2-117～图 2-128 所示的图形。

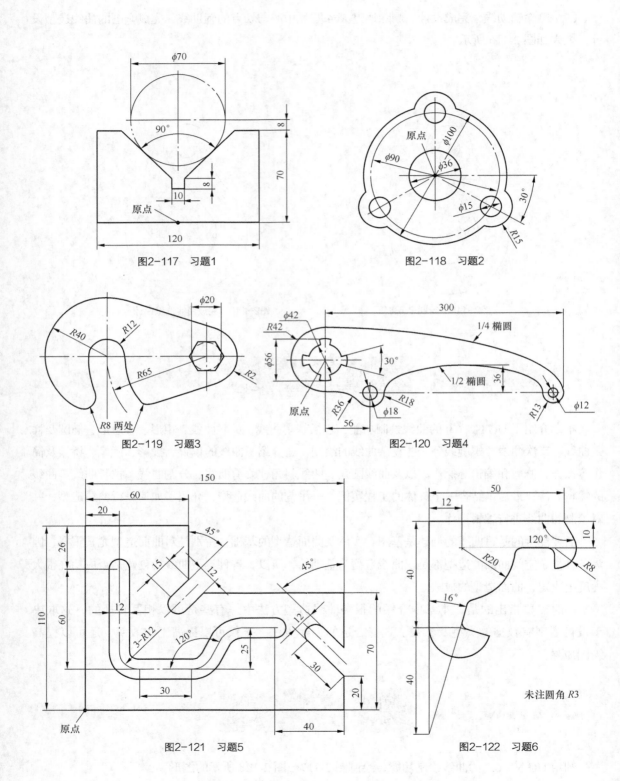

图2-117 习题1

图2-118 习题2

图2-119 习题3

图2-120 习题4

图2-121 习题5

图2-122 习题6

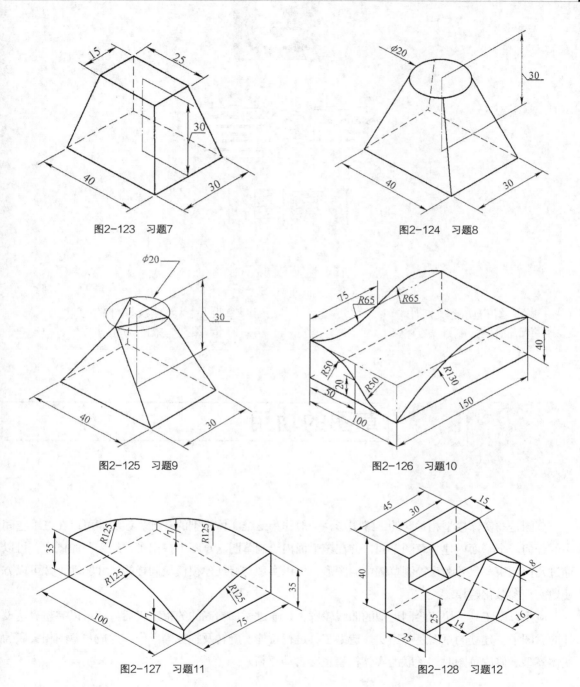

图2-123 习题7

图2-124 习题8

图2-125 习题9

图2-126 习题10

图2-127 习题11

图2-128 习题12

Chapter

3

第3章

| 草图 |

【学习目标】

1. 了解草图的功能及作用
2. 掌握草图平面的建立方法
3. 掌握草图创建及操作的方法
4. 掌握草图约束的方法

草图的功用

草图是与实体模型相关联的二维图形，一般作为三维实体模型的基础。该功能可以在三维空间中的任何一个平面内建立草图平面，并在该平面内绘制草图。草图中提出了"约束"的概念，可以通过几何约束与尺寸约束控制草图中的图形；可以实现与特征建模模块同样的尺寸驱动，并可以方便地实现参数化建模。

应用草图工具，快速绘制近似的曲线轮廓，再通过添加精确的约束定义后，就可以完整表达设计的意图了。建立的草图还可用实体造型工具进行拉伸、旋转及扫掠等操作，生成与草图相关联的实体模型。修改草图时，关联的实体模型也会自动更新。

3.1.1 草图绘制功能

草图绘制功能为用户提供了一种二维绘图工具，在 UG NX 6.0 中，可以通过两种方式绘制二维图，一种是利用基本绘图工具，另一种就是利用草图绘制功能。两者都具有十分强大的曲线绘制功能。与基本绘图工具相比，草图绘制功能具有以下几个显著特点。

（1）草图绘制环境中，修改曲线更加方便快捷。

（2）草图具有参数设计的特点，即绘制完成的轮廓曲线与拉伸、旋转或扫掠等扫描特征生成的实体造型相关联，当草图对象被编辑以后，实体造型也会紧接着发生相应的变化。

（3）在草图绘制过程中，可以对曲线进行尺寸约束和几何约束，从而精确地确定草图对象的尺寸、形状和相互位置，满足用户的设计要求。

3.1.2　草图的作用

草图的作用主要有以下 4 点。

（1）用户利用草图可以快速勾画出零件的二维轮廓曲线，再通过施加尺寸约束和几何约束，就可以精确地确定轮廓曲线的尺寸、形状、位置等。

（2）草图绘制完成后，可以用来拉伸、旋转或扫掠生成实体造型。

（3）草图绘制具有参数的设计特点，这对设计某一需要进行反复修改的部件非常有用。因为只需在草图绘制环境中修改二维轮廓曲线，而不用去修改实体造型，所以，可节省很多修改时间，提高工作效率。

（4）草图可以最大限度地满足用户的设计要求，因为所有的草图对象都必须在某一指定平面上进行绘制，而该指定平面可以是任一平面，既可以是坐标平面和基准平面，也可以是某一实体、片体或碎片的表平面。

3.2　草图的平面

草图平面是指用来绘制草图对象的平面，它可以是坐标平面，如 *XC—YC* 平面、*XC—ZC* 平面或 *YC—ZC* 平面，也可以是实体上的某一平面，还可以是基准平面，因此，草图平面可以是任一平面，即草图可以绘制在任一平面上。

在绘制草图对象时，首先要指定草图平面，因为所有的草图对象都必须附着在某一指定平面上。指定草图平面的方法有两种，一种是在创建草图对象之前就指定草图平面，另一种是在创建草图平面对象时使用默认的草图平面，然后，重新附着草图平面。

3.2.1　建立草图工作平面

选择【插入】→【草图】命令或在【特征】工具栏中单击"草图"图标，系统将弹出【草图生成器】工具栏和【创建草图】对话框，进入草图功能，如图 3-1 和图 3-2 所示。

图3-1　【草图生成器】工具栏　　　　　　图3-2　【创建草图】对话框

1. 草图类型

图 3-2 所示的【类型】下拉列表中有"在平面上"和"在轨迹上"两个选项，用户选择其中的一种作为新建草图的类型，系统默认的草图类型为平面上的草图。

2. 草图平面

草图平面的指定方法有"现有的平面"、"创建平面"和"创建基准坐标系" 3 种方式，可以根据具体情况选择合适的方法。

（1）现有的平面。

① 坐标平面。用户可以指定坐标平面为草图平面。系统默认的草图平面为 XC—YC 平面，所以，此时在绘图区高亮度显示 XC—YC 平面及 X、Y、Z 3 个坐标轴。如要更改草图平面，可用鼠标单击用浅色虚线表示的 XC—ZC 平面或 YC—ZC 平面，如图 3-3 所示，草图平面已更改为 YC—ZC 平面。

② 实体平面。当部件中已经存在实体时，用户可以直接选择某一实体平面作为草图的附着平面。当指定实体平面后，该实体平面在绘图区高亮度显示，同时，在该平面上高亮度显示水平草图轴和竖直草图轴。如果用户需要改变水平草图轴或竖直草图轴的方向，直接双击水平草图轴或竖直草图轴即可。

例如，指定六面体的斜面为草图平面时，系统会将此斜面高亮度显示，如图 3-4 所示。

图3-3　指定坐标平面　　　　　　　　图3-4　指定实体平面为草图平面

指定实体平面的前提是部件中已经存在实体，如果部件中不存在实体，则不能使用该方法指定草图平面。

　　③ 基准平面。当部件中存在基准平面时，可以根据需要指定某一基准平面为草图平面。

　　（2）创建平面。草图平面可以通过创建平面方式来指定。当选择"创建平面"选项时，单击"指定平面"右侧的下三角形图标后，系统弹出创建平面方法的选择图标，根据需要选择合适的创建平面方法。在创建平面的同时，系统已将其指定为草图平面。创建平面方式及指定草图平面对话框如图3-5所示。

　　（3）创建基准坐标系。当部件中存在基准坐标系时，用户可以选择创建基准坐标系方式来指定草图平面，如图3-6所示。当指定某一坐标系后，系统将根据指定的坐标系创建草图平面。

图3-5　创建平面方式及指定草图平面

图3-6　创建基准坐标系方式指定草图平面

　　如果部件中不存在基准坐标系时，单击创建基准坐标系图标，打开【基准 CSYS】对话框，选择不同的类型，创建一个基准 CSYS。创建后，系统返回图 3-6 所示的【创建草图】对话框，在新创建的基准坐标系中指定一个平面作为草图平面。

3. 草图方位

　　"草图方位"选项用于改变水平草图轴和竖直草图轴的方向，只需要单击其中的一个轴，水平草图轴和竖直草图轴就会改变方向，而不需要分别双击两个轴。也可通过单击"反向"按钮，同时改变水平草图轴和竖直草图轴两个方向。

3.2.2　重新附着草图平面

　　当需要修改草图平面时，就需要重新指定草图平面。

　　在下面的零件中，草图椭圆的附着平面为六面体左侧表面，如图 3-7 所示。根据要求，此椭圆草图需要重新指定草图平面为六面体的斜面。

操作步骤如下。

（1）双击椭圆草图，将其打开以进行编辑。

（2）单击【草图生成器】工具栏上的重新附着图标 🗊。

（3）选择默认类型"在平面上"，指定目标基准平面为六面体的斜面，单击【确定】按钮后完成重新附着草图平面，如图 3-8 所示。

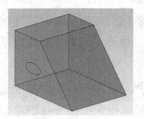
图3-7　原草图所在平面

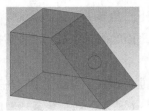
图3-8　重新附着后的草图

3.3　草图绘制

利用图 3-9 所示的【草图工具】工具栏上的图标，可在草图平面中直接绘制和编辑草图曲线。这些图标包括直线、矩形、圆弧、点、圆、椭圆、样条，以及用于编辑草图曲线的圆角、制作拐角、快速修剪、快速延伸、派生的线条、尺寸标注、几何约束等。应用这些图标，可以方便地在草图中建立和编辑几何对象。

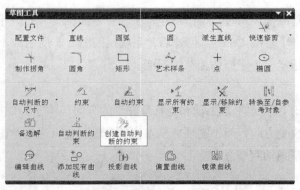
图3-9　【草图工具】工具栏

3.3.1　建立草图对象

草图对象是指草图中的曲线和点。建立草图工作平面后，可在草图工作平面上建立草图对象。

建立草图对象的方法有多种，既可以在草图中直接绘制草图曲线或点，也可以通过一些功能操作，添加绘图工作区存在的曲线或点到草图中，还可以从实体或片体上抽取对象到草图中。

绘制草图曲线的过程中，不必考虑尺寸的准确性和各段曲线之间的几何关系，只需绘出近似的曲线轮廓即可，因为，在后面介绍的草图约束和定位中，可进一步对这些曲线进行尺寸约束、几何约束和定位操作，使用户可以精确地控制它们的尺寸、形状和位置，并可以在需要时随意更改。在绘制草图曲线的过程中，根据几何对象间的关系，有时会在几何对象上自动添加某些几何约束（如水平、垂直和相切）。

1. 草图曲线绘制

草图曲线中直线、矩形、圆弧、点、圆、椭圆、样条等功能与第 2 章介绍的【曲线】工具栏中这些功能的图标相同、功能也相同，其操作方法也基本相同，这里不再赘述。

2. 配置文件

系统默认"配置文件"选项为激活状态，它包括直线、圆弧、坐标模式和长度模式，可以创建一系列相连的直线和圆弧，也可以方便地在坐标模式和长度模式间切换。

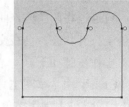

图3-10 应用"配置文件"
选项绘制草图

使用"配置文件"选项，通过一系列的鼠标单击、按住并拖动 MB1，可以从创建直线转换为创建圆弧，也可以从一个圆弧过渡到另一个圆弧，即上一条曲线的终点变成下一条曲线的起点。应用"配置文件"选项绘制的草图，如图 3-10 所示。

3.3.2 草图编辑

通过【草图工具】工具栏中的"编辑曲线"功能，可以实现对草图曲线的编辑处理。具体操作时，可单击【草图工具】工具栏中的编辑曲线图标，弹出【编辑曲线】对话框，如图 3-11 所示。利用该对话框的命令选项，可以实现草图曲线的修剪、延长、伸缩等操作，还可以对所选的曲线进行等分、圆角编辑等操作。由于具体操作方法与第 2 章中所介绍的编辑曲线命令相同，这里不再赘述。

在草图绘制过程中，通常应用【草图工具】工具栏中的圆角、制作拐角、快速修剪、快速延伸、派生的线条等功能进行草图曲线的编辑处理，使其符合技术要求，快速完成草图的创建。

图3-11 【编辑曲线】对话框

1. 圆角

使用该命令可以在 2 条或 3 条曲线之间创建一个圆角。

操作步骤如下。

（1）单击【草图工具】工具栏中的"圆角"图标，系统弹出如图 3-12 所示的【创建圆角】对话框。

（2）指定圆角半径值。

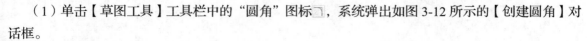

（3）拾取目标曲线，按给定半径生成圆角，如图3-13所示。

图3-12 【创建圆角】对话框

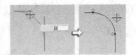

图3-13 圆角预览和最终输出

① 可通过拾取目标曲线，实时预览圆角并通过移动光标来确定圆角半径的尺寸和位置。

② 操作时，可选择修剪曲线或取消修剪曲线两种方式创建圆角。

2. 制作拐角

可通过将两条输入曲线延伸或修剪到一个交点处来制作拐角。如果创建自动判断的"约束"选项处于打开状态，会在交点处创建一个重合约束。

操作步骤如下。

（1）单击【草图工具】工具栏中的"制作拐角"图标┿，或者选择【编辑】→【制作拐角】命令，打开【制作拐角】对话框，如图3-14所示。

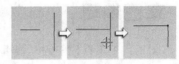

图3-14 【制作拐角】对话框

（2）选择两条目标曲线，通过延伸或修剪来制作拐角，如图3-15和图3-16所示。

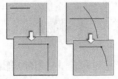

图3-15 通过延伸（左）或修剪（右）来制作拐角

图3-16 延伸一条曲线并修剪另一条曲线

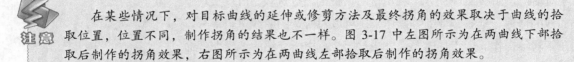

在某些情况下，对目标曲线的延伸或修剪方法及最终拐角的效果取决于曲线的拾取位置，位置不同，制作拐角的结果也不一样。图3-17中左图所示为在两曲线下部拾取后制作的拐角效果，右图所示为在两曲线左部拾取后制作的拐角效果。

3. 快速修剪

使用此命令可以将曲线修剪到任一方向上最近的实际交点或虚拟交点。

操作步骤如下。

（1）单击【草图工具】工具栏中的"快速修剪"图标，或者选择【编辑】→【快速修剪】命令，打开【快速修剪】对话框，如图3-18所示。

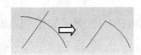

图3-17 不同拾取部位制作的拐角

图3-18 【快速修剪】对话框

（2）将光标移到要修剪的曲线上，可预览将要修剪的曲线部分。要完成修剪时，单击鼠标左键，效果如图 3-19 所示。

① 如果修剪没有交点的曲线，则该曲线会被删除。

② 要修剪多条曲线，可按住鼠标左键，将光标移到目标曲线上。当光标移过每条曲线时，曲线依次被修剪，如图 3-20 所示。

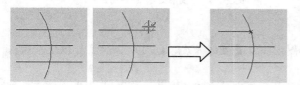

图3-19　曲线的快速修剪

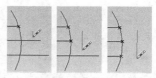

图3-20　多条曲线的快速修剪

4. 快速延伸

使用此命令可以将曲线延伸到它与另一条曲线的实际交点或虚拟交点处。

操作步骤如下。

（1）在【草图工具】工具栏中单击"快速延伸"图标 ，或者选择【编辑】→【快速延伸】命令，打开【快速延伸】对话框，如图 3-21 所示。

（2）将光标移到要延伸的曲线上要延伸的一端，可预览将要延伸的曲线部分。要完成延伸时，单击鼠标左键，效果如图 3-22 所示。

图3-21　【快速延伸】对话框

要延伸多条曲线，可按住鼠标左键，将光标移到目标曲线上。当光标移过每条曲线时，曲线依次被延伸，效果如图 3-23 所示。

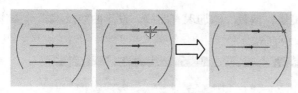

图3-22　曲线的快速延伸

图3-23　多条曲线的快速延伸

5. 派生直线

"派生直线"选项可以根据现有直线创建新的直线，它通过偏置某一直线或在两条相交直线的交点处派生出一条角平分线。

操作步骤如下。

（1）在【草图工具】工具栏中单击"派生直线"图标 ，系统会在提示栏提示选择参考直线。

（2）选择参考直线，系统会在提示栏提示选择第 2 条参考直线或指定平行直线。

（3）生成派生直线，如图 3-24 所示，此时可根据动态显示的偏置距离，在【偏置距离】数值框中输入距离尺寸，直接生成派生直线。也可选择第 2 条参考直线，在两条相交直线的交点处（可以是虚交点）派生出一条角平分线，如图 3-25 和图 3-26 所示。

图3-24　派生直线

图3-25　在交点处派生角平分线

① 派生角平分线时，可以用绘图方法设置直线长度，也可以在长度数值框中输入数值。

② 选择的两条线为平行线时，会在平行线的中间派生出一条直线，其长度可用绘图方法设置直线长度，也可以在长度数值框中输入数值，效果如图 3-27 所示。

图3-26　在虚交点处派生角平分线

图3-27　在平行线间派生直线

3.4　草图操作

"草图操作"是对草图对象进行镜像、偏置、添加现有曲线、投影曲线及编辑等操作，【草图工具】工具栏中草图操作的命令如图 3-28 所示。

图3-28　【草图工具】工具栏中草图操作命令

3.4.1　镜像曲线

"镜像曲线"是取一条镜像中心线，并把所选取的需要镜像的对象以该中心线为对称线进行镜像，复制成新的草图对象。镜像复制的对象与原对象形成一个整体，并且保持相关性。

操作步骤如下。

（1）单击【草图工具】工具栏中的 "镜像曲线" 按钮，或者选择【插入】→【镜像曲线】命令，系统弹出如图 3-29 所示的【镜像曲线】对话框，进入镜像曲线操作。

（2）选取镜像中心线，如图 3-30 所示。

（3）逐一选取需要镜像的曲线，单击【确定】按钮，得到镜像后的草图曲线。同时，所选的镜像中心线变为参考对象并用浅色双点线显示，如图 3-31 所示。

① 镜像中心线必须在镜像操作前就已经存在，而不能在镜像操作中绘制。

② 草图是轴对称图形时，可采用镜像曲线操作，先用【草图曲线】工具绘制出对称图形的一半，然后，再应用镜像曲线功能得到图形的另一半，这样可以保证对称图形的约束要求。

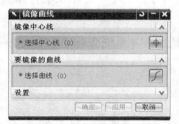

图3-29　【镜像曲线】对话框

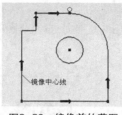

图3-30　镜像前的草图

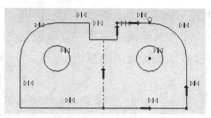

图3-31　镜像后的草图

3.4.2　偏置曲线

"偏置曲线"是从草图中曲线、实体或片体上抽取的曲线，沿指定方向偏置一定距离而产生的和原曲线相关联的曲线生成操作。

操作步骤如下。

（1）单击【草图工具】工具栏中的"偏置曲线"按钮，或者选择【插入】→【偏置曲线】命令，系统弹出如图 3-32 所示的【偏置曲线】对话框。

（2）拾取需要偏置的曲线。

（3）在【偏置曲线】对话框中输入偏置距离、副本数，确定后得到偏置的曲线，如图 3-33 所示。

图3-32　【偏置曲线】对话框

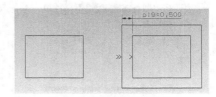

图3-33　偏置曲线操作

① 偏置曲线的偏置方向可在操作时根据预览结果在对话框中确定。
② 在对话框中选中【创建尺寸】复选框时，可在偏置结果中自动标注偏置距离尺寸。

3.4.3 添加现有曲线

添加现有曲线是将绘图工作区中已存在的曲线或点，经过选取后添加到当前的草图中。

操作步骤如下。

（1）单击【草图工具】工具栏中的"添加现有曲线"按钮 或选择【插入】→【添加现有曲线】命令，系统弹出【类选择】对话框。

（2）从绘图工作区中直接选取已经存在的且要添加到草图的点或曲线，系统会自动将所选的曲线或点添加到当前的草图中。

① 已经存在的曲线和点必须与草图共面。
② 已经存在的点和曲线未添加到草图前用蓝色表示，添加到草图后用绿色表示。
③ 刚添加进草图的对象不具有任何约束。

3.4.4 投影曲线

"投影曲线"功能能够将外部对象按垂直于草图工作平面的方向投影到草图中，使之成为草图对象。

操作步骤如下。

（1）单击【草图工具】工具栏中的"投影曲线"按钮 或选择【插入】→【投影曲线】命令，系统弹出如图 3-34 所示的【投影曲线】对话框。

（2）从绘图工作区中直接选取已经存在的且要投影到草图的点或曲线，单击【确定】按钮后，系统将所选的曲线或点以垂直于当前草图平面的方式投影到当前的草图中，如图 3-35 所示。

图3-34 【投影曲线】对话框

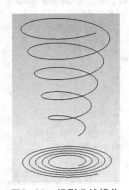

图3-35 投影曲线操作

① 该命令可以把某一实体或某一平面的边缘线转化为草图曲线。
② 要投影到草图的点或曲线所在的平面可以不与草图平面共面。

3.5　草图约束

草图完成基本设计后，还需要进行约束。草图约束是为了限制草图的大小形状及位置，包括几何约束和尺寸约束。当进行几何约束或尺寸约束时，提示栏会实时显示草图缺少 n 个约束、已完全约束或过约束。【草图工具】工具栏中草图约束命令如图 3-36 所示。

图3-36　【草图工具】工具栏中草图约束命令

3.5.1　约束的概念

建立草图之初不必考虑草图曲线的精确位置和尺寸，但建立草图几何对象后，需要对草图对象进行精确约束显示。草图约束可限制草图的形状和大小，包括限制大小的尺寸约束和限制形状的几何约束 2 种。

草图没有完全被约束时，其存在的自由度由箭头表示，当对草图添加约束时，相应的自由度箭头将被去除。自由度箭头的数目不等于完全限制草图所需的约束数目，因为应用一个约束可以去除多个自由度箭头。

当选择"约束" 与"自动判断的尺寸" 命令时，显示自由度选项被激活，各草图对象会显示自由度符号。此时，线段或样条在端点处将会出现互相垂直的黄色箭头，而在中心处将会出现圆或椭圆，以表明当前存在哪些没有被限制的自由度，如果没有出现箭头，即代表此对象已受约束，此黄色箭头在草图操作中即代表自由度。随着几何约束和尺寸约束的添加，自由度符号逐步减少，当草图对象全部被约束以后，自由度符号会全部消失。表 3-1 所示为常用曲线自由度描述。

表 3-1　　　　　　　　　　　常用曲线自由度描述

曲线	自由度描述
	点有 2 个自由度

续表

曲线	自由度描述
	直线有 4 个自由度：每端 2 个
	圆有 3 个自由度：圆心 2 个，半径 1 个
	圆弧有 5 个自由度：圆心 2 个，半径 1 个，起始角度和终止角度各 1 个
	椭圆有 5 个自由度：2 个在中心，1 个用于方向，长半轴和短半轴各 1 个
	部分椭圆有 7 个自由度：2 个在中心，1 个用于方向，长半轴和短半轴各 1 个，起始角度和终止角度各 1 个
	二次曲线有 6 个自由度：每个端点有 2 个，锚点有 2 个
	极点样条有 4 个自由度：每个端点有 2 个
	过点的样条在它的每个定义点处有 2 个自由度

3.5.2　尺寸约束

　　建立草图尺寸约束可限制草图几何对象的大小，也就是在草图上标注尺寸，并设置尺寸标注的形式。UG NX 6.0 共提供了 10 种不同的尺寸约束形式，分别是自动判断的尺寸、水平、竖直、平行、垂直、成角度、直径、半径、周长和附加尺寸。

　　尺寸约束可通过选择【插入】→【尺寸】命令或直接在【约束】工具栏中选择相应的标注图标进行尺寸约束。当选择开始尺寸标注时，系统弹出标注尺寸界面，这时可开始进行标注，也可单击 图标，打开【尺寸】对话框。【尺寸】对话框中包含了尺寸标注方式图标、尺寸表达式引出线和尺寸标注位置等选项，如图 3-37 所示。

　　进行尺寸约束时，可根据草图曲线的类型及需要标注尺寸的形式，通过单击不同的尺寸约束命令，实

图 3-37　尺寸标注界面及草图【尺寸】对话框

现对草图对象进行尺寸上的约束。

1. 尺寸标注方式

尺寸标注方式图标位于【尺寸】对话框可变显示区的上部，其中包括了 9 种尺寸标注方式。表 3-2 所示为全部的 10 种尺寸标注方式及功能。

表 3-2　　　　　　　　　　　　尺寸标注方式及功能

图标	标注方式	功能
	自动判断	根据所选草图对象的类型和光标与所选对象的相对位置，采用相应的标注方法
	水平	在两点之间创建与 XC 轴平行的距离约束
	竖直	在两点之间创建与 YC 轴平行的距离约束
	平行	在两点之间创建一个最短距离约束
	垂直	在一条直线和一个点之间创建垂直距离约束
	直径	对所选的圆弧对象进行直径尺寸约束
	半径	对所选的圆弧对象进行半径尺寸约束
	角度	对所选的两条直线进行角度尺寸约束
	周长	对所选的多个对象进行周长的尺寸约束
	附着尺寸	可用来将尺寸与它引用的几何体分离并将其附着到所指定的其他几何体

2. 尺寸的修改

尺寸的修改有如下 3 种方法。

（1）对已经添加标注的尺寸进行修改，最简单的方法是双击要修改的尺寸约束，在文本框中输入新值即可。

（2）在【尺寸】对话框中，尺寸表达式列表框中列出了当前草图对象已有的尺寸表达式，用户可以在这里查看所有的尺寸，并且能修改其中的尺寸。当选取了某个尺寸表达式后，列表框下方的当前表达式文本框和数值滑块都被激活，用户可以修改尺寸表达式的名称或该尺寸的数值，也可以通过数值比例尺滑块来更改尺寸的数值，如图 3-37 所示。

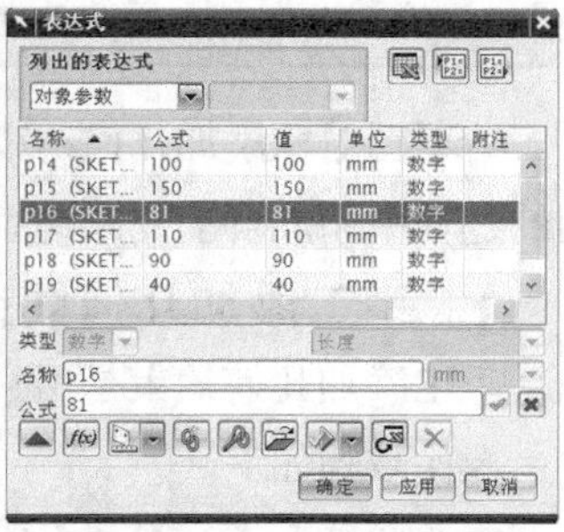

（3）也可以选择【工具】→【表达式】命令，选取几何图形，

图3-38　【表达式】对话框

在【表达式】对话框中选择要修改的尺寸，进行修改，在【公式】文本框中输入新的尺寸后确认即可，如图 3-38 所示。

3.5.3　几何约束

"几何约束"用来定位草图对象和确定草图对象间的相互关系，如固定、相切、平行、垂直、同心、共线、中心、水平、竖直、重合、等长度、等半径、固定长度、固定角度等。

在 UG NX 6.0 系统中，几何约束的种类多达 20 多种，根据不同的草图对象，可添加不同类型的几何约束，表 3-3 所示为常用几何约束方式及功能。

表 3-3   常用几何约束方式及功能

图标	约束方式	功能
⌐⊥	固定	将草图对象固定在某个位置
⌐	重合	约束两个或多个点相互重合
◎	同心	约束两个或多个圆弧或椭圆弧的圆心相互重合
∖	共线	约束两条或多条直线共线
↑	点在曲线上	约束所选取的点在某曲线上
⊢	中点	约束点在直线的中点或圆弧的中点上
→	水平	约束直线为平行于工作坐标 XC 轴的水平直线
↑	竖直	约束直线为平行于工作坐标 YC 轴的竖直直线
//	平行	约束两条曲线相互平行
⊥	垂直	约束两条曲线彼此垂直
○	相切	约束选取的两个对象相互相切
=	等长	约束选取的两条或多条曲线等长
〃	等半径	约束选取的两个或多个圆弧等半径
▷◁	镜像	约束对象间彼此成镜像关系
↔	固定长度	约束选取的曲线为固定长度
∠	固定角度	约束选取的直线为固定的角度

给草图对象添加几何约束可通过手工方式添加，也可通过自动方式产生约束，还可以在绘制草图的过程中添加自动判断约束。

1. 手工添加几何约束

手工添加几何约束是用户来对所选草图对象指定某种约束的方法。

操作步骤如下。

（1）选择【插入】→【约束】命令或直接在【草图约束】工具栏中单击"约束"图标 ⌐⊥，进入几何约束操作。

（2）在绘图工作区中，选择一个或多个草图对象，所选对象在绘图工作区中会高亮显示，如图 3-39 所示。

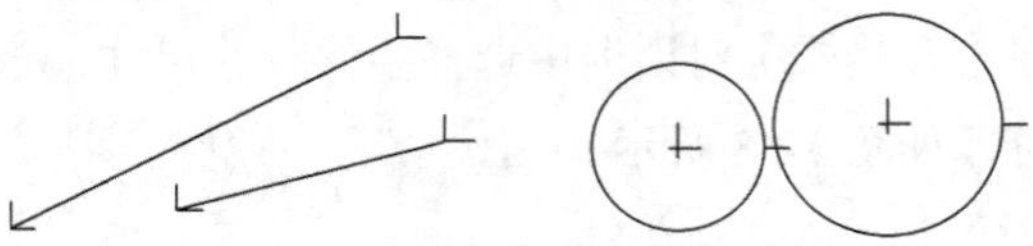

图3-39　需要几何约束的草图曲线

（3）系统根据所选草图曲线的类型，在【约束】对话框中列出可对所选对象添加的几何约束类型，如图 3-40 所示。

 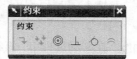

图3-40 【约束】对话框

（4）根据所选草图对象的几何关系，在【约束】对话框中选择一个或多个约束类型，系统将添加指定类型的几何约束到所选草图对象上。

① 选择不同形状、不同位置的草图曲线，系统显示的约束条件命令按钮也会不同。
② 如果选择一条直线和一个圆相切约束，即使它们是分开的，系统也将自动使圆和直线相切。
③ 草图对象的某些自由度符号会因产生的约束而消失。

2. 自动产生几何约束

"自动产生约束"是系统用所选择的几何约束类型，根据草图对象间的关系，自动添加相应约束到草图对象上的方法。

操作步骤如下。

（1）单击【草图工具】工具栏中的"自动约束"图标，系统弹出如图3-41所示的【自动约束】对话框，该对话框显示当前草图对象可添加的几何约束类型。

（2）在【自动约束】对话框中，选择需要自动添加到草图对象的某些约束类型，然后，单击【确定】按钮。

（3）系统会分析草图对象的几何关系，根据选择的约束类型，自动添加相应的几何约束到草图对象上。

图3-41 【自动约束】对话框

① 在2条不接触的曲线之间自动创建约束时，2条曲线之间的距离应小于当前距离公差，否则，应按需要调整距离公差。
② 这种方法主要适用于位置关系已经明确的草图对象，对于约束那些添加到草图中的几何对象，尤其是从其他CAD系统转换过来的几何对象特别有用。

3. 自动判断约束

如果要在绘制草图的过程中自动添加约束，可选择"自动判断约束"选项。

操作步骤如下。

（1）单击【草图工具】工具栏中的"自动判断约束"图标，系统弹出如图3-42所示的【自动判断约束】对话框，该对话框显示当前草图对象可添加的几何约束类型。

（2）在【自动判断约束】对话框中，选择需要自动判断和应用的约束类型，然后，单击【确定】按钮。

（3）单击【草图工具】工具栏中的"创建自动判断的约束"图标，自动判断约束状态激活。

（4）绘制草图曲线，在绘制过程中，系统可自动判断所需几何约束并添加几何约束到草图曲线，效果如图 3-43 所示。

图3-42　【自动判断约束】对话框

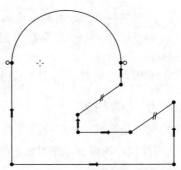
图3-43　自动判断约束方式绘制草图

3.5.4　编辑草图约束

尺寸约束和几何约束创建后，有时还需要对约束进行查看和修改。下面介绍显示所有约束、显示/移除约束、动画尺寸及备选解等编辑草图约束的方法。

1. 显示所有约束

在【草图工具】工具栏中，单击显示所有约束图标，系统会自动显示已经添加的相应约束。图标处于被按下的状态时，显示所有约束，如图 3-44 所示。图标处于弹起状态时，则不显示约束，如图 3-45 所示。

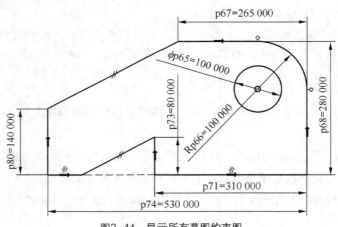
图3-44　显示所有草图约束图

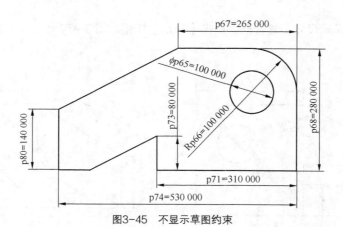

图3-45　不显示草图约束

2. 显示/移除约束

在【草图工具】工具栏中，单击"显示/移除约束"图标，系统弹出【显示/移除约束】对话框，如图 3-46 所示。选择草图曲线后，系统将显示所有和选定曲线相关的草图约束。用户可以利用该对话框查看几何约束的类型和约束的信息，可对橘黄色显示的过约束进行移除处理。

3. 动画尺寸

动画尺寸是指用户设定尺寸约束的变化范围和动画的循环次数后，系统以动画的形式显示尺寸变化。

单击【草图工具】工具栏中的"动画尺寸"图标，弹出如图 3-47 所示的【动画】对话框。

图3-46　【显示/移除约束】对话框

图3-47　【动画】对话框

在【动画】对话框的列表中选择一个尺寸约束后，在【下限】和【上限】数值框中输入动画尺寸的下限值和上限值，在【步数/循环】数值框中输入动画循环次数后，单击【确定】按钮，即可在草图中以动画的形式循环显示该尺寸约束的变化。

当选中【显示尺寸】复选框时，在动画显示尺寸约束变化的同时，尺寸数值也相应地发生变化。

以图 3-44 所示草图为例，选定尺寸"530"，下限尺寸为"477"，上限尺寸为"583"，步数/循

环为"10"，选中【显示尺寸】复选框，单击【确定】按钮，图 3-47 所示。图 3-48 所示为动画显示尺寸约束的变化。

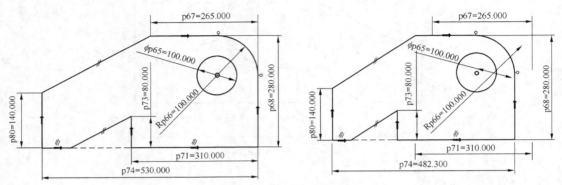

图3-48　动画显示尺寸约束的变化

4. 备选解

当用户对一个草图对象进行约束操作后，同一约束条件可能存在多种解决方法，采用替换操作可从约束的一种解法转为另一种解法。

单击【草图工具】工具栏中的"备选解"图标，系统将弹出如图 3-49 所示的【备选解】对话框。系统提示用户选择操作对象，此时，可在绘图工作区中选取要进行替换操作的对象。选择对象后，所选对象直接转换到同一约束的另一种约束方式。用户还可继续选择其他操作对象进行约束方式的转换。

图 3-50 所示为草图备选解操作的实例。当为草图上的两个圆定义相切几何约束时，这两个圆的相切方式可以为外切，也可以为内切，这两种相切方式都是有效的。如果用户想从一种相切方式转换到另一种相切方式，就需要用替换来解决。当用户按图示位置选择了草图上的其中一个圆后，系统会自动把相切约束替换为右边的相切约束形式，如果再次选择一个圆，则又回到左边的相切约束形式。

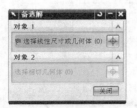

图3-49　【备选解】对话框

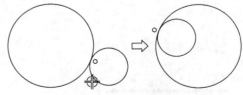

图3-50　草图备选解操作

5. 转换至/自参考对象

"转换至/自参考对象"选项可以将草图曲线（但不是点）或草图尺寸由活动对象转换为参考对象，或者由参考对象转换回活动对象。

单击【草图工具】工具栏中的"转换至/自参考对象"图标，系统将弹出如图 3-51 所示的【转换至/自参考对象】对话框。系统提示用户选择操作对象，此时，可在绘图工作区中选取要进行转换操作的对象。选择对象后，系统根据选择的转换类型，将所选操作对象进行转换，如图 3-52 所示。

图3-51 【转换至/自参考对象】对话框

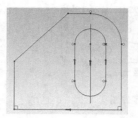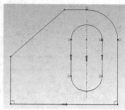

图3-52 转换至/自参考对象操作

① 默认情况下，用双点线显示参考曲线。
② 参考尺寸不控制草图几何图形。

 草图设计实例——气缸垫

本节通过一个气缸垫草图的设计过程，介绍草图的基本操作过程，包括草图平面的选择、草图曲线的绘制、草图操作、草图约束等基本操作。通过该操作实例，回顾复习草图功能及应用，以便对草图的创建过程及操作方法加深理解，并熟练掌握操作命令。气缸垫零件图如图 3-53 所示。

1. 草图设计分析

由气缸垫零件图可知，草图由 6 个 $\phi12$ 的圆、两段直线及若干段圆弧组合而成，该草图为上下对称结构。

通过分析，我们可以得出草图设计的大概思路：确定草图平面、画出参考线、先绘制左下角 $\phi12$ 的圆、再将 $\phi12$ 的圆矩形阵列得到 6 个 $\phi12$ 的圆、画出草图左边外轮廓的 2 个 $R12$ 的圆弧、画出草图左边外轮廓的 $R100$ 的圆弧、镜像得到右侧的 2 个 $R12$ 和 $R100$ 的圆弧、画出上下两条水平轮廓线、画出草图内除了 $R32$ 圆弧之外的下半部分各段圆弧、镜像得到上半部分圆弧、画出 $R32$ 圆弧、最后，进行尺寸约束和几何约束。

2. 设计气缸垫草图

（1）确定草图平面。选择 XC—YC 平面为创建草图的平面，如图 3-54 所示。

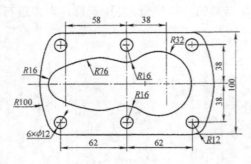

图3-53 气缸垫零件图

图3-54 确定草图工作平面

（2）画出参考线。将图形的中心定义在坐标原点，按照图中给定尺寸画出参考线，如图 3-55 所示。

（3）画出 $\phi12$ 的圆。画出左下角 $\phi12$ 的圆，如图 3-56 所示，再通过矩形阵列得到 6 个 $\phi12$ 的圆，如图 3-57 所示。

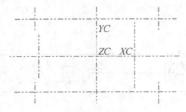

图3-55 绘制参考线

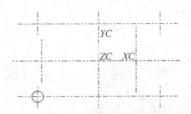

图3-56 绘制左下角ϕ12的圆

（4）画出草图左边外轮廓的 2 个 $R12$ 的圆弧，如图 3-58 所示，再画出草图左边外轮廓的 $R100$ 的圆弧，注意相切关系，如图 3-59 所示。将圆弧的多余长度段进行快速剪切，效果如图 3-60 所示。

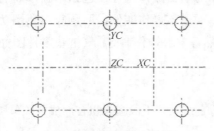

图3-57 矩形阵列ϕ12的圆

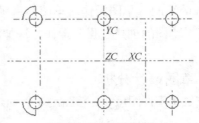

图3-58 画出R12圆弧

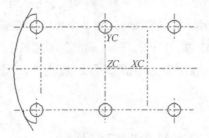

图3-59 画出R100圆弧

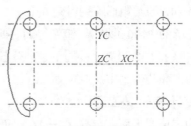

图3-60 快速剪切圆弧

（5）镜像得到右侧的 2 个 R12 和 R100 的圆弧。以垂直中心线为镜像中心线，将左侧 2 个 R12 和 R100 的圆弧进行镜像，得到右侧的 2 个 R12 和 R100 的圆弧，如图 3-61 所示。

（6）画出水平轮廓线。画出上下两条水平轮廓线，注意保持与 R12 圆弧的相切关系，如图 3-62 所示。

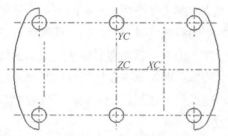

图3-61　镜像得到右侧的2个R12和R100的圆弧

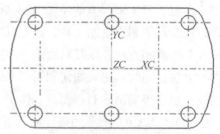

图3-62　画出水平轮廓线

（7）画出草图内除了 R32 圆弧之外各段圆弧。先画出草图内除了 R32 圆弧之外的下半部分各段圆弧，注意保持相切关系，如图 3-63 所示。再以水平中心线为镜像中心线，将刚画出的圆弧进行镜像，镜像得到上半部分圆弧。将圆弧的多余长度段进行快速剪切，得到的图形如图 3-64 所示。

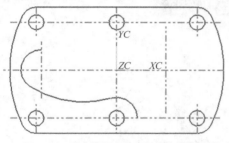

图3-63　画出草图内下半部分各段圆弧

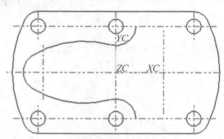

图3-64　镜像得到上部分的圆弧

（8）画出 R32 圆弧。画出草图内右侧 R32 的圆弧，注意保持与 R16 圆弧的相切关系，并将圆弧的多余长度段进行快速剪切，得到如图 3-65 所示的图形。

（9）进行尺寸约束及几何约束。最后，根据气缸垫零件图的要求，进行草图的尺寸约束及几何约束，完成草图设计。最终效果如图 3-66 所示。

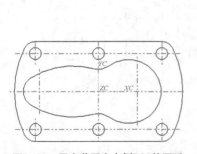

图3-65　画出草图内右侧R32的圆弧

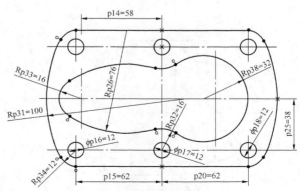

图3-66　草图尺寸约束及几何约束

本章介绍了 UG NX 6.0 的草图绘制功能、作用、建立草图工作平面及重新附着草图平面等基本概念；还介绍了利用草图工具，建立草图对象、绘制草图曲线，得到近似的曲线轮廓、进行草图编辑等草图绘制方法；以及对绘制的草图曲线进行镜像、偏置、添加现有曲线、投影曲线等草图操作的方法；同时，也对如何利用草图约束命令，对绘制的近似草图曲线轮廓进行尺寸约束和几何约束，最终得到精确的草图曲线作了介绍。最后，通过一个草图设计实例——气缸垫草图设计，介绍了 UG NX 6.0 的草图设计的基本操作方法和过程。

需要注意的是在第 2 章中，曲线的绘制、操作及编辑和本章中草图绘制、操作等均有异同点，在草图设计过程中要加以注意，并灵活应用。

绘制如图 3-67～图 3-82 所示的草图。

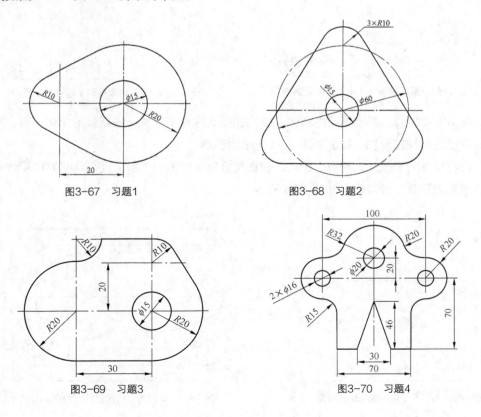

图3-67 习题1

图3-68 习题2

图3-69 习题3

图3-70 习题4

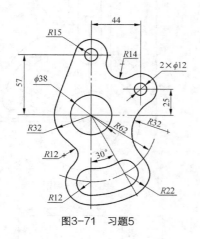

图3-71 习题5

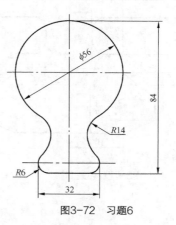

图3-72 习题6

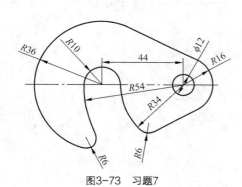

图3-73 习题7

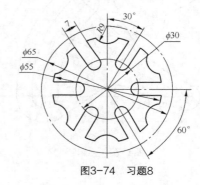

图3-74 习题8

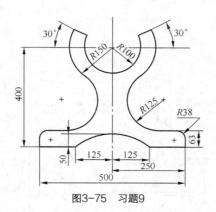

图3-75 习题9

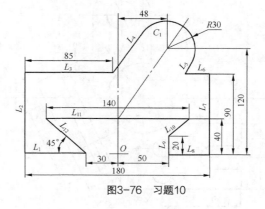

图3-76 习题10

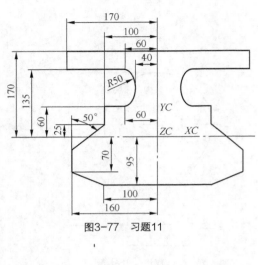

图3-77 习题11

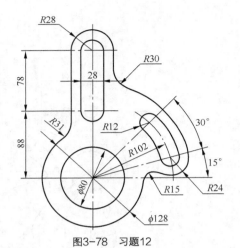

图3-78 习题12

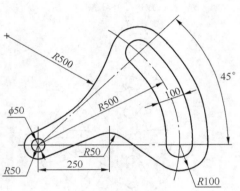

图3-79 习题13

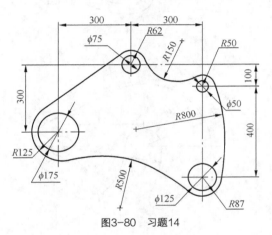

图3-80 习题14

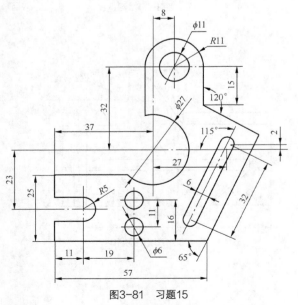

图3-81 习题15

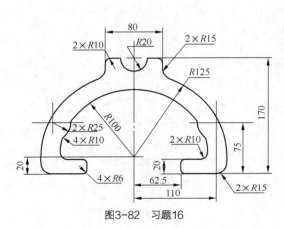

图3-82 习题16

Chapter 4

第4章

| 实体建模 |

【学习目标】

1. 了解实体建模基本概念
2. 熟练掌握特征建模方法
3. 掌握特征操作及编辑方法
4. 掌握常用的同步建模方法

4.1 实体建模概述

UG NX 6.0 采用基于特征和约束的复合建模技术，具有强大的参数化设计和编辑复杂实体模型的能力。其实体特征是以参数形式定义的，可方便地基于大小、形状和位置进行尺寸驱动及编辑。

4.1.1 实体建模特点

实体建模有如下特点。

（1）UG NX 6.0 除可通过对满足要求的一般曲线进行拉伸、旋转及扫掠生成实体外，还可利用草图工具建立二维截面的轮廓曲线，通过拉伸、旋转及扫掠等，生成具有参数化设计特点的实体，当草图中的二维轮廓曲线改变后，实体特征将自动更新。

（2）UG NX 6.0 特征建模提供了各种标准设计特征的数据库，可以快速创建长方体、圆柱体、圆锥体、球体等基本几何体，也可以创建管道、孔、凸台、筋板、键槽等常用特征。在建立这些特征时，只需要输入标准设计特征的参数即可得到相应的实体模型，方便快捷，大大提高了建模的速度。

（3）UG NX 6.0 的实体模型可以直接被引用到二维工程图、装配、加工、机构分析和有限元分析当中，并能够保持原有的关联性。

（4）UG NX 6.0 提供的实体特征的操作和编辑功能，可以对实体模型进行倒角、抽壳、螺纹、比例、裁剪、分割等，从而将复杂的实体建模过程大大简化。

（5）UG NX 6.0 可以对所创建的实体模型进行一系列修饰和渲染，如着色、消隐，方便用户观察模型。此外，还可从实体特征中提取几何特性和物理特性，进行几何计算和物理特性分析。

4.1.2 实体建模方法

1. 建模方法

UG NX 6.0 是一种复合建模工具，它具有强大的建模功能，提供了多种建模方法。用户可以根据需要选择不同的方法建模，常用的建模方法有以下 4 种。

（1）非参数化建模。非参数化建模是显示建模，对象是相对于模型空间建立的，彼此之间并没有相互依存的关系，对一个或多个对象所做的改变不影响其他对象或最终模型。

（2）参数化建模。为了进一步编缉模型，在建模过程中将用于模型定义的参数值随模型存储，参数可以彼此引用，以建立在模型的各个特征间的关系，得到的模型为参数化模型。

（3）基于约束的建模。模型的几何体是由尺寸约束或几何约束来驱动或求解的。其中尺寸驱动是参数驱动的基础，尺寸约束是实现尺寸驱动的前提。

（4）复合建模。复合建模是上述 3 种建模技术的发展与选择性组合，复合建模支持传统的非参数化几何建模及基于约束的草绘和参数化特征建模，将所有工具无缝地集成在单一的建模环境内。

2. 建模过程

UG NX 6.0 的建模应用模块提供了一个实体建模系统，可以进行快速的概念设计。用户可以交互式地创建并编辑复杂的、实际的实体模型。可以通过直接编辑实体尺寸的方法或使用其他构造技术对实体进行更改和更新。

在实体建模时，如果所需模型是长方体、圆柱体、圆锥体、球体等基本几何体，可直接通过标准设计特征的数据库快速创建。也可以在已有实体上通过 UG 的标准设计特征的数据库创建孔、凸台、筋板、键槽等常用特征。当然，还可以对满足要求的一般曲线直接进行特征操作完成实体建模。

一般情况下实体建模的基本过程是从绘制草图开始的。

（1）绘制草图。按设计要求确定草图平面，绘制草图的大致形状，进行草图的尺寸约束和几何约束，得到符合要求的精确草图。

（2）创建特征。采用拉伸、回转或扫掠的方法创建实体特征。

（3）特征操作。对实体模型进行边倒圆、倒斜角、抽壳、螺纹、镜像、矩形阵列、圆形阵列、拔模、布尔运算等特征操作。如果布尔运算在创建特征阶段，如拉伸、回转或扫掠等设计特征不是初次进行，则布尔运算操作可根据实际情况与创建特征同时完成。

（4）编辑特征。实体建模过程中或建模完成之后，可根据需要对实体特征进行特征参数、特征位置、移动特征、特征重排序、替换特征、抑制特征、取消抑制特征等方面的编辑。

以上过程在实体建模时，一般要反复多次。当实体模型比较复杂时，可能还需要结合采用曲面建模的方法，直到最终满足实体模型的要求为止。

4.1.3 实体建模菜单及工具栏

UG NX 6.0 在操作界面上有很大的改进，各实体建模功能除了通过图 4-1 所示【插入】菜单中的【设计特征】、【关联复制】、【组合体】、【修剪】、【偏置/缩放】及【细节特征】等相关命令来实现外，还可以通过工具栏上的图标来实现。实体建模工具栏主要有"特征"、"特征操作"和"编辑特征"3 种。

1.【特征】工具栏

用于创建基本几何特征、常用特征、扫描特征、参考特征及用户自定义特征等。【特征】工具栏如图 4-2 所示。

图4-1 特征建模下拉菜单

图4-2 【特征】工具栏

2.【特征操作】工具栏

用于布尔操作、基准操作、实体拔锥、边倒圆、面倒圆、软倒圆、倒斜角、抽壳、螺纹、镜像体、阵列特征、镜像特征、缝合、补片体、偏置面、比例体、拆分体、修剪实体及抽取操作等。【特征操作】工具栏如图 4-3 所示。

图4-3 【特征操作】工具栏

3.【编辑特征】工具栏

用于编辑特征参数、编辑位置、移动特征、特征重排序、替换特征、抑制特征、取消抑制特征、移除参数、编辑实体密度、更新模型及特征回放等。【编辑特征】工具栏如图4-4所示。

图4-4 【编辑特征】工具栏

4.2 特征建模

特征建模用于建立基本体素和简单的实体模型，包括长方体、圆柱体、圆锥、球等基本特征，还有孔、管道、圆形凸台、凸起、凸垫、键槽、割槽等常用特征。实际的实体造型都可以分解为这些简单的特征建模，因此，特征建模部分是实体造型的基础。

4.2.1 基本特征

1. 长方体

长方体是规则六面体，通常用来创建正方体和长方体，通过给定具体参数来确定。

选择【插入】→【设计特征】→【长方体】命令或单击【特征】工具栏中的"长方体"，图标，系统弹出如图4-5所示的【长方体】对话框。通过该对话框，选择一种长方体的创建类型，创建长方体。

创建类型有如下3种。

（1）通过定义每条边的长度和顶点来创建长方体，如图4-5所示。

（2）通过定义底面的两个对角点和高度来创建长方体，如图4-6所示。

（3）通过定义3D体对角点来创建长方体，如图4-7所示。

根据设计参数选择合适的创建类型，输入长方体的边长及位置等参数信息，确定采用布尔操作的方法，完成长方体的创建，效果如图4-8所示。

图4-5　【长方体】对话框（定义原点和边长创建长方体）

图4-6　定义底面两点及高度创建长方体

图4-7　定义3D体对角点创建长方体

图4-8　长方体创建

在创建长方体时，对话框中"布尔"选项，可根据具体情况选择，如表 4-1 所示。

表 4-1　　　　　　　　　　　　布尔操作方法及功能

图标	方法	功能
	无	创建与任何现有的实体无关的新长方体，如目前不存在任何实体，则其他选项均不可用
	求和	将新建的长方体与两个或多个目标体合并起来
	求差	从目标体上减去新建的长方体
	求交	创建包含长方体与目标体之间的共有体

2．圆柱体

"圆柱体"功能主要是用来在指定位置创建不同直径和高度的圆柱体。

选择【插入】→【设计特征】→【圆柱体】命令或单击【特征】工具栏中的"圆柱体"图标 ，系统弹出【圆柱体】对话框。在对话框中，选择一种圆柱体生成方式，创建圆柱体。

创建类型有如下 2 种。

（1）通过定义轴、直径和高度来创建圆柱体。

指定圆柱体矢量方向及圆柱体中心点，输入圆柱体直径及高度，选择合适的布尔操作，如图 4-9 所示。确定后，完成圆柱体的创建，效果如图 4-10 所示。

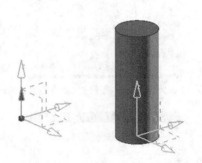

图4-9　以轴、直径和高度方式创建圆柱体　　　　图4-10　以轴、直径和高度方式创建的圆柱体

（2）根据已有圆弧或圆，定义高度来创建圆柱体。

单击绘图区中已有的圆弧或圆，输入圆柱体高度，选择合适的布尔操作，如图 4-11 所示。确定后，完成圆柱体的创建，效果如图 4-12 所示。

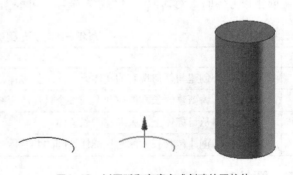

图4-11　以圆弧和高度方式创建圆柱体　　　　图4-12　以圆弧和高度方式创建的圆柱体

3.　圆锥

"圆锥"功能主要是用来在指定位置创建各种不同直径和高度的圆锥及圆锥台。

选择【插入】→【设计特征】→【圆锥】命令或单击【特征】工具栏中的"圆锥"图标 △，系统弹出【圆锥】对话框，进入圆锥建模操作。

创建圆锥有如下 5 种方式。

（1）用直径和高度方式创建圆锥，如图 4-13 所示。

（2）用直径和半角方式创建圆锥，如图 4-14 所示。

图4-13 用直径和高度方式创建圆锥　　　　　　　图4-14 用直径和半角方式创建圆锥

（3）用底部直径、高度和半角方式创建圆锥，如图 4-15 所示。

（4）用顶部直径、高度和半角方式创建圆锥，如图 4-16 所示。

图4-15 用底部直径、高度和半角方式创建圆锥　　　图4-16 用顶部直径、高度和半角方式创建圆锥

（5）用两个共轴的圆弧方式创建圆锥，如图 4-17 所示。

图4-17 用两个共轴的圆弧方式创建圆锥

① 半角的值只能为 0°～90°（不含 0°），-90°～0°（不含 90°）。

② 采用底部直径、高度及半角方式创建圆锥时，应防止顶部直径小于 0。

③ 采用顶部直径、高度及半角方式创建圆锥时，应防止底部直径小于 0。

④ 采用两个共轴的圆弧方式创建圆锥时，不需要两圆弧同轴，且底圆和顶圆之间沿方向矢量间的距离即为圆锥（锥台）的高度。

4. 球

可以通过指定方位、大小和位置创建球体。

选择【插入】→【设计特征】→【球】命令或单击【特征】工具栏中的"球"图标 ，系统弹出如图 4-18 所示的【球】对话框，进入球建模操作。

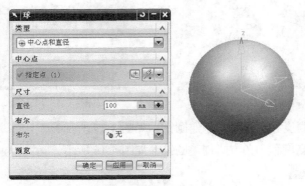

图4-18   用中心点和直径方式创建球

创建类型有如下 2 种。

（1）选择"中心点和直径"方式创建球

在如图 4-18 所示的【球】对话框中，选择"中心点和直径"类型选项，输入球体的直径，指定球体的中心点或通过【点】构造器对话框输入球心所在坐标，或者直接用鼠标在绘图区确认球心所在位置，完成球体创建。

（2）选择"圆弧"方式创建球

在如图 4-19 所示的【球】对话框中，选择"圆弧"类型选项，单击绘图区中已有的圆弧或圆，完成球体创建。

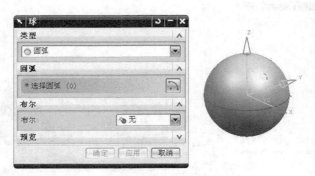

图4-19   圆弧方式创建球

4.2.2 拉伸特征

拉伸特征是将曲线、草图、实体边缘及面沿指定方向拉伸一段直线距离所创建的实体。

选择【插入】→【设计特征】→【拉伸】命令或单击【特征】工具栏中的"拉伸"图标 ，系统弹出如图 4-20 所示的【拉伸】对话框，进入拉伸建模操作。

下面介绍拉伸操作选项。

1. 选择曲线

选择已有的且要拉伸的截面曲线或单击图标，进入创建草图状态，绘制需要拉伸的草图。

2. 指定矢量方向

选择拉伸曲线后，系统会自动给定拉伸的矢量方向，也可根据需要单击"自动判断的矢量"图标右侧的黑三角，在打开的下拉式菜单中确定一种矢量类型，如图 4-21 所示，或者单击"矢量构造器"图标，打开矢量构造器，如图 4-22 所示，重新构造所需要的矢量方向。单击图标，可改变矢量方向。

图4-20 【拉伸】对话框

图4-21 选择矢量类型

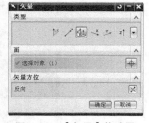
图4-22 【矢量】构造器

采用默认矢量方向的拉伸建模如图 4-23 所示，采用给定矢量方向的拉伸建模如图 4-24 所示。

图4-23 采用默认矢量方向的拉伸建模

图4-24 采用给定矢量方向的拉伸建模

3. 确定拉伸距离

在【限制】选项栏中，有6种定义拉伸开始和结束的形式，分别为：值、对称值、直至下一个、直至选定对象、直到被延伸及贯通，当选择开始和终点的类型为数值型时，需要输入开始和结束的值。此时，单击【确定】按钮，就可完成简单的拉伸建模。图 4-25 所示为通过曲线进行的简单拉伸建模过程，图 4-26 所示为通过草图进行的简单拉伸建模过程。

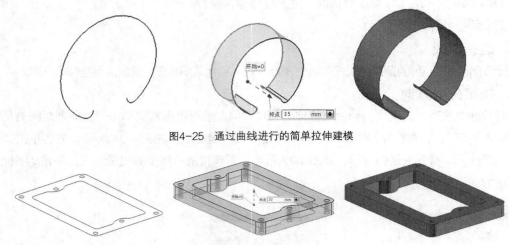

图4-25   通过曲线进行的简单拉伸建模

图4-26   通过草图进行的简单拉伸建模

4. 布尔操作

布尔操作默认选项为"无"，当目前绘图区不存在任何实体时，其他选项均不可用。UG NX 6.0没有直接的拉伸除（减）料命令，要通过布尔运算操作实现。图 4-27 所示为布尔求和拉伸建模，图 4-28 所示为布尔求差拉伸建模，图 4-29 所示为布尔求交拉伸建模。

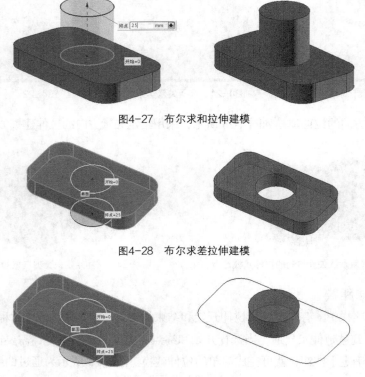

图4-27   布尔求和拉伸建模

图4-28   布尔求差拉伸建模

图4-29   布尔求交拉伸建模

5. 拔模

应用"拔模"功能可以拉伸带角度的实体，在 UG NX 6.0 中"拔模"选项，默认为无。有 6 种定义拔模的形式，分别为：无、从起始限制、从截面、起始截面—不对称角、起始截面—对称角和从截面匹配的终止处，可根据需要选择合适的类型。图4-30 所示为采用从截面开始的拔模形式的拉伸建模。

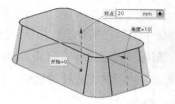

图4-30　带有拔模角度的拉伸建模

6. 偏置

"偏置"功能允许用户添加偏置到拉伸特征，有"无偏置"、"单侧偏置"、"两侧偏置"和"对称偏置" 4 个选项，系统默认为"无偏置"。

图 4-31 所示为无偏置的拉伸建模，图 4-32 所示为单侧偏置的拉伸建模，图 4-33 所示为两侧偏置的拉伸建模，图 4-34 所示为对称偏置的拉伸建模。

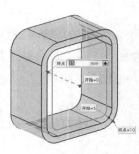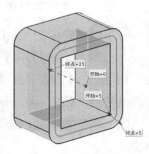

图4-31　无偏置　　　　图4-32　单侧偏置　　　　图4-33　两侧偏置　　　　图4-34　对称偏置
　拉伸建模　　　　　　　拉伸建模　　　　　　　　拉伸建模　　　　　　　　拉伸建模

7. 体类型

体类型分为"实体"和"片体"两种，系统默认的体类型为"实体"。要获得实体，截面曲线必须为封闭轮廓截面。开轮廓截面会生成片体，但开轮廓截面带有偏置的拉伸建模还会生成实体。

图 4-35 所示为封闭的轮廓截面，在体类型默认时拉伸成实体，如图 4-36 所示；而体类型为片体时，拉伸成多个片体，如图 4-37 所示。

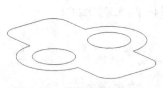

图4-35　封闭的轮廓截面　　　　图4-36　拉伸成实体　　　　图4-37　拉伸成片体

【例 4-1】　特征的拉伸建模。

（1）创建草图。选择 YC—ZC 平面为基准面，在坐标原点处创建如图 4-38 所示的草图，并进行尺寸约束。

（2）底板建模。在【特征】工具栏中单击"拉伸"图标，进入拉伸建模操作。单击草图，在"指定矢量"选项中，单击图标，指定拉伸方向为 x 轴的反向。输入拉伸的开始和结束的值分别为 0 和 20，预览后，单击【确定】按钮，完成拉伸建模。拉伸后的底板实体如图 4-39 所示。

图4-38　创建草图

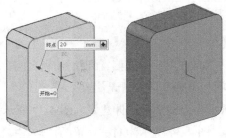
图4-39　底板建模

（3）创建基准平面。用曲线功能中的"基本曲线"绘制直线，从坐标原点，到 X = 50，Y = 0，Z = 50。选择【插入】→【基准/点】→【基准平面】命令或单击【特征操作】工具栏中的"基准平面"图标，创建基准平面，选择在"曲线上"类型，通过曲线的端点 X = 50，Y = 0，Z = 50，创建基准平面，如图 4-40 所示。

（4）在基准平面上画草图。在创建的基准平面上画草图，一个 φ20 的圆，圆心在直线的端点，如图 4-41 所示。

（5）短圆柱建模。单击【特征】工具栏中的拉伸图标，进入拉伸建模操作。单击草图——φ20的圆，在"指定矢量"选项中，单击图标，指定拉伸方向为底板的反向。输入拉伸的开始和结束的值分别为"0"和"10"，单击【确定】按钮，预览后，再单击【确定】按钮，完成拉伸建模。拉伸后的短圆柱实体如图 4-42 所示。

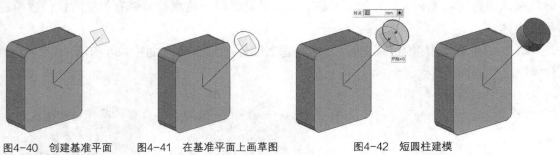
图4-40　创建基准平面　　　图4-41　在基准平面上画草图　　　图4-42　短圆柱建模

　　　　　本例为练习拉伸特征的应用，短圆柱采用创建基准平面、画草图、拉伸操作。如果直接采用基本特征中的圆柱体建模方法，则不需要第③、第④步过程。

（6）短圆柱边倒圆。选择【插入】→【细节特征】→【边倒圆】命令或单击【特征操作】工具栏中"边倒圆"图标，选择短圆柱上面的边，输入半径为"5"，预览后单击【确定】按钮，得到 $R5$ 的边倒圆，如图 4-43 所示。

（7）连接底板和短圆柱。在【特征】工具栏中单击"拉伸"图标，进入拉伸建模操作。单击短圆柱下面的边线，在【限制】选项组中，单击"结束"右侧的下三角按钮，选择"直至选定对象"，再选择底板的右侧表面，此时可预览结果，单击【确定】按钮后，完成连接底板和短圆柱的拉伸建模，效果如图 4-44 所示。

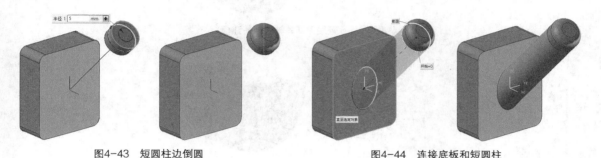

图4-43　短圆柱边倒圆　　　　　　　　图4-44　连接底板和短圆柱

　　　　在本例中，如在【限制】选项组中，"结束"选择"直至下一个"，建模结果与图 4-44 相同。

4.2.3　回转特征

"回转特征"是将曲线、草图、实体边缘及面绕指定轴回转一个非零角度，所创建的实体。

选择【插入】→【设计特征】→【回转】命令或单击【特征】工具栏中的"回转"图标，系统弹出如图 4-45 所示的【回转】对话框，进入回转建模操作。

下面介绍回转操作选项。

1. 选择曲线

选择已有的且要回转的截面曲线或单击图标，进入创建草图状态，绘制需要回转的草图。

2. 指定回转轴

单击【轴】选项栏中的"指定矢量"，在绘图区单击回转轴，也可根据需要单击"自动判断的矢量"图标右侧的黑三角，在打开的下拉式菜单中确定一种矢量类型，或者单击"矢量构造器"图标，打开矢量构造器，重新构造所需要的矢量。

图4-45　【回转】对话框

单击"指定点"，指定回转轴的端点。如不指定端点，则采用系统默认方向。单击图标，可改变矢量方向。

　　直线为指定回转轴的回转建模如图 4-46 所示，指定基准轴为回转轴的回转建模如图 4-47 所示。

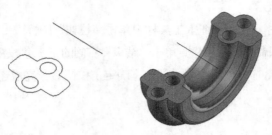

图4-46　直线为回转轴的回转建模

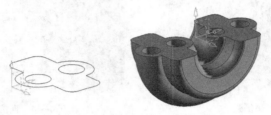

图4-47　基准轴为回转轴的回转建模

　　　　回转轴可以是同一个截面曲线中的直线段，但要保证回转后生成的实体自身不能产生相交干扰，否则，将得不到预期的结果或出错。同一个截面曲线中的直线作为回转轴的回转建模如图 4-48 所示。

3．确定回转角度

　　在【限制】选项栏中，有"值"和"直至选定对象" 2 种定义回转开始和结束角度的形式，当选择"开始"和"结束"的类型为数值型时，需要输入开始和结束的角度值。此时，单击【确定】按钮，就可完成简单的回转建模。

　　当"开始"的角度值为"0°"、"结束"的角度值为"180°"时，得到的回转建模分别如图 4-46、图 4-47 和图 4-48 所示。

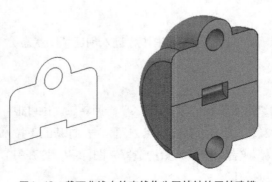

图4-48　截面曲线中的直线作为回转轴的回转建模

当"开始"的角度值为"0°"、"结束"为"直至选定对象"时，得到的回转建模如图 4-49 所示。

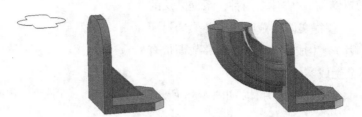

图4-49 "结束"为"直至选定对象"时的回转建模

4. 布尔操作

布尔操作默认选项为"创建"，当目前绘图区不存在任何实体，则其他选项均不可用。UG NX 6.0 没有直接的回转除（减）料命令，要通过布尔运算操作实现。图 4-50 所示为布尔求和回转建模，图 4-51 所示为布尔求差回转建模，图 4-52 所示为布尔求交回转建模。

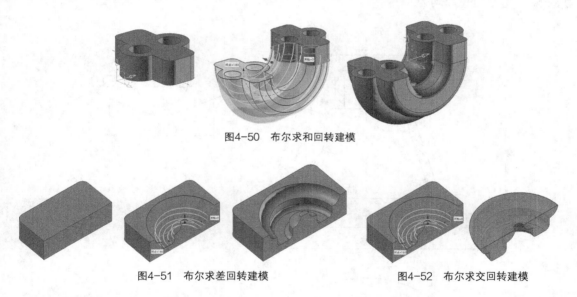

图4-50 布尔求和回转建模

图4-51 布尔求差回转建模 　　　　图4-52 布尔求交回转建模

5. 偏置

"偏置"功能允许用户添加偏置到回转特征，有"无"偏置和"两侧"偏置 2 个选项，系统默认为"无"偏置。当截面是单一的开环或闭环时，可采用"两侧"偏置回转建模。图 4-53 所示为无偏置的回转建模，图 4-54 所示为"开始"值为"0"、"结束"值为"5"的两侧偏置回转建模。

图4-53 无偏置回转建模 　　　　图4-54 两侧偏置回转建模

6. 体类型

体类型分为"片体"和"实体"两种，系统默认的体类型为"实体"。要获得实体，截面曲线必须为封闭轮廓截面。开轮廓截面会生成片体，但开轮廓截面带有偏置的回转建模还会生成实体。

体类型为片体时，回转成多个片体，如图 4-55 所示。

图4-55 回转成片体

4.2.4 回转及拉伸建模实例

1. 零件分析

图 4-56 所示零件为底座，根据给出的零件图分析可知，该零件底部为圆形的法兰盘结构；中部为圆锥台，在圆锥台的外表面有一个凸起的非圆结构连接法兰；上部为圆柱结构，除两处法兰壁厚为 8 外，其余各处壁厚均为 5。

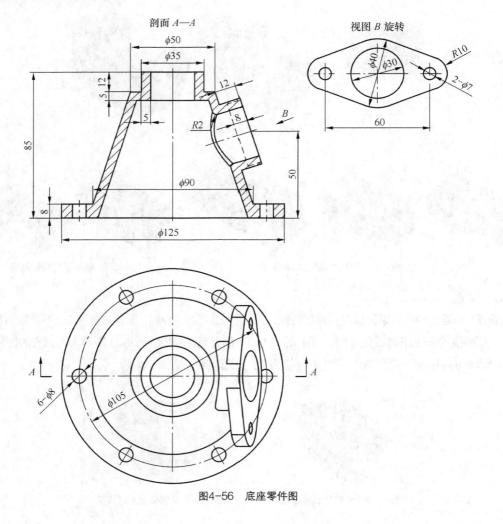

图4-56 底座零件图

2. 建模分析

除圆锥台外表面凸起的非圆结构连接法兰及零件底部法兰盘的孔采用拉伸建模方式外，其他各处结构可采用回转建模方式一次完成。

3. 选择基准平面绘制草图

首先选择 XC—ZC 平面为基准平面，将底面中心定为坐标原点。按零件图尺寸绘制回转建模的草图，如图 4-57 所示。

4. 回转建模操作

在【回转】对话框中，选择图 4-57 所示的草图作为截面曲线，指定 Z 轴为回转轴，"开始"角度为"0°"，"结束"角度为"360°"，预览后单击【确定】按钮，完成回转建模，如图 4-58 所示。

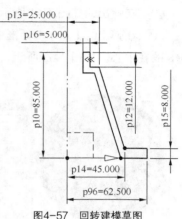

图4-57 回转建模草图

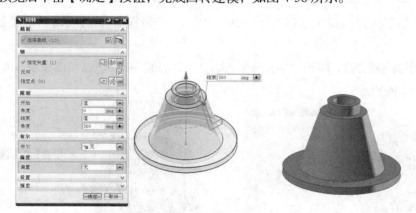

图4-58 回转建模操作

5. 绘制法兰盘孔的草图

① 选择法兰盘上表面为基准平面，绘制法兰盘孔的草图。可先按零件图尺寸绘制参考线，再利用选择杆上的"捕捉交点"功能绘制一个 $\phi 8$ 的圆，也可直接输入坐标值绘制 $\phi 8$ 的圆，如图 4-59 所示。

② 选择【编辑】→【变换】命令或按快捷键 Ctrl + T，打开【变换】对话框，选择刚绘制的 $\phi 8$ 的圆为变换操作对象，如图 4-60 所示，单击【确定】按钮。

图4-59 绘制一个 $\phi 8$ 的圆

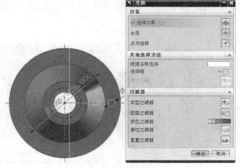

图4-60 变换操作

③ 在弹出的如图 4-61 所示【变换】对话框中，单击【圆形阵列】并确定。

④ 在弹出的【点】对话框中，输入 $\phi 8$ 孔中心的坐标，或者根据系统提示，拾取阵列对象——$\phi 8$ 的孔中心，如图 4-62 所示。

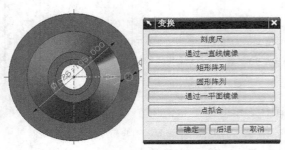

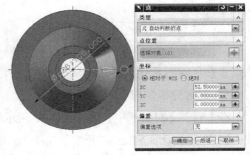

图4-61　【变换】对话框

图4-62　确定 $\phi 8$ 孔的中心

⑤ 在弹出的【点】对话框中，输入阵列中心的坐标，或者根据系统提示，拾取圆形阵列的中心，如图 4-63 所示。

⑥ 确定圆形阵列参数，阵列"半径"为 52.5、"起始角"为 60°、"角度增量"为 60°、"数量"为 5 个，如图 4-64 所示。

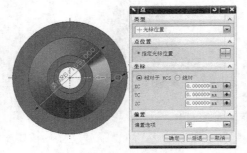

图4-63　确定圆形阵列回转中心

图4-64　确定圆形阵列参数

注意　　　阵列数量不能包含自身，所以，阵列数量应该为 5 个，起始角应该从第 2 个孔开始，应为 60°。

⑦ 在弹出的对话框中，选择"复制"方式进行圆形阵列，完成 f8 孔的圆形阵列，如图 4-65 所示。

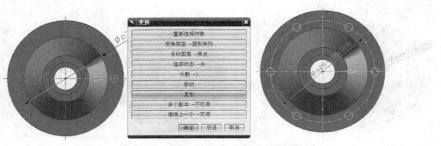

图4-65　采用"复制"方式进行圆形阵列

②～⑦的圆形阵列过程，也可采用【移动对象】命令完成，操作过程更简单，如图 4-66 所示。

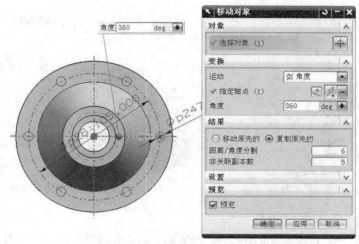

图4-66 采用【移动对象】命令对φ8孔进行圆形阵列

6. 法兰盘孔拉伸建模

在【拉伸】对话框中，选择 6 个 φ8 的圆为截面曲线，方向为 z 轴的反方向，"开始"的值为"0"，"结束"为"贯通"，布尔运算方式为"求差"，预览后单击【确定】按钮，完成 6 个 φ8 孔的拉伸建模，如图 4-67 所示。

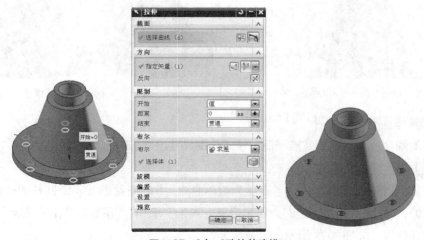

图4-67 6个φ8孔拉伸建模

7. 绘制辅助草图

选择 XC-ZC 平面为基准平面，按零件图给定尺寸绘制辅助草图，如图 4-68 所示。

8. 创建基准平面

在【基准平面】对话框中，选择"自动判断"类型创建基准平面，拾取辅助草图中，圆锥母线的垂线，在【曲线上的位置】选项组中选择"圆弧长"，输入"圆弧"长为"4"，单击【确定】按钮，创建基准平面，如图4-69所示。

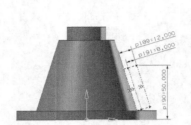

图4-68　绘制辅助草图　　　　　　　　　　图4-69　创建基准平面

9. 绘制草图——ϕ40的圆

在新创建的基准平面上，绘制草图——ϕ40的圆，圆心在辅助垂线上，如图4-70所示。

10. ϕ40的圆柱建模

在【拉伸】对话框中，选择ϕ40的圆为截面曲线，拉伸"开始"的值为"0"，"结束"为"直至选定对象"，选定对象为圆锥外表面，布尔运算方式为"求和"。预览后单击【确定】按钮，完成ϕ40圆柱的拉伸建模，如图4-71所示。

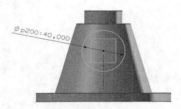

图4-70　绘制草图——ϕ40的圆　　　　　　　图4-71　ϕ40的圆柱建模

11. 绘制非圆法兰草图

选定ϕ40的圆柱的上表面为基准平面，按零件图尺寸绘制非圆法兰草图，如图4-72所示。

12. 非圆法兰拉伸建模

在【拉伸】对话框中，选择非圆法兰草图为截面曲线，方向矢量指向ϕ40圆柱的外侧，拉伸"开始"的值为"0"，"结束"的值为"8"，布尔运算方式为"求和"。预览后单击【确定】按钮，完成非圆法兰的拉伸建模，如图4-73所示。

13. 绘制草图——ϕ30的圆

以非圆法兰的外表面为基准平面，绘制草图——ϕ30的圆，圆心在非圆法兰的中心上，如图4-74所示。

第 4 章 实体建模 111

图4-72　绘制法兰草图

图4-73　法兰拉伸建模

14. φ30 孔的拉伸建模

在【拉伸】对话框中，选择 φ30 的圆为截面曲线，拉伸"开始"的值为"0"，"结束"为"直至选定对象"，选定对象为圆锥内表面，布尔运算方式为"求差"。预览后单击【确定】按钮，完成 φ30 圆柱孔的拉伸建模，如图 4-75 所示。

图4-74　绘制草图——φ30的圆

图4-75　φ30孔的拉伸建模

15. R2 边倒圆

对 φ30 内孔与内圆锥面交线处进行 R2 的边倒圆，如图 4-76 所示。完成底座零件的建模，效果如图 4-77 所示。

图4-76　R2边倒圆

图4-77　底座零件建模完成

4.2.5　扫掠特征

沿引导线扫掠是将开放或封闭的边界草图、曲线、边缘或面，沿着一个或一系列曲线（路径）扫描来创建实体或片体。

选择【插入】→【扫掠】→【沿引导线扫掠】命令或单击【特征】工具栏中的"沿引导线扫掠"图标，系统弹出如图 4-78 所示的【沿引导线扫掠】对话框，进入沿引导线扫掠建模操作。

沿引导线扫掠操作方法如下。

1. 选择截面曲线

依次单击需要扫掠的截面曲线，即图4-79中所示的两个同心圆。

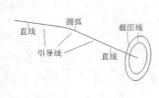

图4-78　【沿引导线扫掠】对话框　　　　图4-79　截面线及引导线的选取及扫掠建模结果

2. 选择引导线

拾取图4-80中所示的引导线，系统显示扫掠结果，单击【确定】按钮，完成沿引导线扫掠。图4-79所示为引导线（路径）是封闭曲线的扫掠建模。

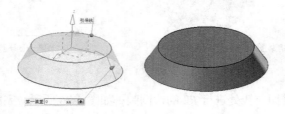

图4-80　引导线（路径）是封闭曲线的扫掠建模

3. 扫掠偏置

偏置功能允许用户添加偏置到扫掠特征，对话框如图4-81所示，有"第一偏置"和"第二偏置"两个数值框，系统默认数值均为"0"，即无偏置。图4-82所示为无偏置的沿引导线扫掠建模，图4-83所示为"第一偏置"为"5"、"第二偏置"为"10"的双向偏置沿引导线扫掠建模。

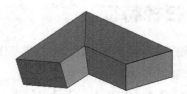

图4-81　扫掠偏置对话框　　　　　　图4-82　无偏置的沿引导线扫掠建模

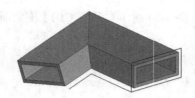

图4-83 有双向偏置的沿引导线扫掠建模

4. 布尔运算

当目前绘图区已存在其他实体时，要根据实际需要选择无、求和、求差和求交布尔运算建模方式。

① 截面曲线和引导路径的选择应确保生成的实体自身不能产生相交干扰。

② 截面曲线通常应该位于（相对于引导曲线）开放式引导路径的起点附近或封闭式引导路径的任意曲线的端点。如果截面曲线距离引导曲线太远，则会得到不合适的结果。

③ 任何曲线对象都可用作引导路径的一部分。

④ 引导路径中的线使系统使用拉伸方法来建模。扫掠方向是线的方向，扫掠距离是线的长度。

⑤ 引导路径中的圆弧使系统使用回转方法来建模。回转轴是圆弧的轴，即位于圆弧中心又垂直于圆弧平面。旋转角度是圆弧的起始角和结束角的差。

4.2.6 其他特征

1. 管道

"管道"与沿引导线扫掠相似，管道特征就是将圆形横截面通过沿着一个或多个相切连续的曲线扫掠方式生成实体，当内径大于 0 时，生成管道。

选择【插入】→【扫掠】→【管道】命令或单击【特征】工具栏中的"管道"图标 ，系统弹出如图 4-84 所示的【管道】对话框，进入管道建模操作。

下面介绍管道建模操作选项。

（1）选择路径曲线。单击作为管道路径的曲线，该曲线必须是已经存在的。路径可以由多条曲线构成，但这些曲线必须是相切连续的曲线，以直线和圆弧为路径的管道建模如图 4-85 所示。

图4-84 【管道】对话框

图4-85 以直线和圆弧为路径的管道建模

（2）输入管道横截面参数。在图 4-84 所示对话框中的【横截面】选项栏中，输入管道外径及内径的值。

> 管道内径可以为 0，但管道外径必须大于 0，而且，外径必须大于内径。

（3）布尔运算。布尔操作默认选项为"无"，当目前绘图区不存在其他实体时，其他选项均不可用。当目前绘图区存在其他实体时，则根据实际需要选择创建、求和、求差或求交建模方式。

（4）设置。【设置】选项组的"输出"有"多段"和"单段"两个选项，当路径为样条曲线时，如图 4-86 所示，可设为单段输出，即在整个样条路径长度上只有一个管道面，可创建精确的单段管道，如图 4-87 所示。

多段管道是用一系列圆柱和圆环面沿路径创建的管道表面，如图 4-88 所示。

图4-86 以样条曲线路径　　　　图4-87 单段输出管道建模　　　　图4-88 多段输出管道建模

【例 4-2】 以实体轮廓边缘为路径的管道建模。

① 实体上表面具有内外轮廓时的管道建模。

打开【管道】对话框，依次拾取实体上表面外轮廓作为管道路径，如图 4-89 所示。设管道横截面"外径"为"3"，"内径"为"0"，布尔运算为"无"，"多段"输出，预览后单击【确定】按钮，完成以实体轮廓边缘为路径的管道建模，效果如图 4-90 所示。

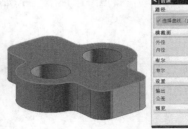

图4-89 拾取实体上表面外轮廓作为管道路径　　　　图4-90 实体上表面具有内外轮廓时的管道建模

② 实体上表面具有单一外轮廓时的管道建模。

首先拾取实体的上表面，如图 4-91 所示。打开【管道】对话框，此时系统自动将实体上表面轮廓的边缘定义为管道路径，如图 4-92 所示。设管道横截面"外径"为"3"，"内径"为 0，布尔运算为"无"，"多段"输出，预览后单击【确定】按钮，完成以实体轮廓边缘为路径的管道建模，如图 4-93 所示。

图4-91 拾取实体上表面

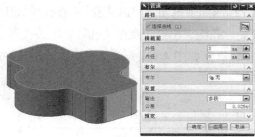
图4-92 自动将边缘定义为管道路径

图4-93 具有单一外轮廓时的管道建模

本例中布尔运算均采用"无"（即创建方式），目的是为了生成的管道与实体用不同的颜色区分。在实际应用中应根据具体要求选择创建、求和、求差或求交不同的建模方式。

2. 孔

"孔"特征就是在实体上创建深度值为正的孔。

"孔"特征的类型有：常规孔（简单、沉头、埋头或锥形状）、钻形孔、螺钉间隙孔（简单、沉头或埋头形状）、螺纹孔及孔系列（部件或装配中一系列多形状、多目标体、对齐的孔）。

孔特征可以在非平面的面上创建孔；可以通过指定多个放置点，在单个特征中创建多个孔；可以使用草图生成器来指定孔特征的位置、也可以使用"捕捉点"和"选择意图"选项帮助选择现有的点或特征点；可以通过使用格式化的数据表为螺钉间隙孔、钻形孔和螺纹孔类型创建孔特征；根据孔特征的不同类型可选择将起始、结束或退刀槽倒斜角添加到孔特征上；还可以使用用户默认设置来定制孔特征的常规孔、钻形孔、螺钉间隙孔、螺纹孔和孔系列类型的参数。

选择【插入】→【设计特征】→【孔】命令或单击【特征】工具栏中的"孔"图标 ，系统弹出如图4-94所示【孔】对话框，进入孔建模操作。

图4-94 【孔】对话框

常规孔的类型共有 4 种，"简单孔"（只有孔径、孔深和顶锥角）、"沉头孔"（有孔径、孔深、顶锥角及沉头孔径和沉头孔深度）、"埋头孔"（有孔径、孔深、顶锥角及埋头孔径和埋头孔深度）及 "已拔模孔"（有直径、锥角和孔深度的锥孔）。简单孔如图 4-95 所示，沉头孔如图 4-96 所示，埋头孔如图 4-97 所示，已拔模孔如图 4-98 所示。

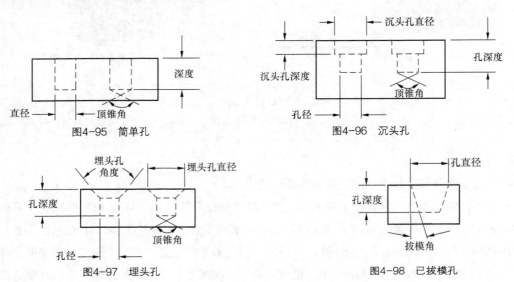

图4-95　简单孔　　　　　　　　　　　　图4-96　沉头孔

图4-97　埋头孔　　　　　　　　　　　　图4-98　已拔模孔

常规孔建模操作方法如下。

（1）简单孔建模。在【孔】对话框中选"常规孔"类型，在【成型】下拉列表中选"简单"，输入简单孔的【直径】、【深度】和【尖角】（默认 118°），其中【深度】限制选项有：值、直至选定对象、下一个以及贯通体，布尔求差，如图 4-99 所示。单击需要生成简单孔特征的实体表面，系统弹出孔定位点的对话框，拾取或输入孔定位点，也可通过捕捉方式确定孔定位点的位置，如图 4-100 所

图4-99　确定简单孔的参数　　　　　　　　　　图4-100　确定简单孔定位点

示，单击【确定】按钮后，完成孔的定位。单击完成草图，返回到【孔】对话框，单击【确定】或【应用】后，完成如图 4-101 所示的带有深度和顶锥角的简单孔建模。

（2）沉头孔建模。在【孔】对话框中选 "常规孔" 类型，在【成型】下拉列表中选 "沉头孔"，输入沉头孔的【沉头孔直径】、【沉头孔深度】、【直径】、【深度】和【尖角】（默认 118°），布尔求差，如图 4-102 所示。单击需要生成沉头孔特征的实体表面，系统弹出孔定位点的对话框，拾取或输入孔定位点，如图 4-103 所示，单击【确定】按钮后，完成孔的定位。单击完成草图，返回到【孔】对话框，单击【确定】或【应用】后，完成如图 4-104 所示的沉头孔建模。

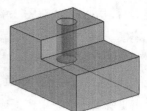

图4-101 带有深度和顶锥角的简单孔建模

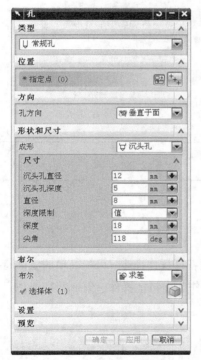

图4-102 确定沉头孔的参数

图4-103 确定沉头孔定位点

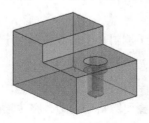

图4-104 沉头孔建模

（3）埋头孔建模。在【孔】对话框中选 "常规孔" 类型，在【成型】下拉列表中选 "埋头孔"，输入埋头孔的参数，布尔求差。单击生成埋头孔特征的实体表面，拾取或输入孔定位点，单击【确定】后，单击完成草图，单击【孔】对话框的【确定】或【应用】后，完成如图4-105所示的埋头孔建模。

（4）已拔模孔建模。在【孔】对话框中选"常规孔"类型，在【成型】下拉列表中选"已拔模孔"，输入已拔模孔的参数，布尔求差。单击生成已拔模孔特征的实体表面，拾取或输入孔定位点，单击【确定】后，单击完成草图，单击【孔】对话框的【确定】或【应用】后，完成如图4-106所示的已拔模孔建模。

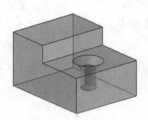
图4-105　沉头孔建模

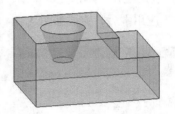
图4-106　已拔模孔建模

4.3　特征操作

"特征操作"用于修改各种实体模型或特征，利用特征操作命令，可把简单的实体特征修改成复杂的、符合要求的模型。特征操作主要包括边特征操作、面特征操作、复制特征操作、修改特征操作及其他特征操作，【特征操作】工具栏如图4-3所示。

4.3.1　边特征操作

边特征操作用于对实体模型的边缘进行倒斜角和边倒圆操作。

1. 倒斜角

选择【插入】→【细节特征】→【倒斜角】命令或单击【特征操作】工具栏中的"倒斜角"图标，系统弹出【倒斜角】对话框，进入倒斜角操作。

（1）用对称偏置方式倒斜角

打开【倒斜角】对话框，依次选择要倒斜角的边，在【横截面】下拉列表中选"对称"偏置方式，输入倒斜角的距离值，预览后单击【确定】按钮，如图4-107所示。

（2）用非对称偏置方式倒斜角

打开【倒斜角】对话框，依次选择要倒斜角的边，在【横截面】下拉列表中选"非对称"偏置方式，输入斜角的两个方向的距离值。通过预览观察倒斜角的结果，可以通过⊠图标，改变倒斜角的方向，如图4-108所示。

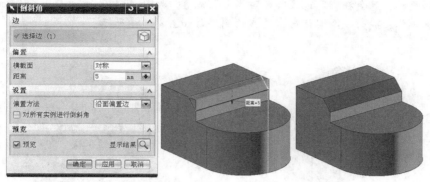

图4-107 用对称偏置方式倒斜角

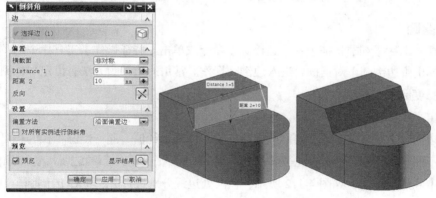

图4-108 用非对称偏置方式倒斜角

（3）用偏置和角度方式倒斜角

打开【倒斜角】对话框，依次选择要倒斜角的边，在【横截面】下拉列表中选"偏置和角度"方式，输入斜角距离和角度的值。通过预览观察倒斜角的结果，可以通过⊠图标，改变倒斜角的方向，如图4-109所示。

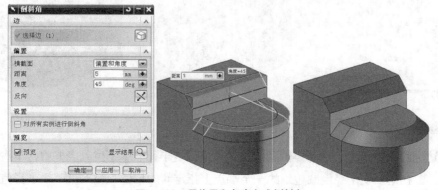

图4-109 用偏置和角度方式倒斜角

如多个实体组合在一起，且没有进行布尔求和操作，那么，在相邻实体的边界线倒斜角时，只会在指定边线所属实体上倒斜角，如图 4-110 所示；如果已经进行布尔求和操作，成为一个实体后，边线的倒斜角如图 4-111 所示。

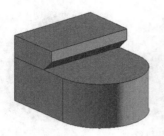

图4-110　多个实体没有布尔求和的倒斜角

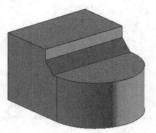

图4-111　多个实体布尔求和后的实体倒斜角

2. 边倒圆

选择【插入】→【细节特征】→【边倒圆】命令或单击【特征操作】工具栏中的"边倒圆"图标，系统弹出【边倒圆】对话框，进入边倒圆操作。常用的边倒圆方法有恒定半径倒圆、变半径倒圆和指定长度倒圆3种。

（1）恒定半径倒圆

打开【边倒圆】对话框，选择要倒圆的边，输入倒圆半径值，同一倒圆半径的边可依次选取，其他边线的不同半径倒圆可通过单击"添加新设置"图标，再选取新的边线，输入新的倒圆半径，预览后单击【确定】按钮，如图 4-112 所示，在两处边线分别进行 $R2$ 和 $R5$ 的倒圆。

图4-112　恒定半径倒圆

（2）变半径倒圆

打开【边倒圆】对话框，选择要倒圆的边，在【可变半径点】下拉列表框中，单击"自动判断的点"图标，在需要变半径倒圆边线的一个端点上指定新的位置，输入第 1 个半径值，在另一个端点上指定新的位置，输入第 2 个半径值，预览后单击【确定】按钮，如图 4-113 所示。

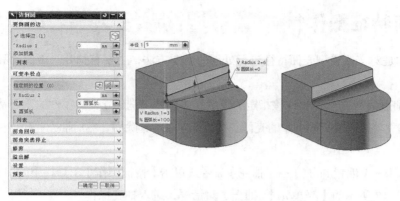

图4-113 变半径倒圆

（3）指定长度倒圆

打开【边倒圆】对话框，选择要倒圆的边，在【拐角突然停止】下拉列表框中，单击"选择终点"图标□，在【停止位置】下拉列表中选择"按某一距离"，在需要倒圆边线的一个端点上单击，输入圆弧长的值（或%圆弧长），再次单击选择终点图标□，单击需要倒圆边线的另一个端点，输入圆弧长的值（或%圆弧长），也可用鼠标拖动两端点的绿色方块，将其拖到需要的位置，预览后单击【确定】按钮，如图 4-114 所示。

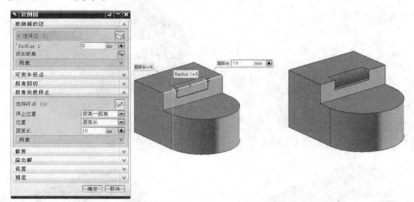

图4-114 指定长度倒圆

 如果多个实体组合在一起，且没有进行布尔求和操作，那么，在相邻实体的边界线倒圆时，只会在指定边线所属实体上倒圆，如图 4-115 所示；如果已经进行布尔求和操作，成为一个实体后，边线的倒圆如图 4-116 所示。

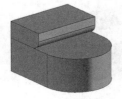

图4-115 多个实体没有布尔求和的倒圆

图4-116 多个实体布尔求和后的实体倒圆

4.3.2　面特征操作

面特征操作是对实体模型表面特征进行处理的重要方法，主要有抽壳、面倒圆和软倒圆。

1. 抽壳

"抽壳"特征操作可把实体零件按指定的厚度变成壳体，是建立壳体零件的重要特征操作，通过抽壳操作可以建立等壁厚或不同壁厚的壳体。抽壳操作有"移除面，然后抽壳"和"抽壳所有面"两种类型。

选择【插入】→【偏置/缩放】→【抽壳】命令或单击【特征操作】工具栏中的"抽壳"图标🔲，系统弹出如图4-117所示的【壳单元】（抽壳）对话框，进入抽壳操作。

（1）移除面，然后抽壳

依次单击要移除的表面，输入壁厚值，如果各个壁厚不同，则在"备选厚度"组中指定，壳体壁厚的方向可以通过"反向"图标🔁来改变。预览后单击【确定】按钮，完成抽壳操作。

图4-118所示为抽壳前的实体，图4-119所示为指定上表面为需要移除的表面，图4-120所示为移除指定面抽壳后的实体，图4-121所示为移除多个表面的抽壳。

图4-117　【壳单元】（抽壳）对话框

图4-118　抽壳前的实体

图4-119　指定移除表面

图4-120　移除指定面抽壳后的实体

图4-121　移除多个表面的抽壳

（2）抽壳所有面

采用"抽壳所有面"时，可指定抽壳体的所有面而不移除任何面。单击要抽壳的实体，输入壳体的壁厚，预览后单击【确定】按钮，如图4-122所示。

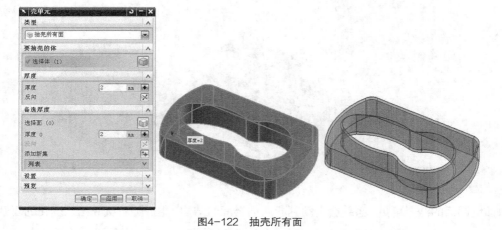

图4-122　抽壳所有面

　采用"抽壳所有面"方法抽壳后的实体，透明后才能看出抽壳的效果。

2. 面倒圆

"面倒圆"可以创建复杂的圆角面，与两组输入面集相切，用选项来修剪并附着圆角面。

选择【插入】→【细节特征】→【面倒圆】命令或单击【特征操作】工具栏中的"面倒圆"图标，系统弹出如图4-123所示的【面倒圆】对话框，进入面倒圆操作。

对图4-124所示的实体进行面倒圆的操作如下。

图4-123　【面倒圆】对话框

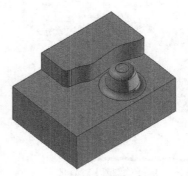

图4-124　面倒圆前的实体

（1）选择"滚动球"类型的面倒圆。

（2）在需要面倒圆的实体表面上选择面链1、面链2。

（3）在【倒圆横截面】下拉列表框中选择恒定半径为 R3 的圆，预览后单击【确定】按钮，完成面倒圆操作，如图 4-125 所示。

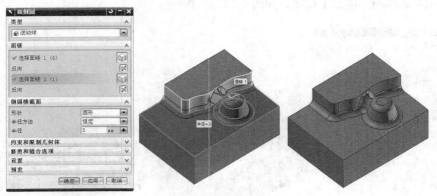

图4-125 面倒圆操作

由面倒圆后的结果可见，系统会自动判断两面链间的结构，生成随着实际结构变化的复杂倒圆。

面倒圆横截面半径与面倒圆实体的实际结构和尺寸有关。

3. 软倒圆

软倒圆用于创建横截面形状不是圆形的圆角。

单击【插入】→【细节特征】→【软倒圆】命令或单击【特征操作】工具栏中的"软倒圆"图标，系统弹出如图 4-126 所示的【软倒圆】对话框，进入软倒圆操作。

对如图 4-127 所示的实体进行软倒圆。

图4-126 【软倒圆】对话框

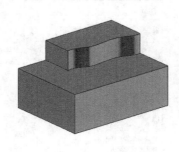

图4-127 软倒圆前的实体

（1）单击【选择步骤】中第 1 个图标，在实体上选择第 1 组面，注意面法向应该指向圆角的中心，如果相反，则用法向反向按钮反向，如图 4-128 所示。

（2）单击【选择步骤】中第 2 个图标，在实体上选择第 2 组面，注意面法向应该指向圆角的中心，如果相反则用法向反向按钮反向，如图 4-129 所示。

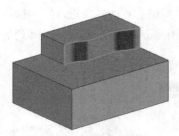

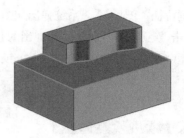

图4-128　选择第1组面　　　　　　　　　　　　　　图4-129　选择第2组面

（3）单击【选择步骤】中"第 1 相切曲线"图标，单击实体上第 1 组面边缘，该边缘将变成倒圆边缘的一串曲线，如图 4-130 所示。

（4）单击【选择步骤】中"第 2 相切曲线"图标，单击实体上第 2 组面边缘，该边缘将变成倒圆另一边缘的一串曲线，如图 4-131 所示。

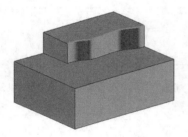

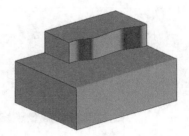

图4-130　选择第1相切曲线　　　　　　　　　　　图4-131　选择第2相切曲线

（5）单击对话框中"定义脊线"选项，系统弹出如图 4-132 所示的【脊线】对话框，单击实体上的两组面间的交线，将其作为倒圆面的脊线，确定后完成脊线定义，如图 4-133 所示。

（6）系统返回如图 4-126 所示的【软倒圆】对话框，单击【确定】按钮，完成软倒圆操作，最终效果如图 4-134 所示。

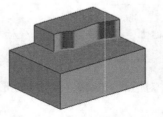

图4-132　【脊线】对话框　　　　　图4-133　选择脊线　　　　图4-134　软倒圆操作后的实体

4.3.3　复制特征操作

"复制特征"操作是从已有的特征快速地建立特征引用，主要包括实例特征、镜像特征和镜像体。

1. 实例特征

（1）矩形阵列。选择【插入】→【关联复制】→【实例特征】命令或单击【特征操作】工具栏中的"实例特征"图标，系统弹出如图4-135所示的【实例】对话框，进入实例操作。

① 单击"矩形阵列"选项，在弹出的【实例】过滤器对话框中，单击需要矩形阵列的孔特征（或直接在实体中单击孔特征），如图4-136所示。

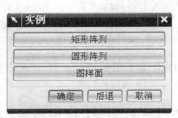

图4-135　【实例】对话框

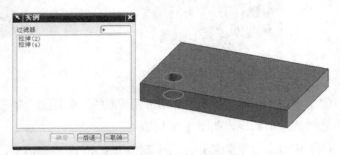

图4-136　确认矩形阵列的特征

需要矩形阵列的特征必须是一个独立的特征。

② 在弹出的【输入参数】对话框中，选择"常规"方法，并输入参数值，如图4-137所示。

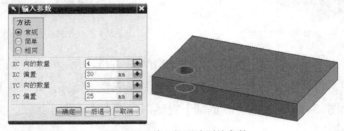

图4-137　输入矩形阵列的参数

偏置距离可以为负值，表示阵列方向与坐标轴方向相反。

③ 系统弹出【创建实例】对话框，此时，可预览矩形阵列的方向和数量，如图4-138所示。

图4-138　创建实例预览

④ 单击【创建实例】对话框中【是】或【确定】按钮，完成矩形阵列操作，如图 4-139 所示。

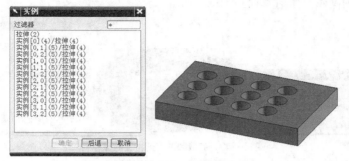

图4-139　完成矩形阵列特征的创建

（2）圆形阵列。选择【插入】→【关联复制】→【实例特征】命令或单击【特征操作】工具栏中的"实例特征"图标 ，系统弹出如图 4-135 所示的【实例】对话框，进入实例操作。

① 单击"圆形阵列"选项，在弹出的特征过滤器对话框中，单击需要圆形阵列的孔特征（或直接在实体中单击孔特征），如图 4-140 所示。

> 需要圆形阵列的特征必须是一个独立的特征。

② 在弹出的圆形阵列参数对话框中，选择"常规"方法，并输入参数值，如图 4-141 所示。

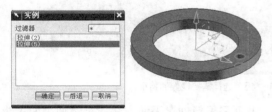

图4-140　确认圆形阵列的特征

图4-141　输入圆形阵列的参数

> 圆形阵列的数量包括原来已经存在的特征（孔）。

③ 系统弹出圆形阵列旋转轴对话框，单击"基准轴"选项，系统弹出【选择一个基准轴】对话框，此时，可单击通过圆形阵列旋转轴的基准轴"Z"，确定基准轴，如图 4-142 所示。

图4-142　确认圆形阵列的旋转轴

④ 系统弹出【创建实例】对话框，此时，可预览圆形阵列的位置和数量。单击【是】或【确定】按钮，完成圆形阵列操作，如图 4-143 所示。

图4-143　完成圆形阵列特征的操作

2. 镜像特征

"镜像特征"操作就是通过基准平面或平面，镜像对称模型中的指定特征，快速创建在一个实体内部的对称实体模型。

选择【插入】→【关联复制】→【镜像特征】命令或单击【特征操作】工具栏中的"镜像特征"图标，系统弹出【镜像特征】对话框，进入镜像特征操作。

图 4-144 所示的实体是对称的实体模型，对其中的筋板特征进行镜像操作。

（1）单击筋板作为需要镜像的特征，如图 4-145 所示。

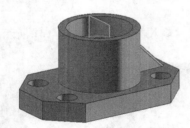

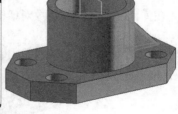

图4-144　镜像前的实体　　　　　　　图4-145　选择需要镜像的特征

（2）选择【平面】下拉列表中的　"现有平面"（也可采用新创建平面方法指定镜像平面）为镜像平面，单击对称实体中的对称中心面或已有的基准面，确定后完成镜像特征操作，如图 4-146 所示。

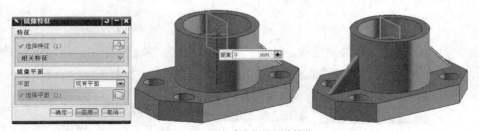

图4-146　完成镜像特征的操作

3. 镜像体

"镜像体"操作允许以基准平面为中心，镜像部件中的整个体。

选择【插入】→【关联复制】→【镜像体】命令或单击【特征操作】工具栏中的"镜像体"图

标，系统弹出【镜像体】对话框，进入镜像体操作。

（1）单击需要镜像的实体，如图 4-147 所示。

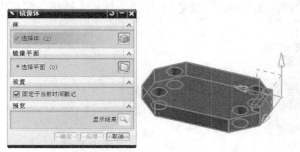

图4-147 选择需要镜像的实体

（2）单击【镜像体】对话框中的"选择平面"选项，单击基准平面，如图 4-148 所示。完成后的镜像体特征操作如图 4-149 所示。

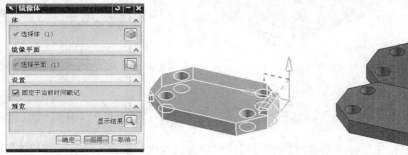

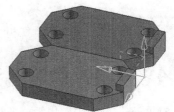

图4-148 选择基准平面   图4-149 完成后的镜像体特征操作

4. 抽取

"抽取"操作可以从面、面区域或整个体中抽取对象来快速创建另一个体。

选择【插入】→【关联复制】→【抽取】命令或单击【特征操作】工具栏中的"抽取"图标，系统弹出【抽取】对话框，进入抽取操作。

（1）抽取表面。在【抽取】对话框中选择抽取的类型为"面"，依次单击需要抽取的表面，如图 4-150 所示，确定后完成表面抽取。从图 4-151 中可见，表面已经从实体中抽取出来。

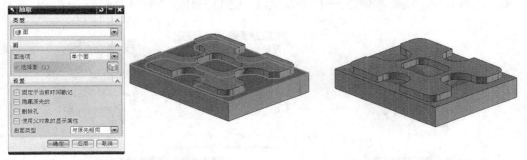

图4-150 在实体中指定需要抽取的表面   图4-151 抽取后的表面

（2）拉伸成实体。拾取两次抽取的表面，在【特征】工具栏中单击"拉伸"图标，打开【拉伸】对话框，此时，无须再选择拉伸曲线，抽取的表面轮廓已经被自动选中，如图 4-152 所示。输入拉伸参数，选择合适的布尔运算方式，预览后单击【确定】按钮，完成由抽取的表面拉伸成实体的操作，如图 4-153 所示。

 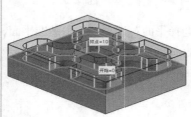 

图4-152   抽取的表面作为拉伸截面   图4-153   由抽取的表面拉伸成实体

4.3.4   修改特征操作

"修改特征"操作主要用于特征建模过程中对实体模型进行修改，主要方法有"修剪体"和"拆分体"。

1. 修剪体

此选项可以使用一个实体表面或基准平面修剪一个或多个目标实体，选择要保留的体的一部分，被修剪的体具有修剪几何体的形状。

选择【插入】→【修剪】→【修剪体】命令或单击【特征操作】工具栏中的"修剪体"图标，系统弹出【修剪体】对话框，进入修剪体操作。

图 4-154 所示为用椭圆曲面修剪短圆柱，选择短圆柱为目标体，选择刀具体为椭圆曲面，预览观察，调整方向，如图 4-155 所示。保留较大的月牙状实体，完成修剪体，如图 4-156 所示。

 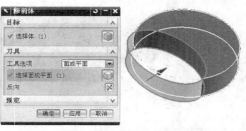

图4-154   短圆柱与椭圆曲面   图4-155   调整修剪方向

2. 拆分体

"拆分体"功能与"修剪体"功能类似，也是使用面、基准平面或其他几何体分割一个或多个目标体，但它仍然保留拆分后的实体。

选择【插入】→【修剪】→【拆分体】命令或单击【特征操作】工具栏中的"拆分体"图标 ，系统弹出【拆分体】对话框如图 4-157 所示，进入拆分体操作。

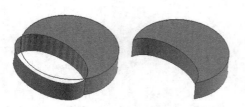

图4-156　修剪体后的月牙状实体

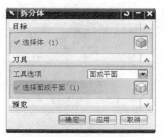

图4-157　【拆分体】对话框

首先，选择需要拆分的实体作为目标体，选择"面或平面"选项作为拆分刀具，单击已有的基准平面，如图 4-158 所示，单击【确定】按钮，完成拆分体。此时，目标实体已经被拆分为两个体，如图 4-159 所示。

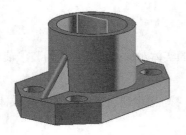

图4-158　选择拆分面或平面

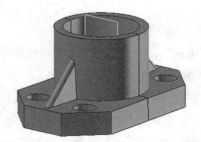

图4-159　拆分后的实体

4.3.5　其他特征操作

1. 螺纹

"螺纹"选项能在具有圆柱面（内孔或外圆）的特征上创建符号螺纹或详细螺纹。

选择【插入】→【设计特征】→【螺纹】命令或单击【特征操作】工具栏中的"螺纹"图标 ，系统弹出【螺纹】对话框，进入螺纹操作。

单击需要创建螺纹的孔或外圆表面，可以选择创建符号螺纹和详细螺纹两种方法，螺纹的参数会自动给出，可根据实际情况设置螺纹参数，确定后完成螺纹创建。图 4-160 所示为详细螺纹创建，图 4-161 所示为符号螺纹创建。

图4-160　详细螺纹创建

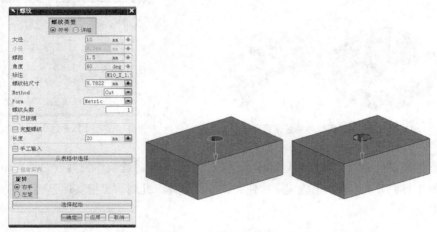

图4-161　符号螺纹创建

2. 缩放体

"缩放"命令可以对实体和片体进行缩放操作，根据不同的实体对象可选择"均匀"、"轴对称"和"常规"3种方法。

选择【插入】→【偏置/缩放】→【缩放体】命令或单击【特征操作】工具栏中的"缩放体"图标，系统弹出【缩放体】对话框，进入缩放操作。

选择"常规"比例类型，单击要缩放的实体，输入【X向】、【Y向】和【Z向】3个方向的比例因子分别为"0.5"、"0.5"、"2"，如图4-162所示。可见实体在x方向和y方向缩小为原来的一半，在z方向放大一倍。预览后单击【确定】按钮，完成缩放操作。

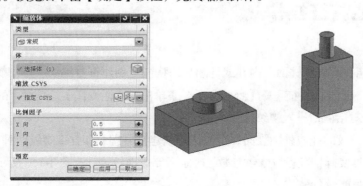

图4-162　缩放体操作

4.4 特征编辑

在完成特征创建后，可根据需要对特征进行编辑。特征编辑方法主要有编辑特征参数、编辑位置、特征重排序及抑制特征与取消抑制特征等，【编辑特征】工具栏如图 4-163 所示。

图4-163 【编辑特征】工具栏

4.4.1 编辑特征参数

编辑特征参数就是修改已经存在的特征参数，其操作方法很多，最简单的方法就是双击要编辑参数的目标体，直接进行参数的修改。

选择【编辑】→【特征】→【编辑参数】命令或单击【编辑特征】工具栏中的"编辑特征参数"图标 ，系统弹出【编辑参数】对话框，如图 4-164 所示，进入特征参数编辑操作。

在比较复杂的模型中，其特征的类型较多，包括实体特征参数、引用特征参数、扫描特征参数和一些其他特征参数。

特征参数的编辑过程取决于所选特征的类型，大部分特征参数的编辑过程都是系统打开原特征建模对话框，重新输入参数进行编辑。有些特征参数编辑对话框可能只是其中的几个关键选项，根据设计需要和提示进行参数编辑即可。

图4-164 【编辑参数】对话框

4.4.2 编辑位置

通过编辑特征的定位尺寸来移动特征，可以编辑特征的尺寸值、添加尺寸或删除尺寸。

选择【编辑】→【特征】→【编辑位置】命令或单击【编辑特征】工具栏中的编辑位置图标 ，系统弹出【编辑位置】对话框如图 4-165 所示，进入特征位置编辑操作。

用户可在绘图区中直接选取特征，也可在【编辑位置】对话框中的特征列表中选取需要编辑位置的特征，如图 4-166 所示。选择特征后，系统会根据特征的类型，弹出如图 4-167 所示的【编辑位置】或【定位】对话框，同时，所选特征的定位尺寸在绘图区高亮显示，用户可以利用添加尺寸、编辑尺寸值、删除尺寸及不同的定位方式来重新定位所选特征的位置。图 4-168 所示为选择编辑尺寸值时显示需要编辑的尺寸，图 4-169、图 4-170 为输入新的定位值以及完成特征位置编辑后的情况。

图4-165　【编辑位置】对话框

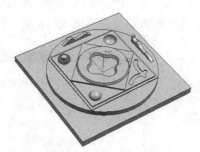

图4-166　选择重定位的特征

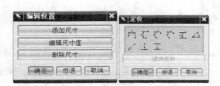

图4-167　【编辑位置】及【定位】对话框

图4-168　选择编辑尺寸值时显示需要编辑的尺寸

图4-169　输入新的定位值

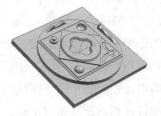

图4-170　完成特征位置编辑

4.4.3　特征重排序

　　在特征建模过程中，特征的添加具有一定的顺序，特征重排序可以改变目标体上特征的顺序。

　　选择【编辑】→【特征】→【重排序】命令或单击【编辑特征】工具栏中的"特征重排序"图标，系统弹出【特征重排序】对话框，如图 4-171 所示，进入特征重排序操作。

　　在对话框上部的特征列表中选择一个特征作为特征重建排序的基准特征，此时，在下部的【重定位特征】列表框中，列出了可按当前的排序方式调整顺序的特征。先选择在【在前面】或【在后面】的选择方法，设置排序方式，然后，从下部的【重定位特征】列表框中，选择一个要重新排序的特征即可，系统会将所选特征重新排序到基准特征之间或之后。

图4-171 【特征重排序】对话框

4.4.4 抑制特征与取消抑制特征

在特征建模过程中，一些不需要改变的特征可以对其抑制，以加快建模操作的更新速度。也可以根据需要，对抑制的特征取消抑制。

1. 抑制特征

选择【编辑】→【特征】→【抑制】命令或单击【编辑特征】工具栏中的"抑制特征"图标，系统弹出【抑制特征】对话框，如图4-172所示，进入抑制特征操作。

进入抑制特征操作后，所有特征会出现在上面的列表框中，单击要抑制的特征，该特征会移动到下面【选定的特征】列表框中，与此同时，该特征在实体上高亮显示。确定后，该特征不可见，完成抑制特征操作。

2. 取消抑制特征

选择【编辑】→【特征】→【取消抑制】命令或单击【编辑特征】工具栏中的"取消抑制特征"图标，系统弹出【取消抑制特征】对话框，如图4-173所示，进入取消抑制特征操作。

进入取消抑制特征操作后，所有被抑制的特征会出现在上面的列表框中，单击要取消抑制的特征，该特征会移动到下面【选定的特征】列表框中。确定后，该特征恢复可见，完成取消抑制特征操作。

图4-172　【抑制特征】对话框　　　　　　　　图4-173　【取消抑制特征】对话框

　　　　　用户可直接在模型导航器上对特征抑制或取消特征抑制进行操作，去掉相应特征前面的绿色小勾，表示抑制该特征；勾选相应特征前面的绿色小勾，表示取消该特征抑制。

同步建模

　　UG NX 6.0 新增了同步建模技术，同步建模技术引入了全新的建模方法，是三维 CAD 设计历史中的一个里程碑。由 Siemens PLM Software 推出的同步建模技术，在交互式三维实体建模中是一个成熟的、突破性的飞跃。同步建模技术在参数化、基于历史记录建模的基础上前进了一大步，同时与先前技术共存。同步建模技术可以实时检查产品模型当前的几何条件，并且可以将它们与设计人员添加的参数和几何约束合并在一起，以便评估、构建新的几何模型并编辑模型，无需重复全部历史记录。

4.5.1　同步建模概述

1.　同步建模的作用与特点

　　（1）同步建模的作用。同步建模命令用于修改模型，而不用考虑模型的原点、关联性或特征历史记录。模型可能是从其他 CAD 系统导入的、非关联的及无特征的，或者可能是具有特征的原生

NX 模型。使用同步建模命令可在不考虑模型如何创建的情况下轻松修改该模型。

　　同步建模主要适用于由解析面（如平面、圆柱、圆锥、球、圆环）组成的模型。这并不意味着仅指"简单"的部件，因为具有成千上万个面的复杂模型也可能是由这些类型的面组成的。

　　（2）同步建模特点同步建模技术是第一个能够借助新的决策推理引擎，同时进行几何图形与规则同步设计建模的解决方案。它加快了四个关键领域的创新步伐：

　　① 快速捕捉设计意图。同步建模技术能够快速地在用户思考创意的时候就将其捕捉下来，使设计速度提高 100 倍左右。有了这些新技术，设计人员能够有效地进行尺寸驱动的直接建模，而不用像先前那样必须考虑相关性及约束等情况，因而可以花更多的时间进行创新。在创建或编辑时，这项技术能自己定义选择的尺寸、参数和设计规则，而不需要一个经过排序的历史记录。

　　② 快速进行设计变更。该技术可以在几秒钟内自动完成预先设定好的或未作设定设计变更，这在以前需要用几个小时。同步建模编辑的简单程度前所未有，不用管设计源自何处，也不用管是否存在历史树。

　　③ 提高多 CAD 环境下的数据重用率。该技术允许用户重用来自其他 CAD 系统的数据，无需重新建模。用户通过一个快速、灵活的系统，能够以比原始系统更快的速度编辑其他 CAD 系统的数据，并且编辑方法与采用何种设计方法无关，因此，用户可以在一个多 CAD 环境中进行成功应用。通过一个名为"提示选择"的技术，可以自动归纳各种设计要素的功能，而无需任何特征或约束的定义。

　　④ 方便新用户体验。该技术提供了一种新的用户互操作体验，它可以简化 CAD，使三维变得与二维一样易用。这一互操作性将过去独立的二维和三维环境结合在一起，它兼具了成熟三维建模器的稳定耐用性及二维的易用性。新的推理技术可以自动根据鼠标位置归纳常见约束，并执行典型的命令，因此，对于不常使用此软件的用户而言，这些设计工具非常易学易用。

2．建模模式

　　（1）建模模式。在使用【建模】模块时，可以使用【历史模式】或【无历史记录模式】两种模式之一。

　　① 历史模式。在该模式下，使用【部件导航器】中显示的有序特征序列来创建和编辑模型，这是在 UG NX 6.0 中进行设计的主模式。

　　② 无历史记录模式。在该模式下，可以根据模型的当前状态创建和编辑模型，而无需有序的特征序列，但只能创建不依赖于有序结构的局部特征。在该模式下与在【历史模式】下不同的是，并非所有命令创建的特征都在【部件导航器】中显示。

　　（2）建模模式切换。可以通过下列方法切换建模模式。

　　① 选择下拉菜单中的【插入】→【同步建模】→【历史模式】或【无历史记录模式】。

　　② 选择下拉菜单中的【首选项】→【建模】→【建模首选项】→【编辑】→【建模模式】→【历史记录】或【无历史记录】模式。

　　③ 在【部件导航器】中右键单击【历史模式】节点，并选择【历史模式】或【无历史记录模式】。

切换建模模式后，模型会被去除参数化，所以，尽量不要随意切换，并且推荐使用【历史模式】。

4.5.2　同步建模操作

利用同步建模功能可以实现很多操作，图 4-174 所示为【同步建模】工具栏。

图4-174　【同步建模】工具栏

有两种选择【同步建模】命令的方法：【插入】→【同步建模】→打开下拉菜单的相应命令；或者直接单击【同步建模】工具栏上的命令图标◎。

1. 移动面

通过【移动面】命令可以局部移动实体上的一组表面，甚至是实体上所有表面，并且可以自动识别和重新生成倒圆面，常用于样机模型的快速调整。

图 4-175 所示为移动前的模型，单击【同步建模】工具栏中"移动面"的命令图标◎，系统弹出【移动面】对话框，选择需要移动的面、确定移动距离及方向，如图 4-176 所示。单击【确定】或【应用】按钮，完成移动面，移动面操作后的模型如图 4-177 所示。

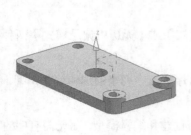

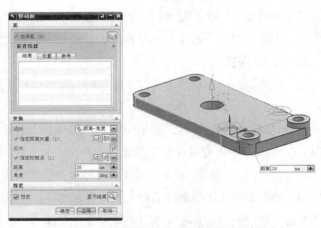

图4-175　移动面操作前的模型　　　　图4-176　选择需要移动的面、确定移动距离及方向

图4-177　移动面操作后的模型

2. 抽取面

通过"抽取面"命令可从面区域中派生体积以修改模型。"抽取面"命令类似于"移动面"命令，"抽取面"可添加或减去一个新体积，而"移动面"是修改现有的体积。

图 4-178 所示为抽取前的模型，单击【同步建模】工具栏中"抽取面"的命令图标，系统弹出【抽取面】对话框，选择需要抽取的面、确定移动距离及方向，如图 4-179 所示。单击【确定】或【应用】按钮，完成抽取面，抽取面操作后的模型如图 4-180 所示。

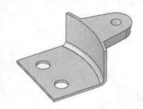
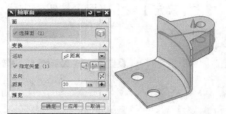

图4-178　抽取的模型前　　　　图4-179　选择需要抽取的面、确定移动距离及方向　　　图4-180　抽取面操作后的模型

3. 偏置区域

"偏置区域"命令用于快速修改模型，可以在单个步骤中偏置一组面或一个整体，并可以重新创建圆角。"偏置区域"是一种不用考虑模型的特征历史记录而修改模型的快速而直接的办法。

"偏置区域"命令在很多情况下和"特征操作"工具条中的"偏置面"命令效果相同，但"偏置区域"命令有几点优势。使用偏置区域时，可使用"面查找器"选项，并且命令支持对相邻的面自动进行重新倒圆。

图 4-181 所示为执行偏置区域前的模型，单击【同步建模】工具栏中"偏置区域"的命令图标，系统弹出【偏置区域】对话框，选择需要偏置区域的面、确定移动距离及方向，如图 4-182 所示。单击【确定】或【应用】按钮，完成偏置区域，偏置区域操作后的模型如图 4-183 所示。"偏置面"与"偏置区域"的区别如图 4-184 所示。

图4-181　执行偏置区域之前的模型　　　　　　　图4-182　选择需要偏置区域的面、确定移动距离及方向

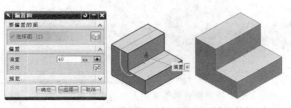

图4-183　偏置区域操作后的模型　　　　　　图4-184　"偏置面"与"偏置区域"的区别

4. 替换面

通过"替换面"操作可以用一表面来替换一组表面，并能重新生成光滑邻接的表面。使用此命令可以方便地使两平面一致，还可以用一个简单的面来替换一组复杂的面。

"替换面"是把一个面偏置到与另外一个已有的面重合的一个命令，是 UG 建模中非常常用的命令，也是在无参数化操作中很有用的命令，如去倒角。

单击【同步建模】工具栏中替换面的命令图标，系统弹出【替换面】对话框，指定要替换的面及替换面，如图 4-185 所示。单击【确定】或【应用】按钮，完成替换面操作，替换面操作后的模型如图 4-186 所示。

图4-185　指定要替换的面及替换面

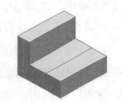

图4-186　替换面操作后的模型

5. 调整圆角大小

使用"调整圆角大小"命令可改变圆角面的半径，而不必考虑它们的特征历史记录。

单击【同步建模】工具栏中"调整圆角大小"的命令图标，系统弹出【调整圆角大小】对话框，指定要调整的圆角大小的表面，输入调整后的圆角半径值，如图 4-187 所示。单击【确定】或【应用】按钮，完成调整圆角大小操作，调整圆角操作后的模型如图 4-188 所示。在图 4-187 中可见，使用调整圆角大小来调整指定圆角半径后，与被调整圆角相关的锥台根部的边倒圆会自动更新。

图4-187　指定需要调整圆角大小的表面及半径值

图4-188　调整圆角大小后的模型

① 选择的圆角面必须是通过圆角命令创建的，如果系统无法辨别曲面是圆角时，将创建失败。

② 改变圆角大小不能改变实体的拓扑结构，也就是不能多面或少面，且半径必须大于 0。

6. 调整面的大小

通过"调整面的大小"命令可以更改一组圆柱面或球面的直径，使它们具有相同的直径；以及一组锥面的半角，使它们具有相同的半角；还能自动更新相邻的圆角面。

单击【同步建模】工具栏中"调整面的大小"命令图标 ，系统弹出【调整面的大小】对话框，指定要调整的一组圆柱面（4 种直径的孔），输入调整后的直径，如图 4-189 所示。单击【确定】或【应用】按钮，完成调整面的大小操作，操作后的模型如图 4-190 所示。在图 4-190 中可见，完成调整面的大小后，与被调整面相关的边倒圆会自动更新。

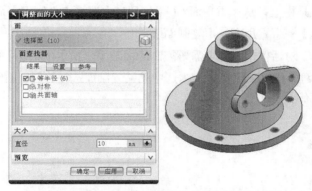

图4-189 指定一组需要调整面的大小的表面及直径值

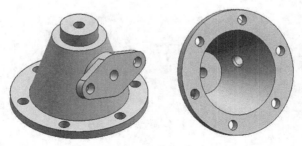

图4-190 调整面的大小后的模型

7. 删除面

"删除面"用于移除现有体上的一个或多个面。如果选择了多个面，那么，它们必须属于同一个实体。选择的面必须在没有参数化的实体上，如果存在参数则会提示将移除参数。

"删除面"多用于删除圆角面或实体上的一些特征区域。

单击【同步建模】工具栏中"删除面"命令图标 ，系统弹出【删除面】对话框，指定要删除的一组面，如图 4-191 所示。单击【确定】或【应用】按钮，完成删除面操作，如图 4-192 所示。

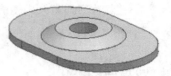

图4-191　指定一组需要删除的面　　　　　　　　　　　　　　　图4-192　删除面后的模型

8. 重用面

"重用面"是一个命令集，功能是重新使用模型中的面，并且视情况更改其功能。重用面包括复制面、剪切面、粘贴面、镜像面和图样（阵列）面。

（1）复制面。从体中复制一组面，保持原面不动。复制的面集形成片体，可以将其粘贴到相同的体或不同的体。

在【同步建模】工具栏上，从"重用面"命令集列表中选择【复制面】命令图标，或者选定{【插入】→【同步建模】→【重用】→【复制面】。

在弹出的"复制面"对话框中，确定需要复制的面及【变换】、【粘贴】中的各选项。图 4-193 所示为复制一组面的过程，图 4-194 所示为未选中粘贴复制面选项的复制面结果，图 4-195 所示为选中粘贴复制面选项的复制面结果。

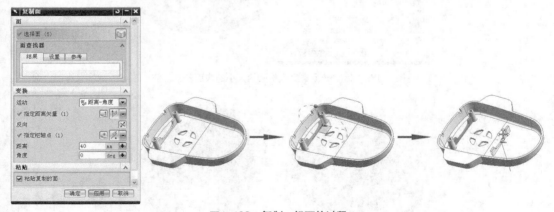

图4-193　复制一组面的过程

图4-194　未选粘贴复制面选项的复制面结果　　　　　　图4-195　选中粘贴复制面选项的复制面结果

（2）剪切面。复制面集，从体中删除该面，并且修复留在模型中的开放区域。

在【同步建模】工具栏中的"重用面"命令集列表中选择"剪切面"命令图标⬙，或者选定【插入】→【同步建模】→【重用】→【剪切面】。

在弹出的"剪切面"对话框中，确定需要剪切的面及【变换】【粘贴】中的各选项。图 4-196 所示为选中粘贴剪切面选项的剪切面过程，图 4-197 所示为未选中粘贴剪切面选项的剪切面结果。

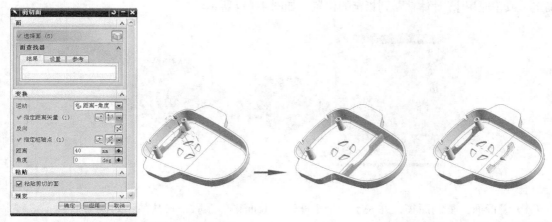

图4-196　选中粘贴剪切面选项的剪切面过程　　　　　图4-197　未选中粘贴剪切面选项的剪切面结果

（3）粘贴面。将复制或剪切的面集粘贴到目标体中。

在【同步建模】工具栏中的"重用面"命令集列表中选择"剪切面"命令图标⬙，或者选定【插入】→【同步建模】→【重用】→【剪切面】。

在弹出的"剪切面"对话框的面组中，选择需要剪切的面。在【变换】组中的【运动】下拉列表中，选择"距离—角度"作为方法；使用可用的指定矢量选项，在【距离】框中键入所需的值或在图形窗口中将箭头拖动一段所需的距离，单击【确定】或【应用】。删除原先选定的面，并创建了剪切面特征，如图 4-198 所示。

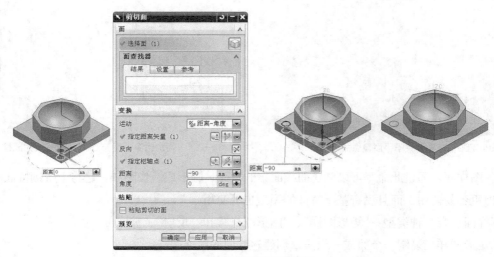

图4-198　创建剪切面特征

在【同步建模】工具栏中的"重用面"命令集列表中选择"粘贴面"命令图标，或者选定【插入】→【同步建模】→【重用】→【粘贴面】。

在弹出的【粘贴面】对话框的中，选择粘贴到的目标体；在【刀具】组中，单击"选择体"并选择要粘贴的片体——即已创建的剪切面特征；在【粘贴选项】下拉列表中，选择"求差"，单击【确定】或【应用】，片体粘贴到指定的位置，如图4-199所示。

图4-199　创建粘贴面特征

（4）镜像面。复制面集，并关于一个平面镜像此面集，然后，将其粘贴到模型中。

在【同步建模】工具栏中的"重用面"命令集列表中，选择"镜像面"命令图标，或者选择【插入】→【同步建模】→【重用】→【镜像面】。在弹出的【镜像面】对话框中，选择要关于平面镜像的一组面，如图4-200所示。

在【镜象平面】组的【平面】下拉列表中，选择"新平面"，并指定自动判断的平面，显示镜像面预览，如图4-201所示。单击【确定】或【应用】按钮，完成镜像面，如图4-202所示。

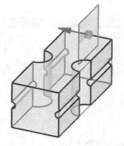
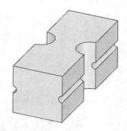

图4-200　选择要关于平面镜像的一组面　　　　图4-201　指定镜像平面　　　图4-202　完成镜像面

（5）图样面。通过此命令可以创建面或面集的矩形、圆形或镜像图样。它与【实例特征】功能相似，但更容易使用，而且没有基于特征的模型也可使用。

【图样面】有3种类型："矩形图样"、"圆形图样"和"反射"（镜像）。

① 矩形图样。复制一个面或一组面以创建这些面的线性图样。

在【同步建模】工具栏中的"重用面"命令集列表中，选择"图样面"命令图标，或者选定

【插入】→【同步建模】→【重用】→【图样面】。

在弹出的"图样面"对话框中,选择"矩形图样"类型,确定矩形图样操作的表面,确定 X、Y 方向指定矢量、矩形图样的图样属性,单击【确定】或【应用】,完成矩形图样操作,如图 4-203 所示。

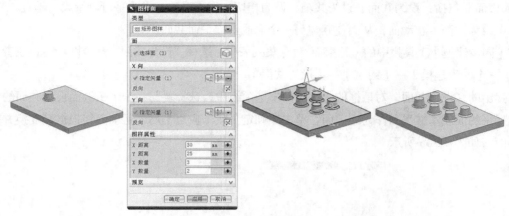

图4-203 矩形图样

② 圆形图样。复制一个面或一组面以创建这些面的圆形图样。

在【图样面】对话框中,选择"圆形图样"类型,确定圆形图样操作的表面,确定圆形图样轴线的位置及方向、圆形图样的图样属性,单击【确定】或【应用】,完成圆形图样操作,如图 4-204 所示。

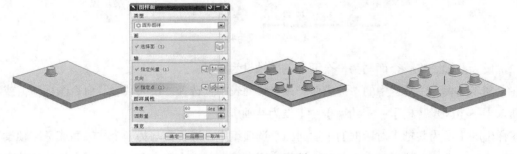

图4-204 圆形图样

③ 反射(镜像)。复制一个面或一组面以生成这些面的镜像图样。

在弹出的【图样面】对话框的中,选"反射"类型,确定反射图样操作的表面,确定镜像平面,单击【确定】或【应用】,完成反射图样操作,如图 4-205 所示。

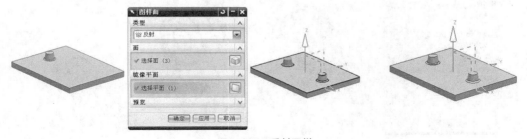

图4-205 反射图样

9. 约束面

"约束面"是一个命令集，可以根据另一个面的约束几何体来变换选定面，从而移动这些面。用此选项可以编辑有特征历史记录或没有特征历史记录的模型。

"约束面"包括：设为共面、设为共轴、设为相切、设为对称、设为平行以及设为垂直。

（1）设为共面。移动面，从而使其与另一个面或基准平面共面。

在【同步建模】工具栏中的"约束面"命令集列表中，选择"设为共面"命令图标，或者选择【插入】→【同步建模】→【约束】→【设为共面】。

在弹出的"设为共面"对话框的【运动面】选项组中，选择要与另一个平的面设为共面的平的面；选择平的面或基准平面作为固定面，单击【确定】或【应用】后，运动面将根据其变换并变成与其共面，如图 4-206 所示。

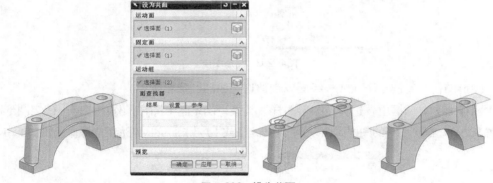

图4-206　设为共面

（2）设为共轴。将一个面与另一个面或基准轴设为共轴。

在【同步建模】工具栏中的"约束面"命令集列表中，选择"设为共轴"命令图标，或者选择【插入】→【同步建模】→【约束】→【设为共轴】。

在弹出的【设为共轴】对话框的【运动面】选项组中，选择要与另一个共轴面或基准轴设为共轴的轴向面为运动面；选择轴向面或基准轴作为固定面，单击【确定】或【应用】后，运动面将根据其变换且变为与其共轴，如图 4-207 所示。

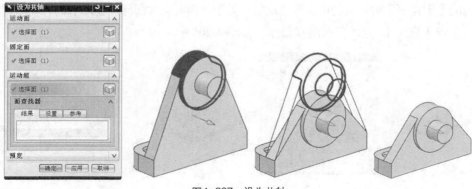

图4-207　设为共轴

（3）设为相切。将一个面与另一个面或基准平面设为相切。

在【同步建模】工具栏中的"约束面"命令集列表中选择"设为相切"命令图标 🔩，或者选择【插入】→【同步建模】→【约束】→【设为相切】。

在弹出的"设为相切"对话框的【运动面】选项组中，选择要与另一个面或基准面设为相切的面为运动面；选择面或基准平面作为固定面，单击【确定】或【应用】后，运动面将根据其变换且变为与其相切，如图 4-208 所示。

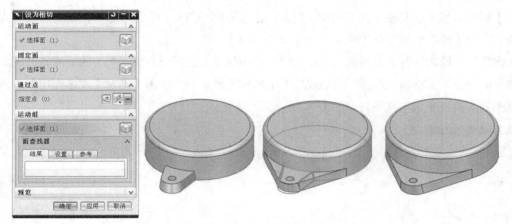

图4-208 设为相切

（4）设为对称。将一个面与另一个面关于对称平面设为对称。

在【同步建模】工具栏中的"约束面"命令集列表中，选择"设为对称"命令图标 🔩，或者选择【插入】→【同步建模】→【约束】→【设为对称】。

在弹出的【设为对称】对话框的【运动面】选项组中，选择一个面并将其设为与同类型的另一个面对称；选择现有的平面或新平面作为对称面；选择与运动面同一类型的面作为固定面；也可根据需要在运动组中，再继续选择要关于对称平面对称变换的可用运动面。单击【确定】或【应用】后，运动面将根据其变换且变为与其对称，如图 2-209 所示。

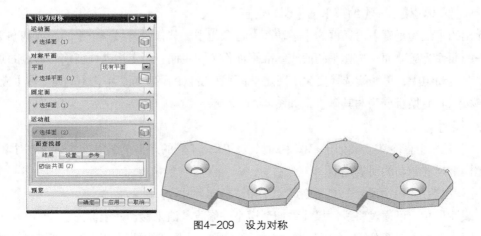

图4-209 设为对称

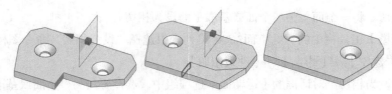

图4-209　设为对称（续表）

（5）设为平行。将一个平的面设为与另一个平的面或基准平面平行。

在【同步建模】工具栏中的"约束面"命令集列表中，选择"设为平行"命令图标，或者选择【插入】→【同步建模】→【约束】→【设为平行】。

在弹出的【设为平行】对话框的【运动面】选项组中，选择要与另一个平的面或基准平面设为平行的平的面作为运动面；选择平的面或基准平面作为固定面，单击【确定】或【应用】后，运动面将根据其变换且变为与其平行，如图 2-210 所示。

图4-210　设为平行

（6）设为垂直。将一个平的面与另一个平的面或基准平面设为垂直。

在【同步建模】工具栏中的"约束面"命令集列表中，选择"设为垂直"命令图标，或者选择【插入】→【同步建模】→【约束】→【设为垂直】。

在弹出的【设为垂直】对话框的【运动面】选项组中，选择要与另一个平的面或基准平面设为垂直的平的面作为运动面；选择平的面或基准平面作为固定面；指定运动面变换后通过的点；也可根据需要在运动组中，再继续选择要关于固定平面垂直变换的运动面。单击【确定】或【应用】后，运动面将根据其变换且变为与其垂直，如图 4-211 所示。

10. 尺寸

"尺寸"是一个命令集，类似于草图中的尺寸约束，不同的是，草图中尺寸驱动的对象是曲线，而同步建模中尺寸驱动的对象是面。

"尺寸"包括："线性尺寸"、"角度尺寸"和"径向尺寸"。

（1）线性尺寸。可通过将线性尺寸添加至模型并修改其值来移动一组面。

在【同步建模】工具栏中的"尺寸"命令集列表中，选择"线性尺寸"命令图标，或者选择

【插入】→【同步建模】→【尺寸】→【线性尺寸】。

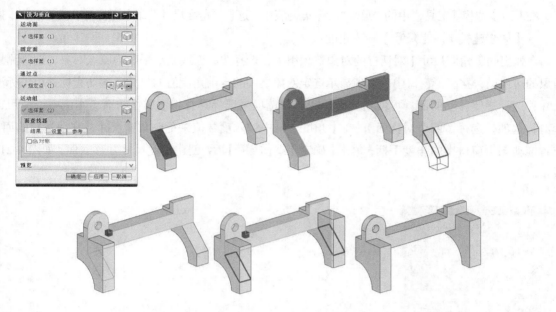

图4-211 设为垂直

在弹出的【线性尺寸】对话框的对象选项组中，选择尺寸的原点或基准平面、选择尺寸的测量点；在图形窗口中，出现显示选定对象之间的当前距离值的尺寸，在图形窗口中移动光标可定位尺寸预览，然后，单击所需位置；可通过单击 OrientExpress 平面和方向手柄来更改尺寸的位置；选择要移动的面，可使用"面查找器"选项选择复杂模型中的多个面；在【距离】框中键入一个值来改变线性尺寸并移动选定面，或者在图形窗口中拖动距离手柄；可在【方位】组中，使用"方向"选项来改变尺寸的默认方位。单击【确定】或【应用】后，创建线性尺寸并移动面，如图 4-212 所示。

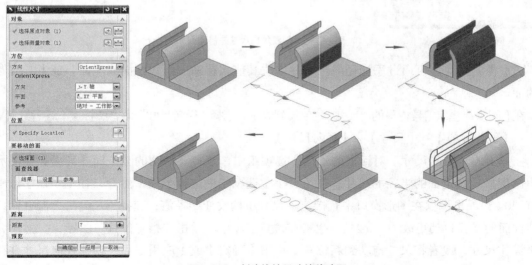

图4-212 创建线性尺寸并移动面

（2）角度尺寸。可通过将角度尺寸添加至模型并更改其值来移动一组面。

在【同步建模】工具栏中的"尺寸"命令集列表中，选择"角度尺寸"命令图标 ，或者选择【插入】→【同步建模】→【尺寸】→【角度尺寸】。

在弹出的【角度尺寸】对话框的对象选项组中，选择边、面或基准平面为原点对象、选择测量对象的边或面；在图形窗口中，出现显示选定对象之间的当前角度值的尺寸，移动光标并单击标注尺寸；选择想要移动的面，可使用"面查找器"选项来选择具有相似属性的面（本例中，使用选择对称选项，选择了四个对称面）；在【角度】框中键入度数值来更改角度尺寸并移动选定的面，或者拖动图形窗口中的角度手柄；单击【确定】或【应用】后，创建角度尺寸并移动面，如图4-213所示。

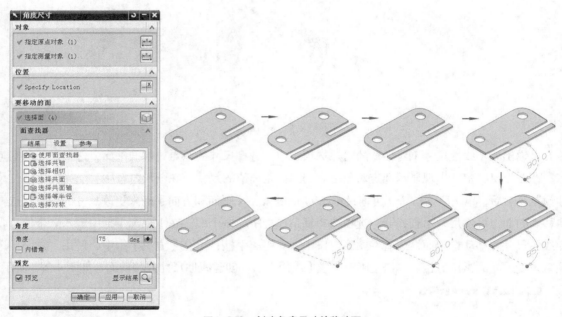

图4-213　创建角度尺寸并移动面

（3）径向尺寸。可通过添加径向尺寸并修改其值来移动一组圆柱面或球面，或者具有圆周边的面。

在【同步建模】工具栏中的"尺寸"命令集列表中，选择"径向尺寸"命令图标 ，或者选择【插入】→【同步建模】→【尺寸】→【径向尺寸】。

在弹出的"径向尺寸"对话框的【面】选项组中，选择要移动的圆柱面或球面；在图形窗口中出现显示选定面的半径的尺寸；在【大小】选项组中选择半径，然后，在【半径】框中键入值"0.25"，也可以在图形窗口中直接拖动尺寸手柄改变半径值；选择第二、三个圆柱面，选定圆柱面的半径自动更改为"0.25"；也可在位置选项中，单击"指定位置"图标 ，然后，单击来标注尺寸，或者将尺寸拖动到新位置。单击【确定】或【应用】后，创建径向尺寸并移动面，如图4-214所示。

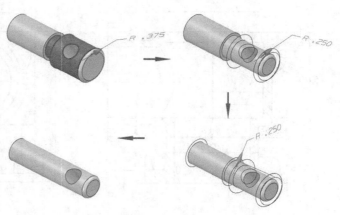

图4-214 创建径向尺寸并移动面

4.6 实体建模设计实例——箱体

1. 零件分析

图 4-215 所示零件为箱体,根据零件图分析可知,该箱体零件底部为圆形的法兰盘结构,中、上部为空心圆柱体,一个水平方向的空心圆柱体与上部空心的圆柱体垂直相交,箱体的上端面和右端面均带 4 个连接用的均布凸耳,下法兰与箱体外表面间有 4 个不对称的、均布的连接端结构。

2. 建模分析

下法兰与中、上部空心圆柱体可采用回转建模方式一次完成;均布的法兰孔、箱体的上端面和右端面的 4 个均布凸耳,可以分别先创建一个特征,再用实体圆形阵列操作完成全部特征创建,也可以分别在草图中一次绘制,再分别一次拉伸完成;水平方向的空心圆柱体可采用创建基准面方式,绘制草图,采用拉伸建模方式完成;下法兰与箱体外表面间的 4 个不对称的、均布的连接端结构,要先创建一个,再用圆形阵列方式完成其他 3 个的建模;最后,外表面各处按图纸要求进行边倒圆处理。

3. 箱体零件建模设计

(1)绘制回转建模草图并完成建模。首先选择 XC—ZC 平面为基准平面,将水平、垂直空心圆柱体交点定为坐标原点。按零件图尺寸绘制回转建模的草图,如图 4-216 所示,回转建模后的实体如图 4-217 所示。

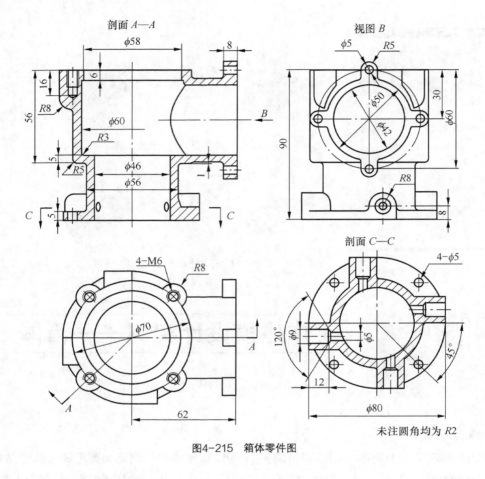

图4-215 箱体零件图

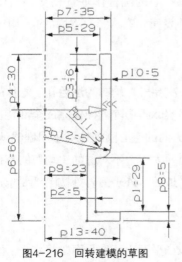

图4-216 回转建模的草图

图4-217 回转建模后的实体

（2）绘制顶面凸耳草图并建模。选择零件顶部平面为基准平面，按尺寸绘制凸耳草图。拉伸该草图，距离为0～24，布尔求和，预览后单击【确定】按钮，完成创建，如图4-218所示。

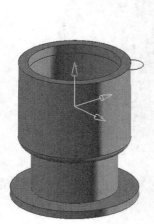

图4-218　绘制顶面凸耳草图并建模

（3）创建上凸耳中的螺纹孔。单击【特征】工具栏中的"孔"图标，创建 $\phi5$、深 16 的简单孔（注意定位），单击【特征操作】工具栏中的"螺纹"图标，创建 M6 × 12 的"详细螺纹"，如图 4-219 所示。

（4）对上凸耳及螺纹孔进行圆形阵列。单击【特征操作】工具栏中的"实例特征"图标，选择圆形阵列，对上凸耳、简单孔及螺纹孔 3 个特征进行圆形阵列，如图 4-220 所示。

（5）对上凸耳各处边倒圆。对上凸耳的下部进行 $R8$ 的边倒圆，其余各边进行 $R2$ 的边倒圆，如图 4-221 所示。

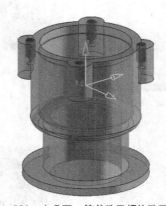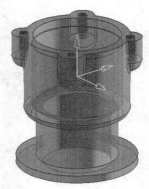

图4-219　创建上凸耳中的螺纹孔　　图4-220　上凸耳、简单孔及螺纹孔圆形阵列　　图4-221　上凸耳各处边倒圆

（6）创建连接端结构。在距离零件中心右侧 40mm 的位置，创建与 $YC—ZC$ 平行的基准面，绘制连接端结构的轮廓草图，如图 4-222 所示。拉伸该草图，开始距离为"0"，结束位置选择"直到被延伸"，拾取下部空心圆柱的外表面为拉伸的终点，布尔求和，预览后单击【确定】按钮，得到连接端结构特征，如图 4-223 所示。

图4-222　连接端结构的轮廓草图

图4-223　连接端结构特征

（7）创建连接端结构上的通孔。根据图纸尺寸，先创建 $\phi 9$、深 12、尖角 118° 的简单孔（也可先创建 $\phi 5$ 的通孔），布尔求差，如图 4-224 所示。再创建 $\phi 5$ 的通孔（注意定位），选择"简单孔"类型，采用"直至下一个"（下部空心圆柱的内表面）方式，布尔求差，完成创建，如图 4-225 所示。

图4-224　$\phi 9$ 孔创建

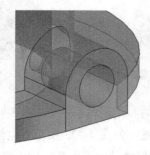

图4-225　$\phi 5$ 通孔创建

（8）对连接端结构及孔进行圆形阵列。单击【特征操作】工具栏中的"实例特征"图标 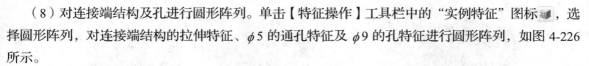，选择圆形阵列，对连接端结构的拉伸特征、$\phi 5$ 的通孔特征及 $\phi 9$ 的孔特征进行圆形阵列，如图 4-226 所示。

（9）创建水平圆柱。在距离零件中心右侧 62mm 的位置，创建与 YC—ZC 平行的基准面，绘制水平圆柱的外圆轮廓草图，如图 4-227 所示。拉伸该草图，结束采用"直至下一个"选项，布尔求和，预览后单击【确定】按钮，完成水平圆柱创建，如图 4-228 所示。

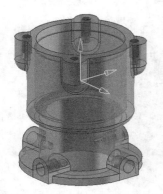

图4-226 对连接端结构及孔进行圆形阵列　　　　图4-227 创建基准面绘制水平圆柱草图

（10）创建 $\phi 42$ 孔。以水平圆柱右端面为基准面（也可用刚创建的基准面），绘制水平空心圆柱的 $\phi 42$ 孔草图，如图 4-229 所示。拉伸该草图，结束采用"直至选定对象"选项，结束对象为 $\phi 60$ 孔的内表面，布尔求差，预览后单击【确定】按钮，完成 $\phi 42$ 孔的创建，如图 4-230 所示。

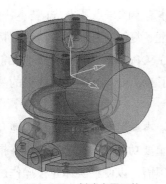
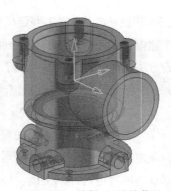
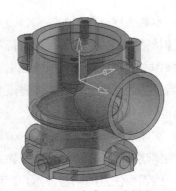

图4-228 创建水平圆柱　　　　图4-229 绘制$\phi 42$孔的草图　　　　图4-230 完成$\phi 42$孔创建

（11）创建水平空心圆柱右端面凸耳。以水平圆柱右端面为基准面（也可用刚创建的基准面），按尺寸绘制水平空心圆柱右端面外侧的凸耳草图，拉伸该草图，厚度为 8，布尔求和，预览后单击【确定】按钮，完成凸耳的创建，如图 4-231 所示。

（12）外表面各处边倒圆。外表面各处按图纸要求进行 R2 的边倒圆处理，如图 4-232 所示。

最后完成的箱体零件实体建模，如图 4-233 所示。

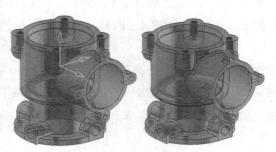

图4-231 创建水平空心圆柱右端面凸耳　　　图4-232 外表面各处边倒圆

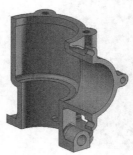

图4-233 箱体建模

本章主要介绍了 UG NX 6.0 的实体建模功能，其中主要包括实体建模的特点和方法；基本特征、拉伸特征、回转特征及扫掠特征等在建模中的应用；边特征、面特征、复制特征、修改特征等特征的操作方法及应用，以及特征编辑的方法，还比较系统的介绍了 UG NX 6.0 的【同步建模】功能。最后，通过一个综合的实体建模实例——箱体零件实体建模，介绍了 UG NX 6.0 的实体建模的基本操作方法和过程。

实体建模功能是 UG NX 6.0 的一个主要功能，也是本书的重点。本章用不同的实例详细地介绍了实体建模的各种操作方法及功能的应用，以及 UG NX 6.0 新增的重要功能——同步建模，并指出了一些需要注意的问题。用户应对本章的内容进行详细阅读、仔细领悟，以便在实体建模操作过程中，能够灵活运用各种操作技巧及方法。

对图 4-234～图 4-250 给定图形进行实体建模。

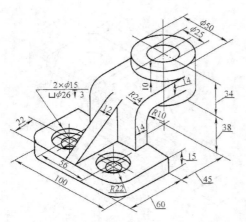

图4-234 习题1

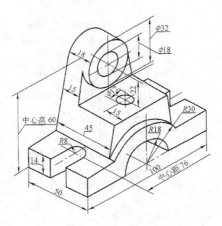

图4-235 习题2

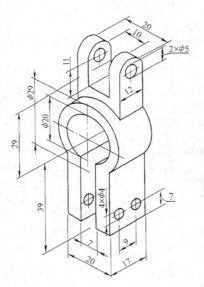

图4-236 习题3

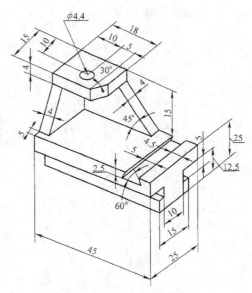

图4-237 习题4

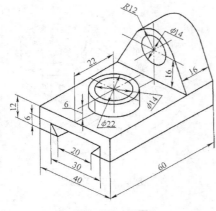

图4-238 习题5

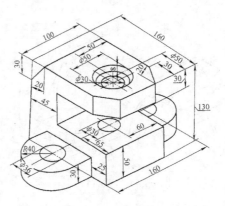

图4-239 习题6

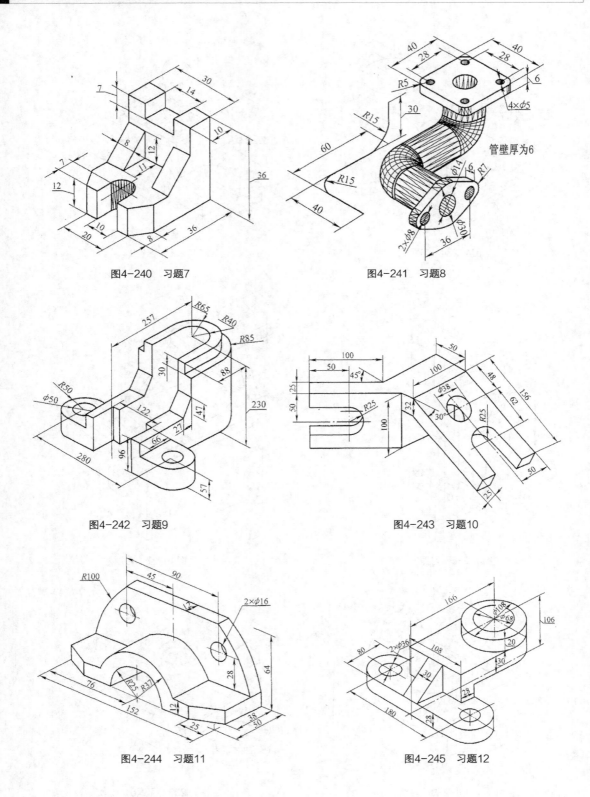

图4-240 习题7

图4-241 习题8

图4-242 习题9

图4-243 习题10

图4-244 习题11

图4-245 习题12

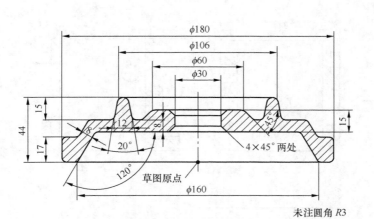

图4-246　习题13

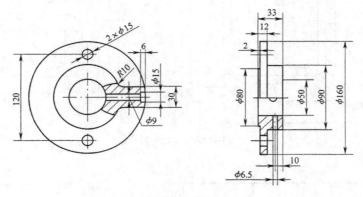

图4-247　习题14

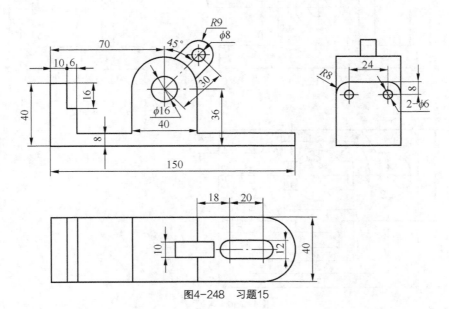

图4-248　习题15

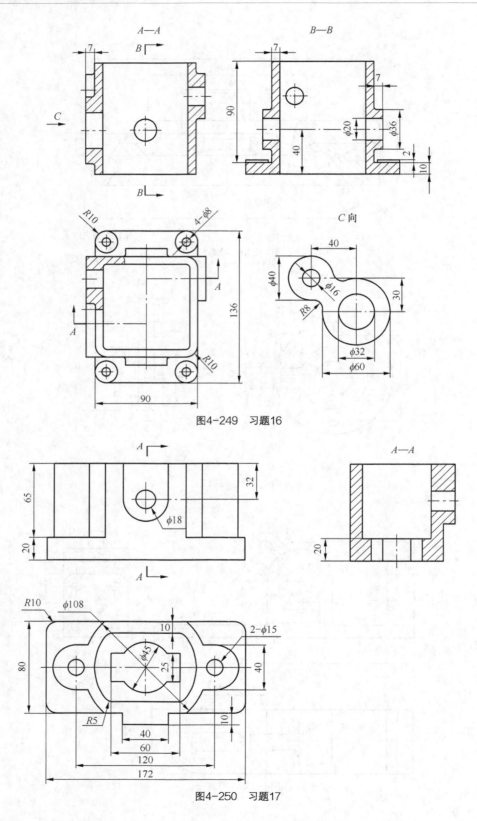

图4-249　习题16

图4-250　习题17

第5章

| 曲面造型基础 |

【学习目标】

1. 了解 UG NX 6.0 曲面造型常用模块功能和工具栏的定义
2. 掌握 UG NX 6.0 通过点和通过曲线构造曲面的方法和操作步骤
3. 了解 UG NX 6.0 自由曲面形状基本应用
4. 掌握 UG NX 6.0 曲面操作与编辑的功能和应用

曲面造型概述

　　UG 曲面造型技术是体现机械 CAD/CAM 软件建模能力的重要标志，直接采用前面章节介绍的造型方法进行产品设计是有局限性的，大多数实际产品的设计都离不开曲面造型，特别是一些形状复杂的产品，通常都是采用曲面造型方法进行设计。本章将主要介绍曲面创建和编辑。

5.1.1　曲面造型功能

1. 曲面造型功能

　　曲面造型用于构造标准建模方法无法创建的复杂形状，它既能生成曲面（在 UG 中称为片体，即零厚度实体），也能生成实体。曲面是空间具有两个自由度的点构成的轨迹。曲面造型同实体建模一样，都是模型主体的重要组成部分，但又不同于实体特征。曲面有大小，没有质量，在特征的生成过程中，不影响模型的特征参数。曲面造型广泛应用于飞机、船舶、汽车等工业造型设计，曲面

的基础是曲线，构造曲线要避免交叠、断点等问题。

2. 基本术语

自由曲面：由自由曲面形状特征创建的曲面即"自由曲面"，自由曲面可由"点"、"线"和"面"创建或延伸得到。

片体：是一种 UG 术语，用于和"实体"对应，"片体"和"实体"都是由一个或多个表面组成的几何体，厚度为"零"的是片体，厚度不为"零"的是"实体"。

曲面：一种泛称，"片体"和"自由曲面"都可以称为曲面，就像"点"和"线"一样，构造曲面的最终目的也是形成实体。

U 方向和 V 方向："U 方向"指曲面行所在的方向；"V 方向"指曲面列所在的方向。

阶次：指描述曲面参数方程的次方数。

5.1.2 曲面造型工具栏

"曲面"工具在建模中应用广泛，主要包括【曲面】、【编辑曲面】和【自由曲面形状】工具栏，如图 5-1 所示。其中【曲面】工具栏用于曲面的构造；【编辑曲面】工具栏用于曲面的编辑；而【自由曲面形状】工具栏主要用于曲面的变形、美化处理等。这里主要介绍曲面构造的工具栏，以及其他常用的曲面构造方法，其功能含义如表 5-1 所示。

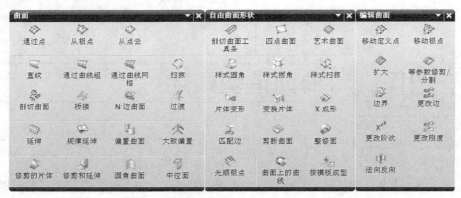

图5-1 曲面造型工具栏

表 5-1 曲面造型工具栏的功能及含义

图标	曲面构造方法	功能
	四点曲面	在屏幕上或扫描数据上,简单地指定四边形的四角,即可创建阶次为 1×1 的曲面
	通过点	用于指定体将要通过的矩形阵列点
	从极点	用于指定作为定义体外形的控制网极点（顶点）的点
	从点云	用于创建一个近似于一个大的数据点"云"的片体,通常由扫描和数字化产生

续表

图标	曲面构造方法	功能
	直纹	通过两条曲线轮廓线创建直纹体（片体或实体）。该选项是"通过曲线"选项的特殊情况
	通过曲线组	该选项用于通过同一方向上的一组曲线轮廓线创建体
	通过曲线网格	该选项用于从处于两个不同方向的一组现有的曲线轮廓创建体
	N 边曲面	使用指定的与外部曲面的连续性，通过使用不限数目的曲线或边建立 1 个曲面，所用的曲线或边组成 1 个简单的、封闭的环
	扫掠	用于创建体，该体定义为沿着空间的某一路径以指定的方法移动曲线轮廓
	剖切曲面	使用剖切曲面命令可使用二次曲线构造方法创建通过曲线或边的截面的曲面体
	桥接	桥接允许创建 1 个联结两个面的片体。可以在桥接和定义面之间指定相切连续性或曲率连续性
	过渡	可在 3 个或 3 个以上截面形状的相交处创建 1 个特征
	延伸	用于从现有基本片体创建（相切、垂直于曲面的，有角度的、圆形的或规律控制的）延伸片体
	中位面	允许用户创建位于单个目标实体上的中位面特征

5.2　曲面造型

5.2.1　通过点创建曲面

1. 四点曲面

"四点曲面"可通过在屏幕上或扫描数据上简单地指定四边形的四角来创建阶次为 1×1 的曲面。在建模状态下，单击【插入】→【曲面】→【四点曲面】命令或单击【自由曲面形状】工具栏中的图标，可打开【四点曲面】对话框，如图 5-2 所示，屏幕上指定曲面点的顺序决定所创建的曲面的形状，图中以数字表示选择顺序。创建时，须注意以下几点。

（1）在同一条直线上不能存在 3 个选定点。

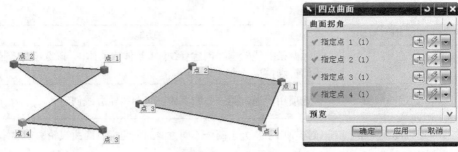

图5-2 四点曲面创建

（2）不能存在 2 个相同的或在空间中处于完全相同位置的选定点。

（3）必须指定 4 个点来创建曲面。指定 3 个点或更少的点将会产生一个出错消息。

2. 通过点和从极点

"通过点"和"从极点"自由曲面特征选项使用相同的交互创建方法，在建模状态下，单击【插入】→【曲面】→【通过点】或【从极点】命令，或者单击【曲面】工具栏中的 或 图标，可打开【通过点】或【从极点】对话框，如图 5-3 所示。

通过点——用于指定体将要通过的矩形阵列点。单击【确定】按钮，如图 5-3 所示，选择"点构造器"可选择或指定通过点。使用这个选项，可以很好地控制体，使它总是通过指定的点。

图5-3 【通过点】及【从极点】对话框

从极点——用于指定作为定义片体外形的控制网极点（顶点）的点。使用极点可以更好地控制体的整体外形和特征。使用这个选项也可以更好地避免片体中不必要的波动（曲率的反向）。

● 补片类型：可以创建包含单个补片或多补片的体。

● 沿…向封闭：可以为多补片片体选择封闭方法。

● 行阶次：可以为多补片指定行阶次（1~24）。对单个补片而言，系统决定行阶次从点数最高的行开始。

● 列阶次：可为多个补片指定列阶次（最多为指定行的阶次减一）。对单个补片而言，系统将此设置为指定行的阶次减一。

● 文件中的点：可以通过选择包含点的文件来定义这些点。

（1）单个补片创建：选择【补片类型】为"单个"，如图 5-3 所示，不用指定行列阶次，单击【确定】按钮，用【点构造器】指定如图 5-4 所示的片体共有 4 列点，所以，它的列阶次（V 向阶次）

等于 3（=4-1）。任何行的最大点数是 6，所以，行阶次（U 向阶次）等于 5（=6-1）。系统先指定的是行点，本补片共 6 个行点，行点选择完毕后，单击【确定】→【是】，再选择下一行行点。反复执行 4 次，完成图 5-4 所示的补片创建。

（2）多补片体的创建：对于多补片体来说，必须为行和列指定阶次。

"行阶次"可以为 1～24 的任何数，默认值为 3。

"列阶次"可以设置为从 1 到比指定的行数小 1 的数之间的任何数，默认值为 3。

行阶次可以设置为 1～4 的任何数，列阶次等于 3，如图 5-5 所示。创建方法如单个补片，可先指定每行上的列点。

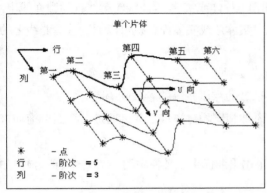

图5-4　指定行阶次与列阶次

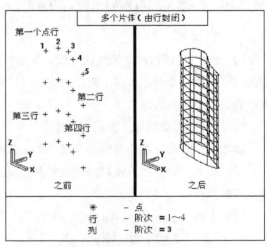

图5-5　多补片体的创建

3. 从点云

"从点云"用于创建片体，近似于一个大的数据点"云"，通常由扫描和数字化产生，如处理三坐标测量仪等设备扫描所得到的点数据，得到的片体比使用"通过点"方法及相同的点创建的片体要"光顺"得多，但后者更接近于原始点。

使用"从点云"方式创建曲面与上面所介绍的"通过点"和"从极点"不同，它的曲面控制点不是以链方式存在的，而是无规律排列的。与"通过点"和"从极点"方式创建曲面类似，"从点云"方式同样需先创建点，其所需点数跟"U 向阶次"和"V 向阶次"数有关，如"从点云"对话框中的"U 向阶次"和"V 向阶次"都是"3"，那就需要"16"个控制点，即控制点数 =（U 向阶次 + 1）×（V 向阶次 + 1）。

单击【曲面】工具栏中的【从点云】按钮，打开【从点云】对话框，如图 5-6 所示。选好控制点后，单击【确定】按钮即可生成曲面。

图5-6　【从点云】对话框

操作步骤如下。

（1）选择点或指定一个定义点的文件。

（2）指定曲面的 U 及 V 向阶次。

（3）指定 U 及 V 向的补片数。

（4）指定局部 U—V 坐标系。

（5）指定想要的点的边界。

（6）选择【确定】或【应用】按钮来创建片体。

5.2.2 通过曲线创建曲面

1. 直纹面

"直纹面"是通过两条曲线轮廓线而生成的规则曲面（片体或实体）。曲线轮廓线称为截面线串。截面线串可由单个对象或多个对象组成，可以是曲线、实体边或实体面，也可以通过选择曲线上的点作为第一个截面线串。

"直纹面"的【对齐】方式有"参数"和"根据点"2 种。

参数——沿定义截面曲线的全长将等参数曲线要通过的点以相等的参数间隔隔开。

根据点——沿截面放置对齐点及其对齐线。可以添加和删除对齐点，并可通过在截面上拖动来移动这些点。

选择【插入】→【网格曲面】→【直纹】命令或单击【曲面】工具栏中的 命令图标，弹出如图 5-7 所示的【直纹】对话框。

图 5-8 所示为利用【直纹】命令创建的"天圆地方"曲面实体，所创建曲面的不同是由所选取的起始截面线位置不同造成的。该曲面的创建步骤如下。

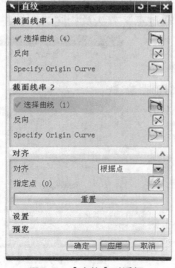

图5-7 【直纹】对话框

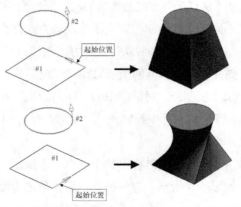

图5-8 用【直纹】命令创建的"天圆地方"曲面实体

（1）选取矩形 4 条边为"截面线串 1"，直至选择完 4 条边后，出现方向箭头，此时单击 MB2
或单击"截面线串 2"，完成截面线串 1 的选取。

（2）选取圆曲线为第 2 条截面线，选取完后，出现方向箭头。注意不要选择圆心。

（3）选取完两条截面线后，单击鼠标中键，或者单击图 5-7 所示【直纹】对话框中的【确定】
或【应用】按钮创建曲面。

2. 通过曲线组

此命令将通过一组多达 150 个的截面线串来创建片体或实体。截面线串可以由一个对象或多个
对象组成，并且每个对象既可以是曲线、实体边，也可以是实体面。"通过曲线组"类似于"直纹面"，
但它可以指定两个以上的截面线串。

选择【插入】→【网格曲面】→【通过曲线组】命令或单击【曲面】工具栏中的 命令图标，
弹出如图 5-9 所示的【通过曲线组】对话框。

【例 5-1】　图 5-10 所示为【通过曲线组】创建曲面的操作步骤。

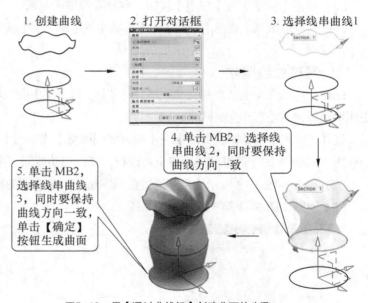

图5-9　【通过曲线组】对话框　　　　　　　图5-10　用【通过曲线组】创建曲面的步骤

【例 5-2】　创建并约束【通过曲线组】曲面。连接下面两个片体、与两个面曲率连续并通过这
两个片体之间的线段，如图 5-11 所示。操作步骤如下。

（1）打开【通过曲线组】对话框，然后，按顺序在它们的左端附近选择①②③3 个线串曲线。

（2）在【连续性】组中，选择【应用于全部】复选框。在【第一截面】下拉列表中，选择"G1
（相切）"。先定义第 1 个截面，选择片体的面并单击 MB2；再定义最后 1 个截面，选择上面片体
的面。

（3）在【对齐】组的【对齐】下拉列表中选择"参数"。

（4）在【设置】组中，去除"保留形状"复选框的勾选。

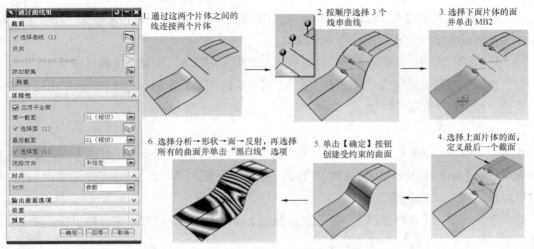

图5-11　【通过曲线组】连接两个片体

（5）单击【确定】或【应用】按钮，创建受约束的曲面。

（6）要评估结果，选择【分析】→【形状】→【面】→【反射】，选择所有的曲面并单击【黑白线】选项▤。

3. 通过曲线网格

此命令可从几个主线串和交叉线串集创建体。每个集中的线串必须互相大致平行，并且不相交。主线串必须大致垂直于交叉线串。

选择【插入】→【网格曲面】→【通过曲线网格】或单击【曲面】工具栏中的▨命令图标，弹出如图5-12所示的【通过曲线网格】对话框。其选项功能同上面"通过曲线组"。

【例5-3】　图5-13所示为用"通过曲线网格"创建曲面的操作步骤。

（1）绘制如图5-13第1步所示的曲线。

图5-12　【通过曲线网格】对话框

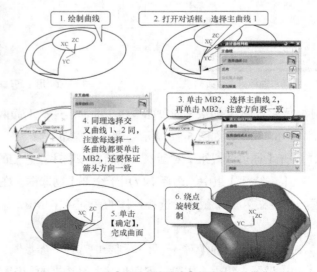

图5-13　用【通过曲线网格】创建曲面的操作步骤

（2）打开【通过曲线网格】对话框，【选择曲线】选项将处于激活状态。按图 5-13 第 2 步图示选择第 1 个主曲线并单击鼠标中键。

（3）按图 5-13 第 3 步图示选择第 2 个主曲线，再次单击鼠标中键完成主曲线选择，如主曲线较多，必须按连续顺序选择主曲线。

（4）定义交叉曲线，按图 5-13 第 4 步图示选择交叉曲线的左端，然后，在每次选择后单击鼠标中键。再次单击鼠标中键完成交叉曲线选择。如交叉曲线较多，必须按连续顺序选择交叉曲线。

（5）单击【确定】或【应用】按钮可创建曲面。

（6）单击【编辑】→【移动对象】，打开【移动对象】对话框，在"变换"选项中选择"角度"运动，指定矢量方向和轴点，在 360°范围内复制 6 个副本，单击【确定】或【应用】，完成整个曲面。

① 在列表框中，根据需要移除或重排序线串。可以用鼠标右键单击线串上的球形手柄将其从列表中移除。

② 选择主曲线和交叉曲线时，注意箭头的方向必须保持一致。

③ 要细化曲面质量，还可以对主线串和交叉线串选择"重新构建"选项。

④ 当创建曲线网格体时，相同类型的线串（如主曲线串）的端点不能重合。

4．N 边曲面

该选项用于通过使用不限数目的曲线或边建立一个曲面，并指定其与外部面的连续性（所用的曲线或边组成一个简单的开放或封闭的环）。可以移除非四边曲面上的洞。"形状控制"选项可用来修复中心点处的尖角，同时保持连续性约束。

选择【插入】→【网格曲面】→【N 边曲面】命令或单击【曲面】工具栏中的 命令图标，可打开【N 边曲面】对话框。图 5-14 所示为采用已修剪类型、无约束面的 N 边曲面，图 5-15 所示为采用已修剪、有约束面的 N 边曲面，图 5-16 所示为采用三角形类型、有约束面的 N 边曲面。

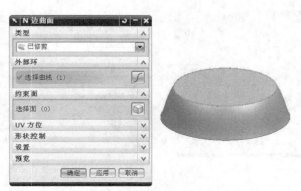

图5-14 已修剪类型、无约束面的N边曲面

图5-15　已修剪类型、有约束面的N边曲面

图5-16　三角形类型、有约束面的N边曲面

5.2.3　扫掠创建曲面

此命令可通过沿着1条、2条或3条引导线串，扫掠一个或多个截面线串，来创建实体或片体。

1．扫掠

选择【插入】→【扫掠】→【扫掠】命令或单击【曲面】工具栏上的"扫掠"命令图标 ，可打开【扫掠】对话框。

【例5-4】　图5-17所示为"扫掠"创建曲面的操作步骤。

（1）绘制或打开已有的如图5-17中第1步所示的曲线。

（2）打开【扫掠】对话框，【截面】选项组中的【选择曲线】选项将处于活动状态，按图5-17第2步图示选择截面曲线。如有多个截面曲线，必须按连续顺序选择，并且在每次选择后单击鼠标中键。

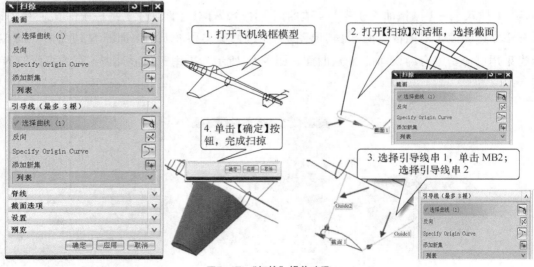

图5-17　"扫掠"操作步骤

（3）按图5-17第3步图示，依次选择引导线（最多3根），并且在每次选择后单击鼠标中键。

（4）单击【确定】或【应用】按钮，创建扫掠曲面。

2.　变化的扫掠

使用此命令，可创建沿路径有变化地扫掠主横截面和辅助截面（可选）的实体或片体特征。可从单个主横截面在一个特征中创建多个体，也可扫掠重合、相切或垂直于其他曲线和面的面，并可进行求和、求差、求交和缝合等的布尔运算。

主横截面是使用草图生成器中的"基于轨迹绘制草图"的方法创建的草图。为草图选择的路径定义"基于轨迹绘制草图"的原点。可以使用【草图操作】中的【交点】命令，添加可选导轨，以便在主横截面沿路径扫掠时用作其引导线。导轨可为曲线或边缘。

可以定义路径上的草图的部分或全部几何体，以便用作扫掠的主横截面。在扫掠过程中，主横截面无须保持恒定，它可以随路径位置函数和草图内部约束而改变其几何形状。受约束要与交点重合的主横截面应该产生一个边界与对应导轨重合的曲面。

只要参与操作的导轨没有明显偏离，扫掠就将跟随整个路径。如果导轨偏离过多，则系统能通过导轨和路径之间的最后一个可用的交点确定路径长度。系统可根据需要延伸导轨。

选择【插入】→【扫掠】→【变化的扫掠】命令或单击【曲面】工具栏上的"变化的扫掠"命令图标 ，可打开【变化的扫掠】对话框。

【例 5-5】　用"变化的扫掠" 创建曲面的操作步骤如图 5-18 所示。

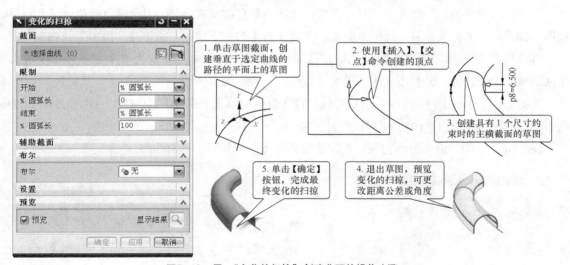

图5-18　用 "变化的扫掠" 创建曲面的操作步骤

（1）定义主横截面，可使用以下选择步骤之一。

① 单击草图截面：打开"草图生成器"，并在变化的扫掠特征的内部路径上创建一个新草图。

- "草图生成器"打开时，定义草图平面。"选择意图"可用。

- 如果沿一个或多个导轨扫掠主横截面，则使用【草图操作】中的【交点】命令为每个导轨创建相交顶点。

- 使用"草图生成器"工具，创建主横截面的直线段和圆弧段。

- 根据要控制变化的扫掠的方式对段进行约束。

② 单击选择截面，在路径上选择现有的草图。

（2）选择"预览"选项，如果系统无法创建变化的扫掠，则标记可能显示在图形窗口中有问题的位置处。有关可能进行的修补方法，请查看状态行。

（3）以下内容可选。

① 如果使用"草图截面"选择步骤创建主横截面，则可通过再次单击该图标，重新进入"草图生成器"并调整约束或草图段，对其进行更正。退出"草图生成器"时，预览将会更新。

② 如果变化的扫掠将与其他体接触，则选择所需的布尔选项（创建、求和、求差、求交或缝合）。

③ 要沿路径方向仅创建最小数量的面，可使用"尽可能合并面"。

④ 如果需要创建变化的扫掠，则可更改距离公差或角度公差的值。

⑤ 将体类型指定为"实体"或"片体"。请注意，仅封闭截面/封闭路径可创建实体。

（4）单击【确定】或【应用】按钮，创建变化的扫掠特征。

3. 沿引导线扫掠

沿引导线扫掠可通过沿着由一个或一系列曲线、边或面构成的引导线串（路径），拉伸开放的或封闭的边界草图、曲线、边缘或面来创建单个体。

在"沿引导线扫掠"特征中，只允许用户选择一条有或没有光顺的引导对象的截面线串和引导线串。如果用户要控制插补、比例或方位，需要执行【扫掠】命令，而不是"沿引导线扫掠"。

"体类型"建模选项可选择创建"实体"还是创建"片体"。如果设定为"片体"，系统生成由多个面组成的单个片体，并且不封闭"沿引导线扫掠"特征的末端。

选择【插入】→【扫掠】→【沿引导线扫掠】命令或单击【曲面】工具栏上的"沿引导线扫掠"命令图标，可打开【沿引导线扫掠】对话框。

【例5-6】 用"沿引导线扫掠"创建曲面的操作步骤如图5-19所示。

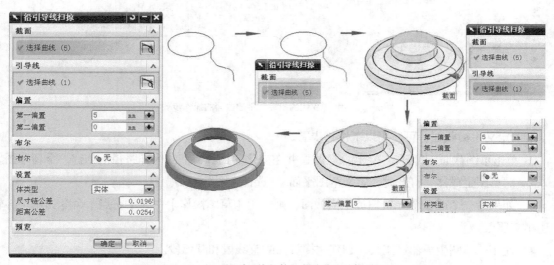

图5-19 用"沿引导线扫掠"创建曲面的操作步骤

（1）选择一条截面线串。

（2）选择一条引导线串。

（3）输入偏置值。"第一偏置"和"第二偏置"的功能和用在拉伸体上的偏置的功能是相同的。如果引导线串不垂直于截面线串，则偏置可能达不到预期的效果。

（4）如需要选择布尔操作，也可以使用"布尔操作"和"扫掠工具"合成创建的扫掠特征和目标实体。

5.3 曲面编辑

5.3.1 偏置曲面

"偏置曲面"操作用于创建一个或多个现有面的偏置，结果是与选择的面具有偏置关系的新体（一个或多个）。系统用沿选定面的法向偏置点的方法来创建正确的偏置曲面，指定的距离称为偏置距离，可选择要偏置的任何类型的面。

选择【插入】→【偏置/缩放】→【偏置曲面】命令或单击【曲面】工具栏上的"偏置曲面"命令图标，可打开【偏置曲面】对话框。

"偏置曲面"的应用如图 5-20 所示。

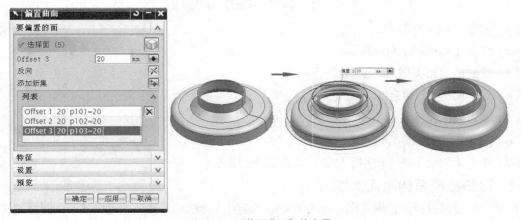

图5-20 "偏置曲面"的应用

5.3.2 面倒圆

面倒圆命令在第 4 章中的实体特征操作中已经做了介绍，本章曾介绍在曲面编辑中如何用面倒

圆命令创建复杂的圆角面，与两组输入面集相切，用选项来修剪并附着圆角面。面倒圆使用以下两种类型之一，可以控制横截面的方位。

1. 用滚动球面创建面倒圆

就好像与两组输入面恒定接触时滚动的球对着它一样，倒圆横截面平面由两个接触点和球心定义。

选择【插入】→【细节特征】→【面倒圆】命令或单击【特征操作】工具栏上时"面倒圆"命令图标，可打开【面倒圆】对话框。

【例5-7】 滚动球"面倒圆"特征操作如图5-21所示。

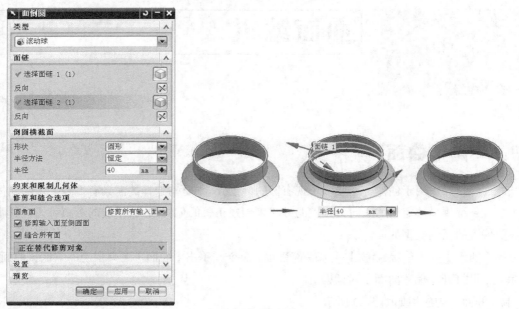

图5-21 滚动球"面倒圆"操作应用

（1）创建两相交曲面。

（2）打开【面倒圆】对话框。

（3）设置面倒圆类型为"滚动球"。

（4）选择面链1、面链2。

（5）输入面倒圆横截面半径。

（6）设置【修剪和缝合选项】。

（7）单击【确定】或【应用】按钮，创建面倒圆特征。

2. 沿扫掠截面创建面倒圆

沿着脊线扫掠横截面，倒圆横截面的平面始终垂直于脊线。其他选项可以强制倒圆穿过属于任一面集的边缘，定义圆角的关联修剪平面，并约束圆角到其他曲线、边缘或面。

【例5-8】 沿着扫掠脊线截面创建"面倒圆"特征操作如图5-22所示。

（1）创建两相交曲面。

（2）打开【面倒圆】对话框。

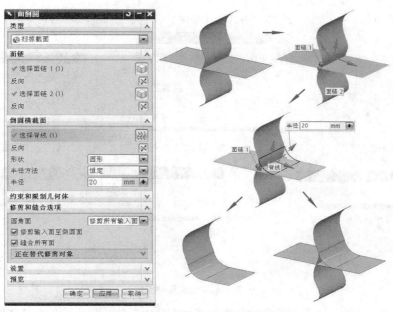

图5-22　扫掠脊线截面创建"面倒圆"特征

（3）设置面倒圆类型为"扫掠截面"。

（4）选择面链1、面链2。

（5）选择脊线并输入面倒圆横截面半径。

（6）设置【修剪和缝合选项】（【修剪和缝合选项】设置不同，会得到不同的面倒圆结果）。

（7）单击【确定】或【应用】按钮，创建面倒圆特征。

5.3.3　延伸曲面

此选项可从现有的基本片体上创建切向延伸片体、曲面法向延伸片体、角度控制的延伸片体或圆弧控制的延伸片体。要创建拉伸体，选择以下选项之一。

● 相切的：创建相切于面、边或拐角的体。

● 垂直于曲面：沿着位于一个面上现有的曲线创建一个垂直于该面法向的延伸体。

● 有角度的：沿着位于面上的曲线以指定的相对于现有面的角度创建一个延伸体。

● 圆形：从光顺曲面的边上创建一个圆弧形的延伸。该延伸遵循沿着选定边的曲率半径。

1. 相切的

此选项用于创建相切于面、边或拐角的体。切向延伸通常是相邻于现有基面的边或拐角而创建，这是一种扩展基面的方法。这两个体在相应的点处拥有公共的切面，因此，它们之间的过渡是平滑的。相切曲面延伸操作如图5-23所示。

要创建相切的边缘延伸，所选基本曲线必须是基面的原始边缘，而不是由后来的修剪操作产生的边（例如，有界平面的边或使用圆角或倒斜角修剪的边）。要延伸修剪面，必须使用编辑自由曲面特征选项"片体边界"更改修剪边界。

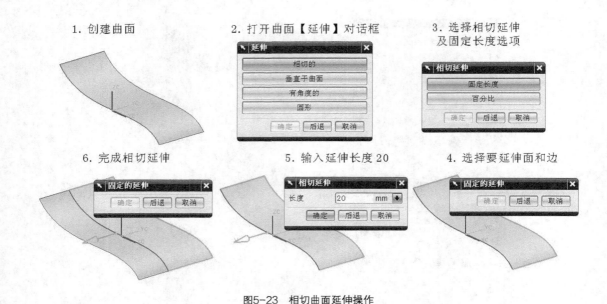

图5-23　相切曲面延伸操作

可以为延伸的长度指定一个"固定的长度"或"百分比"值。如果选择把长度指定为百分比，则可以选择"边界延伸"或"拐角延伸"。其操作与"固定的长度"基本相同。

2. 垂直于曲面

此选项用于沿着位于一个面上现有的曲线创建一个垂直于该曲面的延伸体。在曲面法向延伸体中，直纹线都垂直于基面，并且远轨曲线沿着基面的法向从基本曲线偏置指定的距离。该指定的高度称为法向面的长度，其操作如图 5-24 所示。

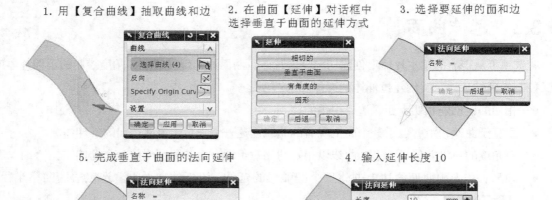

图5-24　垂直于曲面延伸操作

在选择了基面和现有的曲线后，系统在选定曲线的中间附近显示一条该面法向的方向矢量，它

表示正向延伸的方向。如果输入负的延伸长度，系统以和显示的矢量相反的方向创建延伸体。

3. 有角度的

此选项用于沿着位于面上的曲线以指定的相对于现有面的角度创建一个延伸体。

垂直于曲面的延伸和切向延伸都可看作角度延伸体的特殊情况，或者可认为其是这样的体，在该体中直纹线以恒定的相对于其相切平面的指定角度从基面上发出。如果指定的角度是 90°，则该角度延伸正好是一个法向体；如果指定的角度是 0°，则该角度延伸近似于（但不同于）切向延伸。

在选择了基面和基本曲线后，由两个方向矢量建立一个测量角度的参照系。一个矢量在面的切平面内垂直于基本曲线，而另一个矢量垂直于该面，如图 5-25 所示。

输入长度值和角度值。正的角度表示从第 1 个矢量向第 2 个矢量正向旋转。如果长度为正，输入 0°时，则在第 1 个矢量的方向上产生一个切向体；输入 90°时，则在第 2 个矢量的方向上产生一个法向体。

4. 圆形

此选项用于从光顺曲面的边上创建一个圆弧的延伸。该延伸遵循沿着选定边的曲率半径，可以为圆形延伸的长度指定"固定的长度"或"百分比"值。

要创建圆弧的边界延伸，选定的基本曲线必须是面的未修剪的边。延伸的曲面边的长度不能大于任何由原始曲面边的曲率确定半径区域的整圆的长度，如图 5-26 所示。

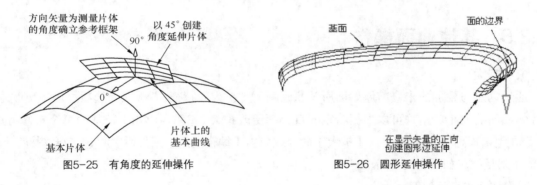

图5-25　有角度的延伸操作　　　　　图5-26　圆形延伸操作

5.3.4　桥接

"桥接"允许用户创建一个连接两个面的片体。可以在"桥接"和"定义面"之间指定相切连续性或曲率连续性。可选的侧面、线串（最多两个，任意组合）或拖动选项可以用来控制桥接片体的形状。选择【插入】→【曲面】→【桥接】命令或单击【曲面】工具栏中的 命令图标，弹出【桥接】对话框。其操作应用如图 5-27 所示。

创建桥接自由曲面特征的一般过程如下。

（1）选择连续类型（相切或曲率）。

（2）选择主面。

（3）根据需要可选择一个或多个侧面或侧面线串来控制桥接曲面的侧面。

（4）单击【确定】或【应用】按钮以创建桥接片体。

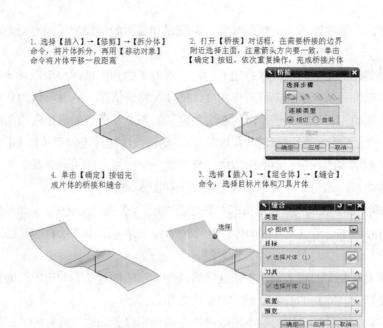

图5-27　桥接曲面操作应用

5.3.5　其他曲面操作

1. 扩大

通过创建与叠加的未修剪原始面所关联的新的"扩大"特征，"扩大"选项可用于更改未修剪片体或面的大小。用户可以根据给定的百分率更改扩大（ENLARGE）特征的每个未修剪边。

选择【编辑】→【曲面】→【扩大】命令或单击【编辑曲面】工具栏中的 ◈ 命令图标，弹出【扩大】对话框，如图 5-28 所示。

其操作基本步骤如下。

（1）选择希望扩大的现有面，可以修剪面，也可以不修剪面。使用任何一种方法生成的扩大片体都是原先具有延伸边界的未修剪面的关联副本。

（2）对于要用于已扩大的片体的延伸类型，选择"自然"或"线性"。

（3）使用 U 最小值、U 最大值、V 最小值和 V 最大值滑块，拖动百分比值并调整其大小。在拖动滑块时，扩大特征在图形窗口动态调整其大小。可使用箭头键获得精确的值，或者在数值框输入值。获得所需的百分比比率后，可打开全部切换开关冻结它，然后，可通过拖动任意滑块继续，在不改变比率的情况下不断更改特征的大小。

（4）如果要扩大其他面，则使用重新选择面按钮。

（5）单击【确定】或【应用】按钮，创建扩大特征。

2. 整修面

"整修面"是通过更改阶次、补片数量、公差和通过将其拟合到目标几何体的方式，修改现有面。

使用整修面，可使现有面与某些其他现有几何体相适应。整修曲面将保留原先的拐角位置，特别是在降低曲面阶数的情况下。

选择【编辑】→【曲面】→【整修面】命令或单击【自由曲面形状】工具栏中的命令图标，弹出【整修面】对话框，如图 5-29 所示。其操作基本步骤如下。

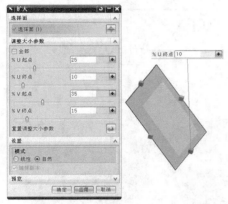

图5-28　扩大曲面操作应用

图5-29　【修整面】对话框

（1）打开【整修面】对话框。

（2）选择修整类型（"修整"或"拟合到目标"）。

（3）选择要修整的面（面必须是未修剪的曲面）。

（4）选择整修控制方法。

（5）选择整修方向。整修方向在保持参数化选作"整修控制"方法时不可用。

（6）（可选）指定曲面参数值，具体取决于选择的整修控制方法。当前面参数为默认值，更改这些值将提供整修曲面的动态预览。

（7）设置拟合方向（修整类型为"拟合到目标"时），默认为无。

（8）检查参考曲面和当前曲面之间的偏差输出。偏差输出是实时计算的，并以最大和平均的形式显示在偏差之下。整修几何体的质量可由输入几何体及其极点结构布局中的整修几何体的偏差大小来测量。

（9）单击【确定】或【应用】按钮，完成整修面。

5.4　曲面造型实例——可乐瓶底

1.　可乐瓶底造型方法分析

可乐瓶底的表面由曲面构成，形状比较复杂。从图 5-30 给定的可乐瓶底零件图中可知，可乐瓶底的侧表面是由 5 个完全相同的部分组成的，每个部分有 11.2°、30.4°、30.4° 三个区域，并有两种截面曲线（图 5-30 中 A-A 剖视图中左右轮廓线）。全部 5 个部分在 360°范围内，共有 15 条边线，加上 $\phi16$ 和 $\phi85$ 两个圆，可以用曲面造型中的【通过曲线网格】来生成可乐瓶底。

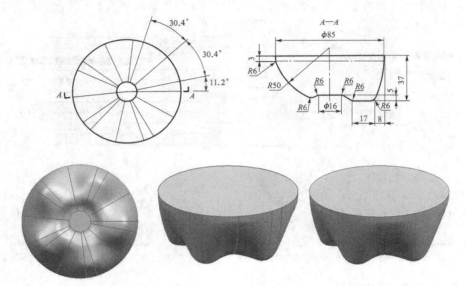

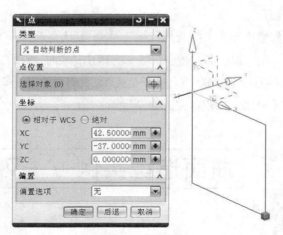

图5-30　可乐瓶底（续）

2. 可乐瓶底的曲面造型

（1）旋转坐标系，绕 +XC 轴由 YC 向 ZC 轴旋转 90°，将 XC—YC 平面置于当前平面。

（2）单击【曲线】工具栏中的【矩形】命令图标，在弹出菜单中输入矩形的两个对角点坐标（0，0，0），（42.5，−37，0），绘制的矩形如图 5-31 所示。

图5-31　绘制矩形

（3）单击【曲线】工具栏中的"偏置曲线"命令图标，按尺寸偏置曲线，如图 5-32 所示。

（4）根据图 5-30 中 A—A 剖视图可知，右侧大圆弧的两端点分别通过 A、B 两点并与 L1 相切。单击【直线和圆弧】工具栏中的【圆弧（点—点—相切）】命令图标，按非关联方式将其画出，如图 5-33 所示。

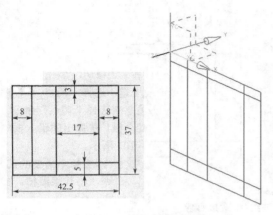

图5-32　按尺寸偏置曲线

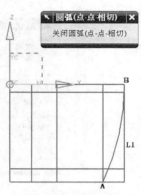

图5-33　画出右侧大圆弧

（5）画通过 *C* 点与 *L3* 相切的 *R6* 的圆，其圆心在与 *L2* 的延长线上。继续画出通过 *D* 点与 *R6* 圆相切的切线，如图 5-34 所示。

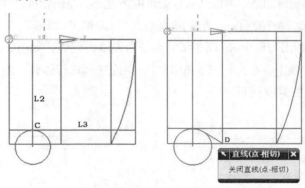

图5-34　画R6圆及切线

（6）画通过 *R6* 圆的中心、切点 *E*，并与切线 *L4* 垂直，长度为 12 的直线 *L5*。两端点分别为 *H*、*J* 点，如图 5-35 所示。

（7）在 *F*、*G* 两点处，通过【基本曲线】中的【曲线圆角】功能对曲线进行 *R6* 圆角过渡，对过渡完的曲线左端按图 5-30 进行曲线修剪，并将其余部分曲线删除，如图 5-36 所示。

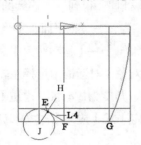

图5-35　画切线的垂线并对曲线进行R6圆角过渡

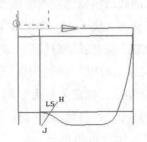

图5-36　修剪并删除部分曲线

（8）对修剪曲线后得到的图 5-30 中所示右侧轮廓线进行【连结曲线】处理，得到一条连续的曲线，如图 5-37 所示。

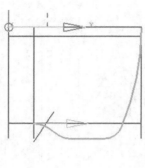

图5-37　连结右侧轮廓曲线

（9）将连结后右轮廓线隐藏。单击【编辑】→【显示和隐藏】→【隐藏】命令或单击【实用工具】工具栏中的"隐藏"命令图标，拾取右轮廓线将其隐藏。

（10）继续绘制左侧轮廓曲线。考虑到后续处理的方便，将左侧轮廓曲线也绘制在右侧。通过直线 L5 两端点 H、J，分别画 R6 的圆；画通过 M 点与直线 L1 相切、圆心在 N 点的 R6 的圆；再按"相切—相切—半径"方式画出与两个 R6 圆相切且半径为 R50 的圆弧，如图 5-38 所示。

（11）通过【修剪曲线】命令，按图 5-30 尺寸，对左轮廓进行修剪，并对直线 L1 在 M 点处修剪，删除其余曲线，如图 5-39 所示。

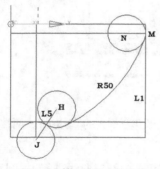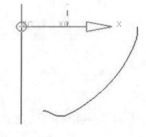

图5-38　按尺寸画左轮廓线　　　　　　　　图5-39　修剪并删除部分曲线后得到左轮廓线

（12）对修剪曲线后得到的左侧轮廓线进行【连结曲线】处理，得到一条连续的曲线。

（13）旋转坐标系，绕 —XC 轴由 ZC 向 YC 轴旋转 90°，将 XC—YC 平面置于当前平面。

（14）将左轮廓线绕 Z 轴逆时针移动旋转 41.6°。单击【编辑】→【移动对象】命令或单击【标准】工具栏中的"移动对象"命令图标，在弹出的【移动对象】对话框中选择左轮廓线为移动对象，变换方式选择角度，指定矢量为 Z 轴，轴点为坐标原点，角度为"41.6°"，在【结果】选项组中，选择"移动原先的"，份数"1"份。预览后，单击【确定】或【应用】，左轮廓线绕 Z 轴逆时针移动旋转 41.6°，如图 5-40 所示。

（15）将右轮廓线显示。单击【编辑】→【显示和隐藏】→【显示】命令或单击【实用工具】工具栏中的"显示"命令图标，拾取右轮廓线将其显示。

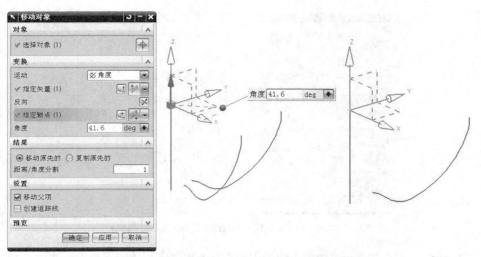

图5-40　将左轮廓线绕Z轴逆时针移动旋转41.6°

（16）将右轮廓线绕 Z 轴逆时针复制旋转 11.2°。单击【编辑】→【移动对象】命令或单击【标准】工具栏中的"移动对象"命令图标 ，在弹出的【移动对象】对话框中选择右轮廓线为移动对象，变换方式选择角度，指定矢量为 Z 轴，轴点为坐标原点，角度为"11.2°"，在【结果】选项组中，选择"复制原先的"，份数"1"份。预览后，单击【确定】或【应用】，右轮廓线绕 Z 轴逆时针复制旋转 11.2°，如图 5-41 所示。

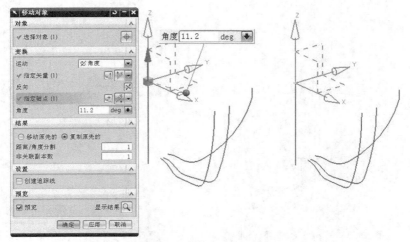

图5-41　将右轮廓线绕Z轴逆时针复制旋转11.2°

（17）将三条轮廓线绕 Z 轴在 360°范围内逆时针复制旋转 5 份。单击【编辑】→【移动对象】命令或单击【标准】工具栏中的"移动对象"命令图标 ，在弹出的【移动对象】对话框中选择三条轮廓线为移动对象，变换方式选择角度，指定矢量为 Z 轴，轴点为坐标原点，角度为"360°"，在【结果】选项组中，选择"复制原先的"，角度分割及副本数均为"5"。预览后，单击【确定】或【应用】，得到如图 5-42 所示的全部 15 条截面轮廓线。

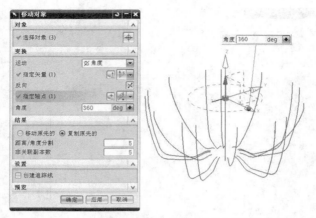

图5-42　将三条轮廓线绕Z轴在360°范围内复制旋转5份

（18）画φ85及φ16两个圆。单击【曲线】→【基本曲线】→【圆】命令，按图5-30中尺寸，画φ85及φ16两个圆，如图5-43所示。

（19）利用曲面中的【通过曲线网格】功能创建可乐瓶底。单击【插入】→【网格曲面】→【通过曲线网格】命令或单击【曲面】工具栏中的"通过曲线网格"命令图标，打开如图5-44所示的【通过曲线网格】对话框。

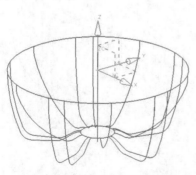

图5-43　画φ85及φ16两个圆

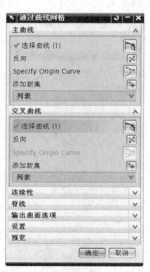

图5-44　【通过曲线网格】对话框

（20）首先选择主曲线，将φ16及φ85两圆作为主曲线，在X轴正向处拾取φ16圆，单击鼠标中键（或单击【通过曲线网格】对话框中【主曲线】选项组中的"添加新集"图标）以继续添加主曲线，继续在曲线大致相同的位置拾取φ85的圆，注意观察箭头方向应该一致，如图5-45所示。

（21）拾取交叉曲线，将15条截面轮廓线作为交叉曲线，从X轴正向逆时针开始依次拾取交叉曲线，注意要在曲线大致相同的位置拾取，同时每拾取一个交叉曲线，均要单击鼠标中键（或单击【通过曲线网格】对话框中【主曲线】选项组中的"添加新集"图标）以继续添加交叉曲线。在

第 5 章　曲面造型基础　185

拾取交叉曲线过程中，要注意观察箭头方向应该一致。在预览打开且正确拾取时，曲面会不断生成，15 条交叉曲线拾取完毕后，最后，还要拾取第 1 条交叉曲线，以封闭曲面，如图 5-45 所示。

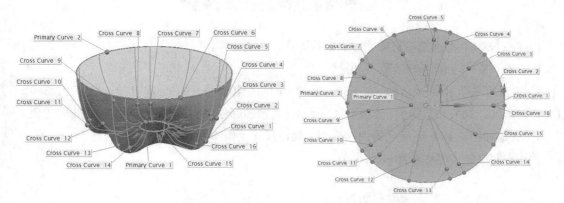

图5-45　依次拾取主曲线和交叉曲线

（22）完成全部主曲线和交叉曲线拾取后，单击【确定】，得到可乐瓶底的实体造型，将曲线隐藏后，得到最终的可乐瓶底实体造型，如图 5-46 所示。

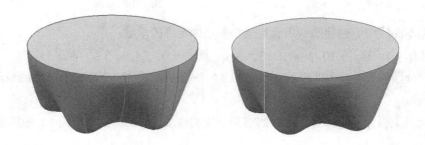

图5-46　完成可乐瓶底实体造型

本章介绍了基本曲面的绘制方法，重点讲解了通过点/极点、通过点云、直纹面、通过曲线组、通过曲线网格、N 边曲面、扫掠创建曲面、桥接曲面等创建方法和操作步骤。简要介绍了曲面偏置、曲面倒圆、曲面延伸、扩大、修整等曲面编辑操作。关键点是通过大量实例让读者扩展知识面，充分了解曲面造型在实际生产中的应用。最后，通过具体操作实例——可乐瓶底造型，完整地展现出一个复杂零件，通过曲面造型的方法进行建模的基本操作过程。本章难点较多，操作中会遇到很多曲面造型冲突或参数化不正确等问题，建议多练习，掌握正确的操作方法，并熟练应用。

1. UG NX 6.0 曲面造型有哪些方法，各适合什么场合？

2. UG NX 6.0 曲面编辑有哪些功能？

3. 椭球形头盔的外形由中心在（80，0，0）的两个相互垂直的椭圆（170，185，0，360，0）、（170，130，0，360，0）构成，如图 5-47 所示，其余各部分尺寸自定，完成头盔的曲面造型。

4. 完成如图 5-48 所示喷头的曲面造型，具体尺寸见操作步骤提示。

操作步骤提示：零件名称 pentou.prt。

图5-47　头盔　习题3

图5-48　喷头　习题4

（1）在基本曲线中，创建圆，用点构造器方法确定圆的参数：

圆 1：圆心（0，34，−10），半径33；圆 2：圆心（0，34，−5），半径33。

（2）按等分段方式，分割两个圆，段数为8，并通过圆 2 的两个平行于 X 轴的象限点画直线，如图 5-49 所示。

（3）移动对象操作，选择圆 2 的右侧部分，绕直线旋转30°，副本数为2，如图 5-50 所示。

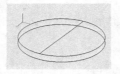

图5-49　创建圆

图5-50　变换操作

（4）旋转坐标系，+XC，$YC \rightarrow ZC$，90°，如图 5-51 所示。

（5）创建椭圆 1，圆心（0，12，10），椭圆参数（24，12，0，360，0），如图 5-52 所示。

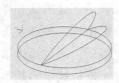

图5-51　旋转坐标系

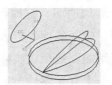

图5-52　创建椭圆

（6）按等分段方式，分割椭圆，段数为8。

（7）对椭圆进行变换→刻度尺（比例）操作，基准点（0，12.5，100），比例0.9，得到椭圆2，如图 5-53 所示。

（8）在基本曲线中，创建圆，用点构造器方法确定圆的参数：

圆 3：圆心（0，5，100），圆上点（12.5，0，-10）；圆 4：圆心（0，0，135），圆上点（12.5，0，135），如图 5-54 所示。

图5-53 比例变换操作

图5-54 创建圆

（9）按等分段方式，分割圆 3 和圆 4，段数为8。

（10）创建 8 条样条曲线，如图 5-55 所示。注意：拾取的顺序要一致、方向要相同，要通过相应曲线的打断点。

（11）将圆 2 及所旋转复制得到的两个半圆隐藏，如图 5-56 所示。

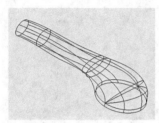

图5-55 创建样条曲线

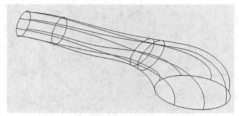

图5-56 隐藏圆2及两个半圆

此时观察样条曲线与剩余的圆及椭圆间一定是有交点的，否则，将不能正确生成曲面。

（12）通过【曲面】工具栏中的【通过曲线网格】功能图标，生成曲面。

① 拾取主曲线时，已分割的圆和椭圆，要按顺序和方位依次拾取，一条主曲线全部闭合后，要通过单击鼠标中键或单击添加新集按钮后，开始拾取下一条主曲线；

② 拾取交叉曲线时，要在第 1 条主曲线附近开始拾取，拾取时要按照顺序依次拾取，此时（在打开预览状态下），可观察到随着拾取交叉曲线，曲面生成的过程；

③ 拾取最后一条交叉曲线后，再次拾取第 1 条曲线，才会最终生成实体；

④ 如主曲线与交叉曲线间对应处无交点（或交点距离超过允许的误差值）时，将不能生成曲面（实体）。拾取曲线的过程如图 5-57 所示。

（13）将曲线隐藏，视图显示为着色方式，存盘退出，生成的实体如图 5-58 所示。也可根据需要，继续完善喷头细节。

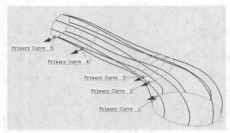

图5-57　曲线网格的拾取

图5-58　生成的喷头实体

5. 完成如图 5-59 所示吊钩的曲面造型。

操作步骤提示：零件名称"diaogou.prt"。

根据如图 5-59 所示吊钩零件图，采用曲面造型，先在草图下绘制引导线串，再进入建模，完成截面线串、螺纹等操作。

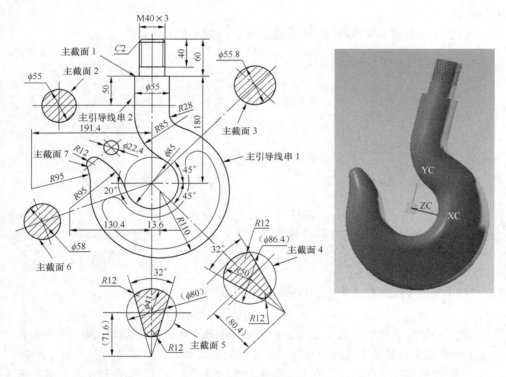

图5-59　吊钩零件图

（1）草图绘制吊钩主体线串。选择 Y—Z 面进入草图，绘制主体线串并进行约束和标注尺寸，如图 5-60 所示。草图已完全约束后，退出草图。

（2）绘制主截面1。

① 旋转坐标系，绕 —YC 轴由 XC 向 ZC 轴旋转 90°，将 X—Y 平面置于当前平面。打开【基本

曲线】绘制半圆弧，如图 5-61 所示。

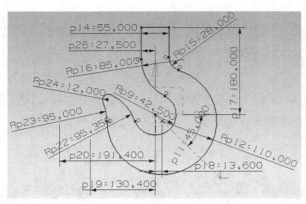

图5-60　草图绘制主体线串　　　　　　　　图5-61　绘制半圆弧

② 选择【移动对象】命令，绕"已有的直线"将半圆弧移动复制成整个圆弧，再选择【移动对象】命令，将整个圆绕中间轴线旋转 90°，选择"复制"，创建新的截面 1，如图 5-62 所示。为了后面应用"创建网格曲面"，这里必须用半圆，再移动、旋转、复制，以下各截面均按这种办法操作创建。

（3）绘制主截面 2。用【移动对象】命令，将主截面 1 向下平移 50mm，即创建主截面 2，如图 5-63 所示。

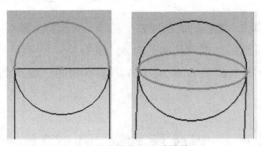

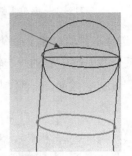

图5-62　移动对象操作，完成横截面1　　　　　图5-63　平移主截面线串1

（4）选择【基本曲线】→【直线】命令。选择【基本曲线】→【直线】命令，绘制其他截面中心轴线，如图 5-64 所示。

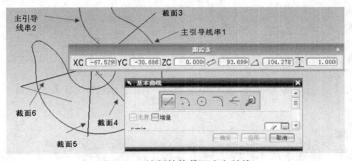

图5-64　绘制其他截面中心轴线

（5）选择【基本曲线】→【修剪曲线】命令。选择【基本曲线】→【修剪曲线】命令，裁剪主引导线串之外的线段，如图 5-65 所示。

（6）绘制主截面 3。方法同创建主截面 1，先以中心线中点为圆心，两端点为半径，三点绘制半圆，再移动、复制、旋转，得到主截面线串 3。图略。

（7）绘制主截面 4。

① 草绘主截面 4 左半部分。以当前 XY 平面为基准平面进入草图，绘制主截面 4。进行尺寸标注和约束，结果如图 5-66 所示。仅绘制左半部分，也是为了后面创建"网格曲面"所需。

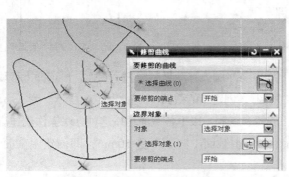

图5-65　裁剪主引导线串之外的线段

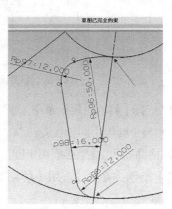

图5-66　草绘主截面4左半部分

② 选择【移动对象】命令，将左侧草绘移动、旋转、复制成整个部分，再选择【移动对象】命令，将整个截面绕中心轴线旋转 90°，选择"复制"，创建新的截面 4，如图 5-67 所示。

（8）绘制主截面 5。绘制主截面 5 与绘制主截面 4 的操作方法基本相同，结果如图 5-68 所示。

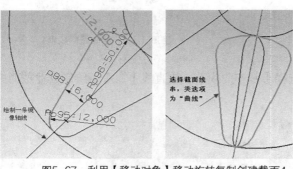

图5-67　利用【移动对象】移动旋转复制创建截面4

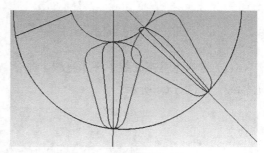

图5-68　绘制主截面5

（9）绘制主截面 6。利用【基本曲线】和【移动对象】命令，完成主截面 6 的创建，如图 5-69 所示。

（10）绘制主截面 7。

① 创建截面轴线，选择【基本曲线】→【直线】命令，连接吊钩顶圆弧两个端点，如图 5-70 所示。

图5-69　绘制主截面6

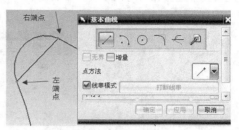

图5-70　绘制截面轴线

② 创建截面，同创建截面 6 操作相同。

（11）隐藏所有构造辅助曲线。选择【编辑】→【显示和隐藏】→【隐藏】命令，将辅助曲线隐藏，【类型过滤器】选择为"曲线"，目的是方便后面创建"网格曲面"，如图 5-71 所示。隐藏辅助曲线后，吊钩主体线框如图 5-72 所示。

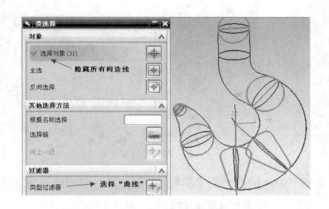

图5-71　隐藏所有构造辅助曲线

图5-72　隐藏辅助曲线后的吊钩主体线框

（12）创建主体曲面。

① 选择主截面线串 1。选择【插入】→【网格曲面】→【通过曲线网格】命令，选择主曲线，如图 5-73 所示。要先选择上半圆弧靠近主引导线串 1 的点并单击 MB1，出现朝向向上的箭头时，再选择下部分半圆，最后单击 MB2，完成主截面 1 的选择，如图 5-74 所示。

图5-73　选择主截面曲线方法

图5-74　选择主截面曲线1

② 选择主截面 2 的方法同上，注意箭头方向必须与主截面保持一致，如图 5-75 所示。同理，选择其他主截面，如图 5-76 所示。

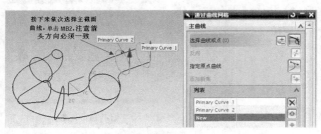

图5-75　选择主截面曲线2

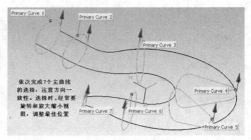

图5-76　选择所有7个主截面曲线

③ 选择引导交叉曲线 1，如图 5-77 所示。先选择交叉曲线 1，在主截面 1 附近选择引导线串 1 并单击 MB1，然后，接着选择该引导线串至主截面 7，如图 5-78 所示。

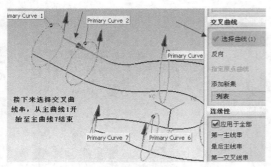

图5-77　选择交叉曲线1的方法

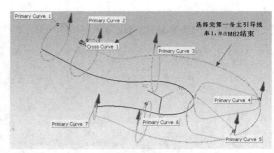

图5-78　选择交叉曲线1

④ 选择引导交叉曲线 2，如图 5-79 所示。方法同选择交叉曲线 1，但选择时要注意，交叉曲线 2 必须与交叉曲线 1 的箭头方向保持一致。另外，交叉曲线不能构成自相交或是封闭曲线。

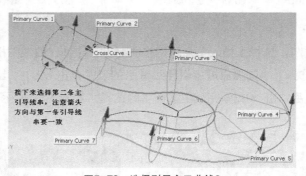

图5-79　选择引导交叉曲线2

⑤ 选择引导交叉曲线 3。重复交叉曲线 1 的操作再选择一次，目的是让截面曲线绕交叉曲线回转一周 360°，这样才能完成整个吊钩主体实体的生成，否则，仅有一半，是片体。结果如图 5-80 所示。

⑥ 单击【确定】或【应用】按钮，生成吊钩主体实体模型，如图 5-81 所示。

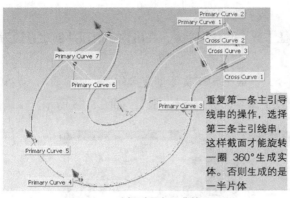

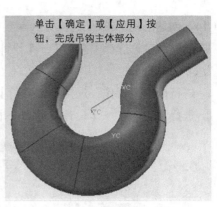

图5-80 选择引导交叉曲线3

图5-81 生成吊钩主体实体

（13）创建吊钩顶部实体。

① 显示隐藏起来的吊钩顶部圆弧曲线和中心轴线。选择【编辑】→【显示和隐藏】→【显示】命令，选择圆弧曲线和中心轴线，单击【确定】按钮，结果如图 5-82 所示。

② 移动工件坐标系至吊钩顶部中心轴线中点，选择【格式】→【WCS】→【定向】命令，类型选择【原点、X点、Y点】，将原点定义到轴线中点，X 点定义到圆弧中点，Y 点定义到中心轴线端点。再利用【基本曲线】→【直线】命令，创建一条与 Z 轴重合的任意长直线，作为基准轴，如图 5-83 所示。

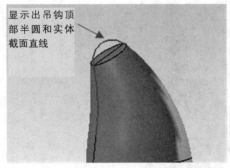

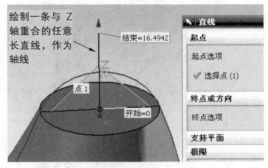

图5-82 显示隐藏的圆弧曲线和中心轴线

图5-83 移动工作体系和创建基准轴线

③ 生成吊钩顶部实体，选择【插入】→【设计特征】→【回转】命令，在选择截面曲线时，一定要先在选择过滤器单击【在相交处停止】或选择过滤器为"单条曲线"，如图 5-84 所示。选择截面线和上面创建的基准轴线，设置回转 0°～360°，完成吊钩顶部实体操作并与吊钩主体实体部分求和。

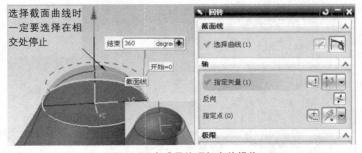

图5-84 完成吊钩顶部实体操作

（14）创建吊钩螺纹柄实体。

① 创建凸台，选择【插入】→【设计特征】→【凸台】命令，在吊钩手柄顶部创建直径为40，高度为60的凸台。

② 进行倒斜角操作，选择【倒斜角】命令，完成吊钩柄实体创建操作。

③ 选择【插入】→【设计特征】→【螺纹】命令，完成螺纹创建，如图5-85所示。

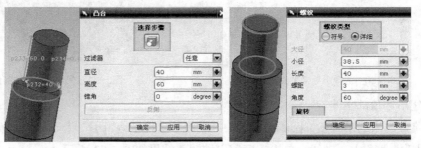

图5-85　创建吊钩螺纹柄实体

（15）隐藏所有曲线，完成吊钩实体造型。隐藏所有曲线，完成吊钩实体造型，如图 5-86所示。

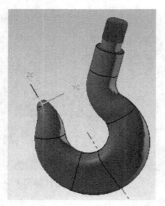
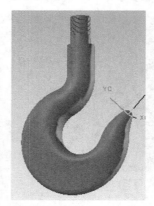

图5-86　完成吊钩实体造型

Chapter

6

第6章

| 工程图设计基础 |

【学习目标】

1. 了解 UG NX 6.0 工程图的基本参数设置和使用
2. 掌握 UG NX 6.0 工程图的创建与视图操作
3. 掌握 UG NX 6.0 工程图的尺寸、形位公差的标注
4. 掌握 UG NX 6.0 工程图的编辑和设计方法

6.1 UG NX 6.0 工程图应用模块概述

6.1.1 制图基本功能及创建方法

1. 制图功能

UG NX 6.0 "制图"应用模块用于创建并保留根据在"建模"应用模块中生成的模型而制作的各种图纸。在"制图"应用模块中创建的图纸与模型完全关联,对模型所做的任何更改都会在图纸中自动反映出来。也就是利用 UG NX 6.0 的实体建模功能创建的零件和装配模型,可在 UG NX 6.0 的制图中打开,建立完整的工程图。

UG NX 6.0 提供的"制图"模板并不是单纯的二维空间制图,它与三维模型有密切的关联性,实体模型的尺寸、形状和位置的任何改变,也会引起二维制图自动改变。由于此关联性的存在,故可以对模型进行多次更改。除此之外，"制图"还包含如下功能。

（1）直观的、简单易用的图形用户界面，可以快速方便地创建图纸。

（2）"在图纸上"工作的画图板模式。此方法类似于制图人员在图板上工作的方式，极大地提高了生产效率。

（3）支持新的装配体系结构和并行工程，允许制图人员在设计人员对模型进行处理的同时制作图纸。

（4）具有对自动隐藏线渲染和剖面线创建完全关联的横截面视图的功能。

（5）自动正交视图对齐。可以快速地将视图放置到图纸上，而不必考虑其是否对齐。

（6）图纸视图的自动隐藏线渲染。

（7）具有从图形窗口编辑大多数制图对象（如尺寸、符号等）的功能，使用户可以创建制图对象并立即对其进行更改。

（8）制图期间屏幕上的反馈可减少返工和编辑工作。

（9）有用于对图纸进行更新的用户控件，提高了用户的生产效率。

2. 制图创建的一般过程

用 UG NX 6.0 进行制图的绘制操作步骤是先新建图纸，确定图纸样式、比例大小等，然后，进行视图布局表达零件形状信息，最后，标注尺寸。所不同的是，UG NX 6.0 制图还可以直接从模型的三维造型转换成二维平面图，更方便、简单、快捷地绘制出工程图图样。

（1）在设计阶段建立的三维模型是所有下游应用的基础模型，称为主模型。制图应用中产生的各种视图、标注等称为制图对象，制图对象的总体构成了制图文件的主要内容，生成制图模型的方法有 2 种，如图 6-1 所示。

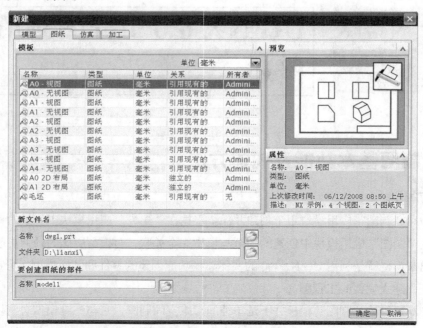

图6-1 制图模板

① 主模型法（独立的）：这种方法的特点是绘图文件与主模型文件是分开的，绘图文件仅仅是引用的主模型，由于模型分别存在于不同的文件中，因而，每个文件所占的存储空间很小，而且模型的修改权限容易分别控制，虽然主模型文件与制图文件分别保存，但是，系统自动保持两文件的关联性。

② 非主模型法（引用现有的）：制图文件与主模型文件存在于同一文件中，通过层的不同将设计模型和制图对象分开，适用于简单零件生成的制图文件。其特点是操作方便，但是每次打开文件都需要打开主模型文件和制图文件，占用的存储空间大，不便于管理。

对于一个现代化的企业建议使用主模型法，这样可以使文件便于管理，节省资源，能有效地提高工作效率。

（2）下面介绍 UG 绘制工程图的一般过程。在设计完成后，对设计模型进行检查，然后，进入制图过程。如果是主模型方法，建立主模型结构后进入下一步，如果是非主模型方法，直接进入下一步。

① 进入制图空间，选择【开始】→【制图】命令，或者单击【应用】工具栏上的 图标，如图 6-2 所示。另外，还可以导入 DWG、DXF 图纸文件，方法为：单击【文件】→【导入】→【DXF/DWG】→"导入自"命令，选择图纸，如图 6-3 所示。

图6-2 创建制图

图6-3 导入制图

② 确定图纸：包括图纸大小、模型与图纸比例、单位、投影角。

③ 图纸预设置：设置各种常用的参数值。

④ 视图布局：确定主视图，再投影其他视图，如正交视图、剖视图、局部放大视图等。

⑤ 标注：标注尺寸、形位公差、粗糙度、中心线、文本注释、图框等。

⑥ 修改调整：修改图纸的大小，视图比例、尺寸等。

⑦ 输出工程图：将工程图输出到指定设备。

6.1.2　工程图参数设置

1. 图纸页参数设置

（1）名称。单击【图纸】工具栏中的"新建图纸页"命令图标□，打开如图 6-4 所示的【工作表】对话框，用户可根据需要自己创建图纸名称，也可以采用默认的名称，系统默认的名称是 Sheet 1、Sheet 2……

（2）大小。该选项组用于指定图样的尺寸规格，如图 6-4 所示。确定图纸大小可直接从下拉列表框中选择与实体模型相适应的图样规格，有【标准尺寸】、【使用模板】和【定制尺寸】3 种。图纸规格随所选工程图单位的不同而不同，如果选择了【英寸】单位，则为英制大小；如果选择【毫米】单位，则为公制大小。设置大小选项有两种方式，在【大小】列表框中选择不同规格，或者在【大小】数值框中输入图纸的高度和长度，自定义图样尺寸。

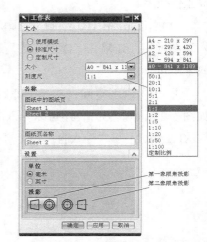

图6-4　在【工作表】对话框中设置图纸参数

（3）刻度尺（比例）。该选项用于设置工程图中各类视图的比例，系统默认设置的比例是 1∶1，比号前面的数字代表图纸中的长度，后面的数字代表零件的实际长度，用户可以通过设置合适的比例将工程图的大小调整为标准的尺寸。

（4）单位。用于设置图纸的单位，有两种单位可以选择，即"英寸"和"毫米"。

（5）投影。该选项用于设置视图的投影角度方式。系统提供的投影角度有两种，按第一象限角投影◁◎和第三象限角投影◎◁。第一象限角投影主要是中国、俄罗斯等国家采用的制图标准；第三象限角投影主要是美国、日本等国家采用的制图标准。

2. 制图的预设置参数

当用户进入"工程图"模块时，在【首选项】菜单下会新出现一些关于工程图的参数设置命令，可以实现视图显示参数、注释、剖切线参数和视图标签的设置。其中大部分参数设置在制图过程中不需要改动，只有少部分参数需要根据图纸的要求进行适当的改动，下面介绍这些参数的设置方法。

（1）视图预设置。视图预设置用于设置视图中的投影、参考、隐藏线、轮廓线、光顺边等对象的显示方式，如果要修改视图显示方式或为一张新工程图设置其显示方式，可通过设置视图显示参数来实现，如果不进行设置，则系统会以默认选项进行设置。

选择【首选项】→【视图】命令或单击工具栏中□按钮，系统将弹出如图 6-5 所示的【视图首选项】对话框。当打开该对话框时，对话框中显示的参数是当前视图显示参数的默认设置，如果在视图列表框中或绘图工作区中选择某视图，则对话框会显示与所选视图对应的参数设置。用户可在对话框中为所选视图修改设置，所选视图会按修改后设置的参数进行更新显示。

（2）注释预设置。选择【首选项】→【注释】命令或单击工具栏中的"注释参数编辑器" A⁺按钮，系统将弹出如图 6-6 所示的【注释首选项】对话框。

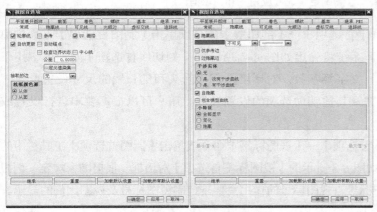

图6-5　【视图首选项】对话框　　　　　　　　图6-6　【注释首选项】对话框

对话框上有尺寸、直线和箭头等 13 个注释参数设置选项按钮，其功能如表 6-1 所示，对话框下部为各选项对应的参数设置内容可变显示区，橙色表示当前选用设置。用户可以按照国标及用户的要求设置各选项，单击【确定】或【应用】完成设计。

表 6-1　　　　　　　　　　　　　【注释首选项】选项及功能

选项	功能
尺寸	为箭头和直线格式、放置类型、公差和精度格式、尺寸文本角度和延伸线部分的尺寸关系设置尺寸首选项
直线/箭头	设置应用于指引线、箭头以及尺寸的延伸线和其他注释的首选项
文字	设置应用于尺寸、附加文本、公差和一般文本（注释、ID 符号等）的文字的首选项
符号	设置应用于"标识"、"用户定义"、"中心线"、"相交"、"目标"和"形位公差"符号的首选项
单位	为剖面线和区域填充设置首选项
径向	设置直径和半径尺寸值显示的首选项
坐标	设置坐标集选项和折线选项的首选项
填充/剖面线	为剖面线和区域填充设置首选项

续表

选项	功能
部件明细表	为零件明细表设置首选项，以便为现有的零件明细表对象设置型式
表区域	为表区域设置首选项。表（零件明细表和表格注释）由一个一个的行集合（称为表区域）组成
单元格	设置所选单元的型式
适合方法	为单元设置适合方法样式
层叠	提供用于在层叠中组织的制图和PMI注释的设置
操作按钮	包括"继承"、"全部继承"、"重置"、"全部重置"、"加载默认设置"、"加载所有默认设置"、"确定"、"应用"和"取消"

（3）剖切线显示预设置。选择【首选项】→【剖切线】命令或单击【制图首选项】工具栏中的"剖切线首选项"命令按钮，系统将弹出如图 6-7 所示的【剖切线首选项】对话框，用于设置剖切线的箭头、颜色、线型、文字等参数。对话框上部为箭头和延长线的尺寸设置参数，下部为剖切线的颜色、线型、线宽及其他辅助选项的设置参数。用户可以根据要求进行设置或选择默认设置。

（4）视图标签预设置。选择【首选项】→【视图标签】命令或单击【制图首选项】工具栏中的"视图标签"按钮，系统将弹出如图 6-8 所示的【视图标签首选项】对话框。根据国家规定，剖视图、局部放大视图等需要添加视图标号，视图标号的作用主要是控制视图标号及视图比例的显示。【视图标签首选项】的功能如表 6-2 所示。

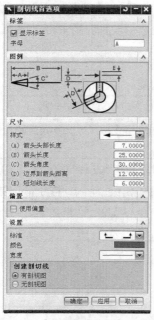

图6-7 【剖切线首选项】对话框

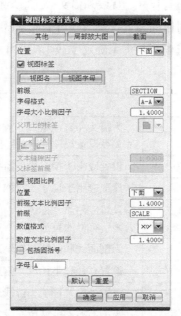

图6-8 【视图标签首选项】对话框

表 6-2   设置剖视图的【视图标签首选项】参数功能表

选项	功能
视图标签	选择该复选框，可显示视图标签
视图名	选中【视图标签】复选框后，可使用软件生成的视图名作为视图标签
视图字母	选中【视图标签】复选框后，可使用前缀、字母格式、字母大小比例因子和字母的视图字母参数
前缀	单击"视图字母"时可用，可将视图标签前缀设置为在前缀文本框中输入的文本
字母格式	单击"视图字母"时可用，可选择"A"或"A—A"字母格式
字母大小比例因子	单击"视图字母"时可用，当字母大小相对于当前字体字符大小时，可设置视图名字母大小。在【字母大小比例因子】文本框中输入的值必须大于零
父项上的标签	可以为局部放大图的父视图选择圆形视图边界标签类型
文本在短画线之前或之后	可用于局部放大图，可将文本放在短画线之前或之后
文本在短画线之上	可用于局部放大图，将文本放在短画线之上
文本缝隙因子	为父项上的标签→内嵌的选项定义箭头和内嵌文本之间的间距（或缝隙大小），字符宽度除以该因子所求得的值为缝隙大小
父标签前缀	为局部放大图的父视图指定标签前缀
视图比例	选择该复选框，可显示视图比例标签，视图比例是视图相对于图纸的比例大小
位置	提供以下选项以控制视图比例标签相对于视图标签位置 上面——视图比例标签位于视图标签之上 下面——视图比例标签位于视图标签下方 在前面——视图比例标签位于视图标签左侧 在后面——视图比例标签位于视图标签右侧
前缀文本比例因子	设置视图比例标签前缀相对于当前字体的字符大小，在【前缀文本比例因子】文本框中输入的值必须大于零
数值格式	可以选择以下比例数值格式之一：$X:Y$ 比率；$\frac{X}{Y}$ 普通分数；X/Y 单行分数；N_x 倍数
数值文本比例因子	设置比例数值相对于当前字体的字符大小，在【数值文本比例因子】文本框中输入的值必须大于零
包括圆括号	选择该复选框，可在视图比例标签周围放置圆括号
字母	可以设置除字母 I、O、Q 之外的视图标签字母，字母必须为大写，字母自动递增，在到达字母 Z 后，字母将按 AA、AB 的顺序递增，依此类推

【例 6-1】 设置如图 6-9 所示剖视图的"视图标签首选项"参数。

（1）选择视图标签。

（2）单击截面。

（3）选择位置→上面。

（4）字母格式为"*A—A*"，字母大小比例因子为"1.5000"。

（5）选择"视图比例"复选框。

（6）选择位置→在后面。

（7）前缀文本比例因子为"0.5000"，前缀是"SCALE"。

（8）数值格式是"X：Y"，数值文本比例因子为"1.000"。

（9）选择"包括圆括号"复选框。

（10）接受字母的默认值。

（11）单击【确定】按钮，创建并放置剖视图。

以上设置即可得到如图 6-9 所示的剖视图，带有视图标签和带有圆括号的视图比例标签，以及在定位之后。

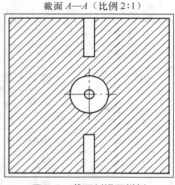
截面 *A—A*（比例 2:1）

图6-9　截面剖视图样例

工程图基本操作

制图的核心问题是生成各种投影视图，UG NX 6.0 "制图" 模块中提供了各种视图管理功能，如预览视图、定向视图、创建视图、编辑视图等视图操作。利用这些功能，用户可以方便地管理工程图中所包含的各类视图，并可修改各视图的缩放比例、角度、状态等参数。下面对各项操作分别进行说明。

6.2.1　基本视图

1．基本视图的功能

创建视图的第一步是在图纸上放置 3D 部件或装配的基本视图。与光标一起移动的预览样式框提供了着色或线框预览，帮助用户获得正确的基本视图，然后再放置它。使用工具栏选项和鼠标右键菜单，可以完成以下功能。

- 使用"定向视图"工具更改视图的方位。
- 更改基本视图类型（俯视图、左视图等）。
- 更改视图比例。
- 选择装配布置。
- 通过编辑视图样式设置更改视图参数。
- 显示视图和视图比例标签。
- 在视图中隐藏或显示组件。
- 使组件成为非剖切的。

● 可以放置除了当前部件之外其他部件的基本视图，还可以在图纸页上的任意位置定位视图，然后单击，放置视图。

2.　添加基本视图

用户可以在一张图纸上创建一个或多个基本视图。基本视图是导入到图纸上的建模视图。基本视图可以是独立的视图，也可是其他图纸类型（如剖视图）的父视图。一旦添加了基本视图，系统会自动将其转至投影视图模式。

选择【插入】→【视图】→【基本视图】命令或单击【图纸】工具栏中的"基本视图"命令图标，系统将弹出如图 6-10 所示的【基本视图】工具栏，其各选项功能及参数设置如表 6-3 所示。

单击"定向视图工具"，打开【定向视图工具】对话框，如图 6-11 所示。在【定向视图工具】对话框中，可以通过改变法向及 X 向矢量方向，或者在【定向视图】窗口中改变模型空间放置的位置，确定视图的投影方向。可以直接拖动 MB2 键进行坐标系的转动，调整得到最佳的角度，也可以直接单击 X、Y、Z 轴中的任意轴，输入旋转角度，为【定向视图】窗口中的模型定位。

图6-10【基本视图】工具栏

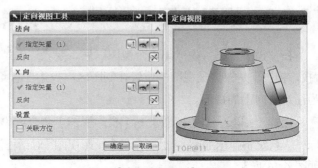

图6-11【定向视图工具】对话框

表 6-3 　　　　　　　　　　　　【基本视图】选项及其功能

选项			功能
部件	已加载的部件		显示所有已加载部件的名称
	最近访问的部件		显示最近曾打开但现在已关闭的部件
	打开		从指定的部件添加视图，可从部件名对话框中选择部件
视图原点	指定位置		可用光标指定屏幕位置
	放置	方法	自动判断 — 基于所选静止视图的矩阵方向对齐视图 水平 — 将选定的视图相互间水平对齐 竖直 — 将选定的视图相互间竖直对齐 垂直于直线 — 将选定的视图与指定的参考线垂直对齐 叠加 — 在水平和竖直两个方向上对齐视图，以使它们相互重叠
		对齐	控制视图的对齐方式
		跟踪	光标跟踪将打开偏置、XC 和 YC 跟踪，偏置输入框用于设置视图中心之间的距离。XC 和 YC 用于设置视图中心和 WCS 原点之间的距离，如果没有指定任何值，则偏置与坐标框会在移动光标时跟踪视图
	移动视图		指定屏幕位置 — 可将视图移到某个屏幕位置，该位置是用光标单击一个位置而指定的
模型视图	要使用的模型视图		可从列表中选择基本视图类型，可以选择默认或定制视图（如果装配有一个单独的子部件，则视图列表也会列出该部件中的视图，这些视图以星号开头，如果选择其中一个视图，则相当于从部件中添加一个视图）
	定向视图工具		用于视图定向
刻度尺（比例）			在向图纸添加视图之前，为基本视图指定一个特定的比例，默认的视图比例值等于图纸比例
设置	视图样式		打开视图样式对话框
	隐藏的组件		用于选择要在装配图纸中隐藏的组件
	非剖切组件		用于选择要设为非剖切的对象

6.2.2　投影视图

在"模型视图"生成第 1 个视图以后，要表达模型的特征还需要其他的投影视图来一起完成。"投影视图"是根据父视图的位置在制图区内投影任意角度的视图，既可以投影三视图，也可以投影为任意方向上的视图。

选择【插入】→【视图】→【投影视图】命令或单击【图纸】工具栏中的"投影视图"命令图标，系统将弹出如图 6-12 所示的【投影视图】对话框。可按照图纸要求在指定位置得到投影视图，如图 6-13 所示。

图6-12　【投影视图】对话框

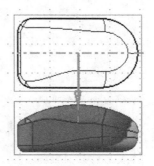

图6-13　投影视图

6.2.3　局部放大图

局部放大图用于表达视图的细小结构，用户可对任何视图进行局部放大。

选择【插入】→【视图】→【局部放大视图】命令或单击【图纸】工具栏中的"局部放大"图命令图标，系统将弹出如图6-14所示的【局部放大图】对话框。其主要选项组如下。

（1）类型：用于选择局部放大的类型。有"圆形"、"按拐角绘制矩形"及"按中心及拐角绘制矩形"。

（2）边界：用于选择对应不同类型局部放大的边界。

圆形边界——指定的局部放大图的边界为圆形。

矩形边界——选取该选项，则指定的局部放大图的边界为矩形。

（3）刻度尺（比例）：该文本框中用于输入局部放大视图的比例。该比例是放大图与实际尺寸的比例，而不是放大图与父视图的比例。

（4）父项上的标签：该选项用于自动将圆形边界（带或不带标签）放置在父视图上。一旦放置了标签，即可在选择标签后，

图6-14　【局部放大图】对话框

使用拖曳原点的方法修改"圆形局部放大视图标签"的原点。【父项上的标签】选项如下所示。

☐无——在父视图上不放置圆形边界。

☐圆形——父视图上的圆形边界没有标签，如图 6-15 局部放大图 A 所示。

☐注释——父视图上圆形边界的关联标签没有指引线，如图 6-15 局部放大图 B 所示。

☐标签——父视图上的圆形边界有关联标签，该标签的放射状指引线指向圆形边界中心，如图 6-15 局部放大图 C 所示。放置了标签后，使用 Shift+鼠标左键可选择父视图上附加的指引线并将其围绕圆形边界进行拖动。

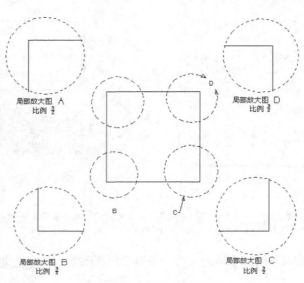

图6-15　4种局部放大视图边界

☐内嵌的——父视图上的圆形边界有关联标签，它内嵌在圆形边界上两个箭头之间的间隙中，如图 6-15 局部放大图 D 所示。放置了内嵌的标签后，使用鼠标左键可选择父视图上内嵌的标签并将其围绕圆形边界进行拖动。

☐边界——显示父视图上视图边界的副本，这可以是矩形局部放大图中的矩形、圆形局部放大图中的圆，或者是其他截断线局部放大图中的样条、圆弧和直线的组合。

6.2.4　剖视图

在工程图中，为表达模型内部的特征，需要各种"剖视图"表达。本小节将对如何在工程图中添加如全剖、半剖、阶梯剖、旋转剖和局部剖等常用的"剖视图"进行说明，并介绍剖视图的编辑方法。

1.　简单剖视图

选择【插入】→【视图】→【剖视图】命令或单击【图纸】工具栏中的"剖视图"命令图标，将弹出如图 6-16 所示的【剖视图】对话框，当选择父视图后，弹出如图 6-17 所示的选择父视图后的【剖视图】对话框，对话框中各选项及其功能如表 6-4 所示。

图6-16 添加【剖视图】对话框   图6-17 选择父视图后的【剖视图】对话框

表 6-4   【剖视图】各选项及其功能

图标	选项	功能
	基本视图	在放置基本视图后可用，允许选择另一个基本视图作为父视图
	自动判断铰链线	用于放置切线，软件将自动判断铰链线
	铰链线	允许定义一个固定的关联铰链线
	自动判断的矢量	当单击【铰链线】图标 后，系统弹出【自动判断的矢量】图标 ，可通过"矢量构造器"选项定义铰链线
	反向	用于反转剖切线箭头的方向
	添加段	放置剖切线后可用，用于为阶梯剖视图添加剖切线
	删除段	用于从剖切线删除剖切段
	移动段	允许移动剖切线的单个段并保持该段与相邻段的角度和连接，可移动的段包括剖切段、折弯段和箭头段
	放置视图	用于放置视图
	剖视图方位	允许在不同的方位创建剖视图，提供下列方向选项： 正交的——生成正交的剖视图 继承方位——生成与所选的另一视图完全相同的方位 剖切现有视图——在所选的现有视图中生成剖切
	隐藏组件	用于选择要隐藏的组件
	显示组件	用于显示隐藏的组件
	非剖切组件	用于使组件成为非剖切组件
	剖切组件	用于使非剖切组件成为剖切组件
	剖切线样式	启动剖切线样式对话框，在该对话框中可以修改剖切线参数
	样式	启动视图样式对话框
	剖视图工具	启动剖视图对话框
	移动视图	用于移动视图

【例6-2】 "全剖视图"的操作步骤如图 6-18 所示。

（1）单击【插入】→【视图】→【剖视图】命令或单击【图纸】工具栏中时"剖视图"命令图标 ，系统将弹出【剖视图】对话框；

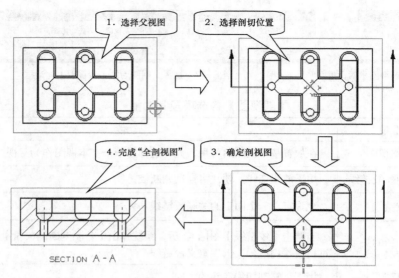

图6-18 "全剖视图"操作步骤

（2）选择父视图；

（3）选择剖切位置；

（4）确定剖视图；

（5）完成剖视图。

【例6-3】 创建一个"阶梯剖视图"，操作步骤如下。

（1）单击【插入】→【视图】→【剖视图】命令；

（2）单击要剖切的基本视图；

（3）打开或关闭捕捉点方法有助于在视图几何体上拾取一个点，如图 6-19（a）所示；

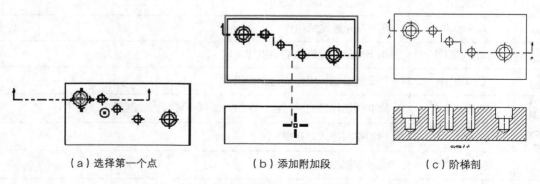

（a）选择第一个点　　　　　（b）添加附加段　　　　　（c）阶梯剖

图6-19 "阶梯剖视图"操作步骤

（4）将动态剖切线移至所希望的剖切位置点；

（5）单击鼠标左键以放置剖切线；

（6）单击鼠标右键菜单中的【添加段】，效果如图 6-19（b）所示；

（7）选择下一个点并单击鼠标左键；

（8）根据需要继续添加折弯和剖切；

（9）单击鼠标右键【放置视图】并将光标移到所需的位置；

（10）单击鼠标左键以放置视图，结果如图6-19（c）所示。

2. 半剖视图

单击【插入】→【视图】→【半剖视图】命令或单击【图纸】工具栏中的"半剖视图"命令图标，系统将弹出【半剖视图】对话框。下面以具体实例介绍操作步骤。

【例6-4】 "半剖视图"的操作步骤如图6-20所示。

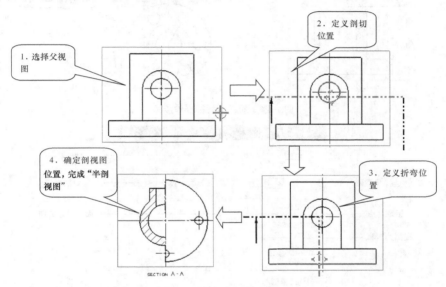

图6-20 半剖视图操作步骤

3. 旋转剖视图

选择【插入】→【视图】→【旋转剖视图】命令或单击【图纸】工具栏中的"旋转剖视图"命令图标，系统将弹出【旋转剖视图】对话框。下面以具体实例介绍操作步骤。

【例6-5】 "旋转剖视图"的操作步骤如图6-21所示。

4. 局部剖视图

工程图中的复杂视图，经常需要局部剖视图，有些复杂的轴测图需要剖切掉一部分，这些可以使用"局部剖"功能。选择【插入】→【视图】→【局部剖视图】命令或单击【图纸】工具栏中的"局部剖"命令图标，系统将弹出如图6-22所示的【局部剖】对话框。应用该对话框中的选项可以完成局部剖视图的创建、编辑和删除工作。

在创建"局部剖视图"之前，用户先要定义与视图关联的局部剖视边界。定义局部剖视边界的方法是：在工程图中选择要进行局部剖视的视图，单击鼠标右键，从弹出的快捷菜单中选择【扩展】命令，进入视图成员模型工作状态。用"曲线功能"在要产生局部剖切的部位，创建局部剖切的边界线。完成边界线的创建后，单击鼠标右键，再从弹出的快捷菜单中选择【扩展】命令，恢复到工程图状态。这样即建立了与选择视图相关联的边界线，如图6-23所示。

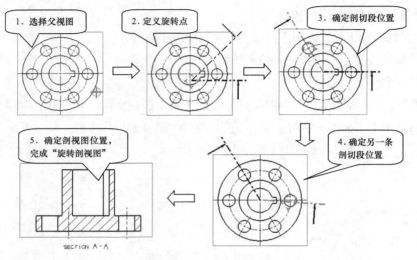

图6-21 旋转剖视图操作步骤

图6-22 【局部剖】对话框

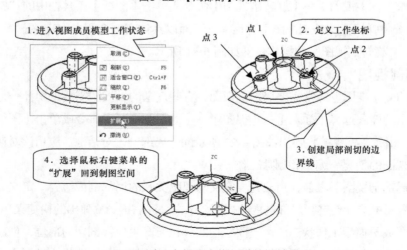

图6-23 定义与视图关联的局部剖视边界

【例6-6】 "局部剖视图"创建的操作步骤如图6-24所示。

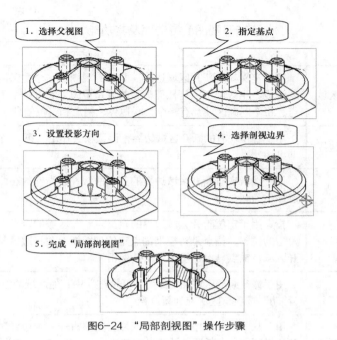

1. 选择父视图

2. 指定基点

3. 设置投影方向

4. 选择剖视边界

5. 完成"局部剖视图"

图6-24　"局部剖视图"操作步骤

6.2.5　断开视图

选择"断开视图"选项，可以创建、修改和更新带有多个边界的压缩视图，这种视图称为"断开视图"。只有在选择了一个视图之后，【断开视图】对话框上的选项才可用。用户可从图形中选择视图，一旦选择视图，该视图会以扩展视图模式显示。注意："断开视图"不能是"剖视图"的父视图，也不能断开下列视图：多视图剖视图（展开剖和旋转剖）、局部放大图、带有剖切线的视图、带有小平面表示的视图。

选择【插入】→【视图】→【断开视图】命令或单击【图纸】工具栏中的"断开视图"命令图标，系统将弹出如图6-25所示的【断开视图】对话框。其各选项及其功能如表6-5所示。

图6-25　【断开视图】对话框

表 6-5　　　　　　　　　　　　　　　　　【断开视图】各选项及其功能

图标	选项	功能
⫿⫾	添加断开区域	用于定义新的断开区域边界。断开的视图由一个主区域和一个或多个断开区域组成，主区域可以是任何类型的成员视图，它有一个关联视图边界和一个锚点，每个断开区域都有一个关联边界、锚点和定位信息
⫾	替换断开边界	用于替换现有的断开区域边界，该选项会在定义第 1 个断开区域边界之后立即可用
✎	移动边界点	用于编辑现有断开区域边界的各个曲线，将光标放在曲线上时，曲线的边界点显示为圆
⚓	定义锚点	指定用于定位断开区域边界的定义点。与区域的定义点类似，锚点指定关联模型的位置，锚点是将模型锚点定位到图纸上并将边界与模型相关联，对于断开区域，锚点只用于使边界与模型相关联
⬚⬛	定位断开区域	用于修改断开区域相对于"断开视图"中其他区域的位置，可使用"预览"、"移动"选项将区域拖到新位置
✕	删除断开区域	用于从断开视图中删除断开区域，如果有一个主边界区域，而且只有一个断开边界区域，则断开区域会自动被选中，只有在将所有的断开区域都移除之后，才能删除主边界区域
∿ ▾	曲线类型	用于选择曲线类型，以便在被添加或重新定义的边界中构造下一条曲线

【例 6-7】　"断开视图"操作步骤如图 6-26 所示。

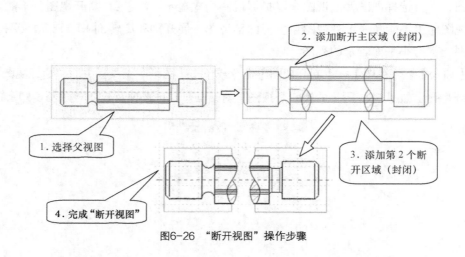

1. 选择父视图
2. 添加断开主区域（封闭）
3. 添加第 2 个断开区域（封闭）
4. 完成"断开视图"

图6-26　"断开视图"操作步骤

6.2.6　展开剖视图

创建有对应剖切线的展开剖视图，该剖切线包括多个无折弯段的剖切段。段是在与铰链线平行的面上展开的。

选择【插入】→【视图】→【展开的点到点剖视图】命令或单击【图纸】工具栏中的"展开的点到点剖视图"命令图标 ，系统将弹出如图 6-27 所示的【展开的点到点剖视图】对话框。图中各选项功能和前面各图选项功能相同。

图6-27 【展开的点到点剖视图】对话框

【例 6-8】 带有关联父视图和剖切线的"展开剖视图"操作步骤如图 6-28 所示。

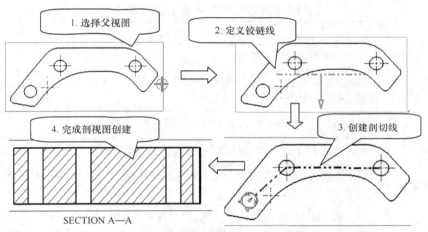

SECTION A—A

图6-28 "展开剖视图"操作步骤

6.3 工程图标注

工程图的标注是反应零件尺寸和公差信息最重要的方式，利用标注功能，用户可以向工程图中添加尺寸、形位公差、制图符号、文本注释等内容。

由于 UG NX 6.0 的"制图"模块和"三维实体造型"模块是完全关联的，因此，在制图中进行标注尺寸就是直接引用三维模型的真实尺寸，尺寸数值不可以任意改动。如果要改动零件中的某个尺寸参数，需要在三维实体中修改，如三维模型被修改，工程图中的相应尺寸会自动更新，从而保证了工程图与模型的一致性。

| 6.3.1　标注尺寸 |

使用"尺寸"选项可以创建和编辑各种尺寸类型，以及设置控制尺寸类型显示的局部首选项。系统的所有尺寸类型都有智能判断功能，以创建基于所选对象的尺寸。

选择【插入】→【尺寸】→【自动判断的尺寸】命令，系统将弹出如图 6-29 所示的【自动判断的尺寸】对话框。图中各选项及其功能如表 6-6 所示。

图6-29　【自动判断的尺寸】对话框

表 6-6　　　　　　　　　　【自动判断的尺寸】各选项及其功能

选项	功能
1.00±.05 · 公差类型	可从列表中选择公差类型
3 · 主名义精度	可从列表中选择 0~6 位小数位数的主名义精度，如果首选项格式是小数，那么该列表显示小数部分的精确值
±.XX 公差值	动态输入框允许用户输入公差值或根据公差类型输入值
3 · 公差精度	允许设置 0~6 位小数位数的公差精度
文本编辑器	单击该按钮，显示完整的【文本编辑器】对话框，用户可在此对话框中输入符号和附加文本
A尺寸样式	单击该按钮，打开【尺寸样式】对话框（注释首选项对话框的子集），只显示应用于尺寸的属性页，仅影响所选的处于创建模式且"尺寸"选项可用的对象的局部首选项
重置	将局部首选项重设为部件中先前的当前首选项，并清除附加文本
P1·驱动	可指出应将尺寸处理为驱动草图尺寸还是处理为文档尺寸。选定该项后，则指出一个驱动尺寸，并显示一个表达式框，可在其中更改值

| 6.3.2　标注形位公差 |

选择【插入】→【形位公差参数】命令或单击【注释】工具栏中的"形位公差参数"图标，"形位公差参数"允许用户将几何公差显示实例自动继承到图纸成员视图中。这种功能应用较方便，但前提是必须有事先绘制好的显示实例。

标注形位公差常直接用"特征控制框"构建器，选择【插入】→【特征控制框】命令或单击【注释】工具栏上的【特征控制框】命令图标，创建新的特征控制框。【特征控制框】对话框如图 6-30 所示，用户可以在其中选择输入公差值的形位公差符号或文本框。图中各选项及其功能如表 6-7 所示。

图6-30 【特征控制框】对话框

表 6-7 　　　　　　　　　　　　　【特征控制框】各选项及其功能

选项		功能
原点	指定位置	可指定"特征控制框"的位置，该选项仅在"特征控制框"创建过程中显示，可以在图形窗口中单击该位置，或者打开原点工具并使用其选项来指定位置
	对齐	自动对齐——可以指定关联性，还可以选择与"尺寸标注线对齐"、"叠放注释"、"水平或竖直对齐"、"相对于视图的位置"、"相对于几何体的位置"5 种对齐选项中的一个或多个来进一步定义框的对齐方式 锚点——可为符号的文本选择 9 个定位选项中的一个
	注释视图	选择视图——可为符号指定成员视图，否则，符号将放在图纸页上
指引线	类型设置	可为指引线选择终止对象；在指引线上创建二次折弯，并可指定二次折弯位置；可选择普通或全圆符号类型指引线；确定箭头类型样式及短划线长度
帧（框）	特性	可指定表单、位置、方位、轮廓或跳动的几何控制符号类型
	框样式	可指定"单框"或"复合框"
	公差	单位基础值——使长度值选项可用，然后，可以输入值或从列表中选择源。此选项仅对特征控制框的"平面度"、"直线度"、"线轮廓度"和"面轮廓度"类型可用
	公差修饰符	可选择一个或多个符号来表示自由状态、相切平面、投影、统计、公共区域、最大值
	基准参考	可指定主基准参考（第二基准参考、第三基准参考）字母、公差修饰符；指定自由状态符号；可打开"复合基准参考"对话框，向第二基准参考单元添加其他字母、材料状况和自由状态符号
	列表	列出框的数目
文本	文本框	可添加文本
	符号	可添加符号的类别包括：制图、形位公差符号、分数、用户定义及关系
设置	样式	可打开【注释样式】对话框，进行样式的设置

6.3.3 标注注释

使用【注释】对话框可创建注释、标签和符号。创建的注释和标签可以包括用控制字符序列表示的符号，以及引用表达式、部件属性和对象属性的符号。可以单击【插入】→【注释】命令或单击【注释】工具栏中的【注释】命令图标，打开【注释】对话框，如图 6-31 所示。【注释】对话框包括的参数有"原点"、"指引线"、"文本输入"和"设置"。其中："原点"、"指引线"及"文本输入"中的参数和【特征控制框】中的参数意义相同。

在【注释】对话框的文本输入区域可输入文本及设置其格式，并且控制组成注释的字符（如注释、标签、形位公差、尺寸等）。文本编辑器包括"文本操作"、"文本格式"和文本的"导入/导出"选项。

符号选项组中还提供 5 个选项卡，【制图】符号、【形位公差】符号、【用户定义】符号，这 3 个选项卡用于输入符号，【分数】符号选项卡以分数类型指定上部和下部文本，【关系】符号选项卡用于导入表达式和属性。

（1）【制图】符号选项卡

图 6-32 所示为【制图】符号选项卡。使用【制图】符号选项卡可以向编辑窗口插入制图符号控制字符。符号区域有一些符号按钮，单击这些按钮即可将符号的控制字符添加到编辑窗口。符号控制字符直接放在光标位置的前面并可替换任何高亮显示的文本。

（2）【形位公差】符号选项卡

图 6-33 所示为【形位公差】符号选项卡。使用该选项卡可以将形位公差符号的控制字符输入到编辑窗口中。还有一个按钮可用来检查形位公差符号的语法。

图6-31　【注释】对话框

图6-32　【制图符号】选项卡

图6-33　【形位公差】符号选项卡

【形位公差】符号选项卡的左上侧有 4 个按钮，用于"插入单特征控制框"、"插入复合特征控制框"、"开始下一个框"和"插入框分隔线"控制字符。这些按钮的下面是各种形位公差特征符号按钮、材料及基准等符号按钮。

（3）【分数】符号选项卡

该选项如图 6-34 所示，用于指定上部和下部文本，以及分数类型（2/3 高度、3/4 高度、全高和两行文本）。

（4）【用户定义】符号选项卡

图 6-35 所示为【用户定义】符号选项卡。【符号库】后的下拉列表选项，用于选择符号源，其中包括"显示部件"、"当前目录"和"实用工具目录"选项。

（5）【关系】符号选项卡

图6-36所示为【关系】符号选项卡。它用于插入表达式和对象及部件的属性。

图6-34　【分数】符号选项卡

图6-35　【用户定义】符号选项卡

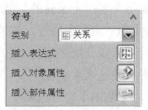

图6-36　【关系】符号选项卡

6.3.4　标注表格和零件明细表

使用"表格注释"选项可以在图纸中创建和编辑表格信息。"表格注释"通常用于定义部件系列中相似部件的尺寸值，还可以用于孔图表和材料列表中。可以使用"导入"选项导入表达式、属性和电子表格数据。

在"制图"中选择【插入】→【表格注释】命令或单击【表格】工具栏中"表格注释"命令图标 ，即可打开表格。系统将在默认情况下创建5行5列的表格注释，可以将它拖动到图形窗口上的所需位置并单击鼠标左键放置它。用户可以在【工具】菜单中选择【表格】选项，像编辑 Excel 一样编辑 UG NX 6.0 中的表格及文字。

"零件明细表"为创建装配材料清单提供了一种简便的方法。它提供了很多定制方便的选项，可以在创建装配的任何时候创建一个或多个零件明细表。随着所需装配的增大或更新，零件明细表可以自动进行更新。个别部件号可以根据需要被锁定或重新编号。零件明细表更新时，也会生成自动标注并进行更新。

从【制图】应用模块的【表格】工具栏中选择"零件明细表"命令图标 ，或者选择【插入】→【零件明细表】命令，即可打开装配零件明细表格。系统会自动为与零件明细表相关的视图创建 ID 符号标注。

6.4　编辑工程图

利用工程图的管理功能可以对现有的工程图进行修改，如移动/复制视图、对齐视图、编辑视图边界、编辑现有的剖切线和强制更新视图等。

6.4.1 移动/复制视图

【移动/复制视图】命令用于在图纸上移动和复制现有的视图。视图可按如下方式移动或复制："至一点"、"水平"、"竖直"、"垂直于直线"或"至另一图纸"。

选择【编辑】→【视图】→【移动/复制视图】命令或单击【图纸】工具栏中的"移动/复制视图"命令图标，系统将弹出如图 6-37 所示的【移动/复制视图】对话框。

图6-37 【移动/复制视图】对话框

"视图选择列表"用于选择一个或多个要移动或复制的视图。在选择视图并选择移动/复制方法之后，可将视图拖放到图纸上的新位置。除了从"视图选择列表"选择视图以外，还可以直接从图形窗口中选择视图，既可以选择活动视图，也可以选择参考视图。

（1）"至一点"选项：用于将视图移动或复制到图纸上的新点位置。选择该选项并在工程图中指定了要移动或复制的视图后，系统将移动或复制该视图到某指定点。使用鼠标将视图拖曳到图纸上所需的位置。在拖曳视图时，它们的视图边界会动态显示。

通过单击鼠标左键指示视图的新位置，如果在单击鼠标左键之后继续移动光标，视图将再次移动。用户可以继续移动视图，直到按下鼠标中键后，视图将放在图纸上的当前位置。

（2）"水平"选项：用于沿水平方向移动或复制视图。复制视图的步骤与移动视图的步骤基本相同，唯一的区别在于"复制视图"选项必须选中。

（3）"垂直于直线"选项：允许用户将视图移动或复制到与所定义的铰链线垂直，步骤同上。

（4）"竖直"选项：用于沿竖直方向移动或复制视图，步骤同上。

（5）"至另一图纸"选项：用于将视图移动或复制到另一个图纸上，步骤同上。

6.4.2 对齐视图

"对齐视图"可将图纸上现有的图纸视图对齐。可通过"叠加"、"水平"、"竖直"、"垂直于直线"，以及"自动判断"方式来对齐视图。可使用多种对齐选项在视图上定义对齐点的位置。

选择【编辑】→【视图】→【对齐视图】命令或单击【图纸】工具栏中的"对齐视图"命令图标，系统将弹出如图 6-38 所示的【对齐视图】对话框。该对话框由视图列表框、视图对齐方式、点位置选项、矢量选项等组成。

1. 5种视图对齐的方式

（1）"叠加"选项：系统会设置各视图的基准点进行重合对齐。

（2）"水平"选项：系统会设置各视图的基准点进行水平

图6-38 【对齐视图】对话框

对齐。

（3）"垂直"选项 뭄：系统会设置各视图的基准点进行垂直对齐。

（4）"垂直于直线"选项 ：系统会设置各视图的基准点垂直某一直线对齐。

（5）"自动判断"选项 ：系统根据选择的基准点不同，用自动推断方式对齐视图。

2．视图对齐选项

"视图对齐"选项用于设置对齐时的基准点。基准点是视图对齐时的参考点，对齐基准点的选择方式有 3 种。

（1）模型点：该选项用于选择模型中的一点作为基准点。

（2）视图中心：该选项用于选择视图的中心点作为基准点。

（3）点到点：该选项可按点到点的方式对齐各视图中所选择的点。选择该选项时，用户需要在各对齐视图中指定对齐基准点。

6.4.3　定义视图边界

"视图边界"用于为图纸上的特定成员视图指定视图边界类型。可用的边界类型包括"截断线/局部放大图"、"手工生成矩形"、"自动生成矩形"和"由对象定义边界"。除了指定边界类型以外，"视图边界"可还用于创建视图锚点。

选择【编辑】→【视图】→【视图边界】命令或单击【图纸】工具栏中的"视图边界"命令图标 ，系统将弹出如图 6-39 所示的【视图边界】对话框。

1．视图边界类型

该选项用于设置视图边界的类型。UG NX 6.0 中提供了 4 种边界类型。

（1）自动生成矩形：该类型可随模型的更改而自动调整视图的矩形边界。

（2）手工生成矩形：选择该类型定义矩形边界时，可在选择的视图中按住鼠标左键并拖动鼠标，来生成矩形边界，该边界也可随模型更改而自动调整视图的边界。

（3）截断线/局部放大图：该类型可用断开线或局部视图边界线来设置任意形状的视图边界。该类型仅仅显示出被定义的边界曲线围绕的视图部分。选择该类型后，系统提示选择边界线，用户可用鼠标指针在视图中选择已定义的断开线或局部视图边界线。如果要定义这种形式的边界，应在打开【定义视图边界】对话框前，先创建与视图关联的断开线。

（4）由对象定义边界：该类型边界是通过选择要包围的对象来定义视图的范围，用户可在视图中调整视图边界来包围所选择的对象。选择该类型后，系统提示选择要包围的对象，用户可利用"包含的点"或"包含的对象"选项，在视图中选择要包围的点或线。

2．锚点

"锚点"选项可用于将局部放大图（或任何带有手工创建的视图边界的视图）中的内容锚定到图纸上，以防在更改模型时，该视图或其内容在图纸上移动。锚点将模型上的某个位置固定到图纸上的某个特定位置。图 6-40（a）所示为未定义任何锚点的视图，当垂直条被拉长时，视图仍保持在原位，但是所关注的几何体会在图纸上下移到视图边界下面。图 6-40（b）所示为锚点被定义为较低的孔中心的视图。这将导致孔的中心总是与图纸上的固定位置重合。这一次，当模型发生更改时，所需的几何体仍保持在视图边界内的原位处。

图6-39 【视图边界】对话框

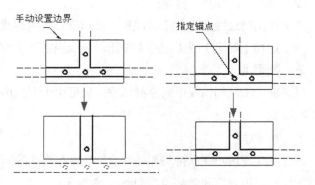

（a）未定义锚点的视图　　（b）定义锚点的视图

图6-40 锚点的对比

3. 边界点

用于指定边界点，来改变视图边界。该选项只在选择了断开线边界视图边界类型时才被激活。

4. 包含的点

用于选择视图边界要包围的点。该选项只在选择了对象边界视图边界类型时才被激活。

5. 包含的对象

用于选择视图边界要包围的对象。该选项只在选择了对象边界视图边界类型时才被激活。

6. 父项上的标签

该选项只有在选择了局部放大视图时才被激活。它用于指定局部放大视图的父视图是否显示环形边界。如果选择该选项，则在其父视图中将显示环形边界；如果不选择取该选项，则在其父视图中不显示环形边界。

6.4.4 编辑剖切线

选择【编辑】→【视图】→【剖切线】命令或单击【制图编辑】工具栏中的"编辑剖切线"命令图标，打开【剖切线】对话框如图 6-41 所示。该对话框用于编辑现有的剖切线，可使用选项来添加、删除或移动剖切线的分段，还可重新定义现有的铰链线或移动旋转剖视图的旋转点。对于展开的剖切线，该对话框中的选项为"添加点"、"删除点"和"移动点"，而不是"添加段"、"删除段"和"移动段"。

剖切线和剖视图是关联的。对剖切线进行的更改会影响剖视图。当编辑剖切线并选择【应用】或【确定】按钮之后，剖视图会自动更新。剖切线由剖切段、箭头段和折弯段组成。

图6-41 【剖切线】对话框

1．添加段

该选项用于向剖切线中添加新的剖切段，如图 6-42 所示。要添加新段，必须执行以下操作：

（1）选择要编辑的剖切线，剖视图的边界将高亮显示。

（2）选择"添加段"选项。

（3）指出要放置所添加段的位置，使用适当的点构造选项。

（4）选择【确定】或【应用】按钮以更改当前选择的剖切线并更新剖视图。

2．删除段

该选项用于从剖切线中删除剖切段，也可用于删除用户定义的折弯段和箭头段。方法同添加新剖切段类似。

3．移动段

该选项允许用户在保持与相邻分段的角度和连接的同时移动剖切线的单个分段。可移动的分段包括剖切段、折弯段和箭头段，如图 6-43 所示。

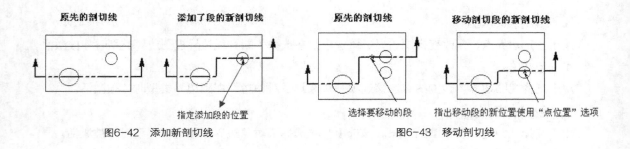

图6-42　添加新剖切线　　　　　　图6-43　移动剖切线

本章主要介绍了 UG NX 6.0 制图的创建与视图操作，读者应掌握视图创建与编辑的各类参数、尺寸、公差的标注和编辑，会建立、编辑制图表格及装配图零件明细表，能引用各类剖切视图，了解制图首选项设置及 UG 到 AutoCAD 之间视图的转换。本章知识点较多，有一定的难度，建议安排一次 UG NX 6.0 制图的课程作业。

1．绘制 3D 实体模型，如图 6-44 所示，然后，进入制图应用模块，按图中所示进行标注。

2．绘制 3D 实体模型，如图 6-45 所示，然后，进入制图应用模块，按图所示进行标注。

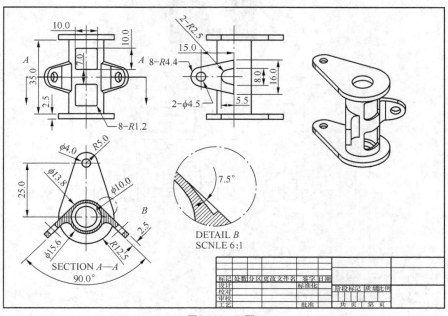

图6-44 习题1

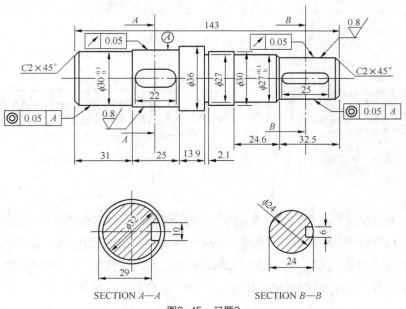

SECTION A—A

SECTION B—B

图6-45 习题2

Chapter 7

第7章

| 装配设计基础 |

【学习目标】

1. 了解 UG NX 6.0 装配基本概念
2. 熟练运用 UG NX 6.0 的装配方法及约束条件

3. 掌握 UG NX 6.0 装配操作
4. 熟练掌握 UG NX 6.0 装配爆炸图的生成及编辑

UG NX 6.0 装配功能概述

UG NX 6.0 的装配过程是在装配中建立部件之间的链接关系。它是通过装配条件在部件间建立约束关系来确定部件在产品中的位置，形成产品的整体机构。在装配中，部件的几何体是被装配引用，而不是复制到装配中，因此，不管如何编辑部件和在何处编辑部件，整个装配部件都保持关联性，如果某部件修改，则引用它的装配部件自动更新，反应部件的最新变化。

7.1.1 装配概念

UG NX 6.0 进行装配是在装配环境下完成的。单击【开始】→【装配】命令，进入到装配环境，如图 7-1 所示。系统自动弹出【装配】工具栏，如图 7-2 所示。

在开始进行装配时，必须合理地选取一个"基础组件"。基础组件应为整个装配模型中最为关键的部分。在装配过程中，各个添加组件以一定的约束关系和基础组件装配在一起，这样，各个组件和基础组件之间就形成了"父子关系"。这个基础组件将作为各个组件的装配父对象。

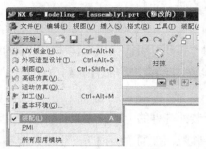

图7-1 进入【装配】的位置

图7-2 【装配】工具栏

7.1.2 装配方法

装配就是在零部件之间创建联系。装配部件与零部件的关系可以是引用，也可以是复制，因此，装配方式包括多零件装配和虚拟装配两种。由于多零件装配占用内存较大，运行速度慢，并且零部件更新时，装配文件不再自动更新，因此，很少使用。而虚拟装配则正好相反，具有占用计算机内存小，运行速度快，存储数据小等优点，并且当零部件更新时，装配文件自动更新。

UG NX 6.0 的装配方法主要包括自底向上装配设计、自顶向下装配设计以，及在自底向上和自顶向下的装配方式间来回切换的混合设计。

1. 自底向上装配设计

自底向上装配设计方法是先创建装配体的零部件，然后，把它们以组件的形式添加到装配文件中。这种装配设计方法是先创建最下层的子装配件，再把各子装配件或部件装配成更高级的装配部件，直到完成装配任务为止。因此，这种装配方法要求在进行装配设计前就已经完成零部件的设计。自底向上装配设计方法包括一个主要的装配操作过程，即添加组件。

图 7-3 所示为【添加组件】对话框，如果添加的文件已被加载，直接选择文件；如果添加的文件没有被加载，选择【打开】按钮选择文件。定位方式有 4 种，包括"绝对原点"、"选择原点"、"通过约束"和"移动"。

图7-3 【添加组件】对话框

- "绝对原点"方式是通过绝对坐标原点进行定位。
- "选择原点"方式是选择点进行定位。
- "通过约束"方式是使用装配约束定义装配中组件的位置。
- "移动"组件方式是使用"移动"组件选项来移动装配中的组件，可以选择以动态方式移动组件（如使用拖动手柄），也可以创建约束来将组件移到位置上。

2. 自顶向下装配

自顶向下装配设计主要用于装配部件的上下文中设计，上下文设计指在装配中参照其他零部件对当前工作部件进行设计，即在装配部件的顶级向下产生子装配和零件的装配方法。自顶向下装配设计包括两种设计方法。

（1）在装配中创建几何模型，然后，创建新组件，并且把几何模型加到新组件中，再进行装配约束。

（2）首先在装配中建立一个新组件，它不包含任何几何对象，即"空"组件，然后，使其成为工作部件，再在其中建立几何模型。此方法是首先建立装配关系，但不建立任何几何模型，然后，使其中的组件成为工作部件，并且在其中建立几何模型，即在上下文中进行设计，边设计边装配。

7.1.3 装配约束

在已有基础组件添加组件后，需要有一定的约束条件才能限定添加组件的位置。在 UG NX 6.0 中约束条件叫做【装配约束】，选择【装配】→【组件】→【装配约束】命令或单击【装配】工具条上的【装配约束】命令图标，可打开如图 7-4 所示的【装配约束】对话框，约束类型有："角度"、"中心"、"胶合"、"适合"、"接触对齐"、"同心"、"距离"、"固定"、"平行"和"垂直"10 种。

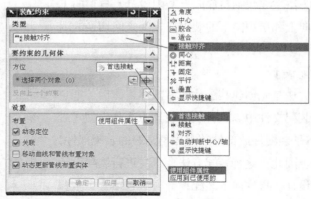

图7-4 【装配约束】对话框

1. 角度

该约束类型可在两个对象间定义角度尺寸，用于约束相配组件到正确的方位上。角度约束可以在两个具有方向矢量的对象间产生，角度是两个方向的夹角。这种约束允许关联不同类型的对象，例如，可以在面和边缘之间指定一个角度约束。

角度约束有两种类型："方向角度"和"3D 角度"。"方向角度"约束需要一根转轴，两个对象的方向关系与其垂直，使用所选的旋转轴测量两个对象之间的角度约束；"3D 角度"可在未定义旋转轴的情况下测量两个对象之间的角度约束。

2. 中心 ⑴◄

"中心"约束可使一对对象之间的一个或两个对象居中，或者使一对对象沿另一个对象居中。当选择"中心"约束时，要约束的几何体选项中的子类型选项有 3 种，分别是"1 对 2"、"2 对 1"和"2 对 2"。

（1）1 对 2：将相配组件中的 1 个对象中心定位到基础组件中的 2 个对象的对称中心上。

（2）2 对 1：将相配组件中的 2 个对象的对称中心定位到基础组件中的 1 个对象中心上。

（3）2 对 2：将相配组件中的 2 个对象与基础组件中的 2 个对象成对称布置。

"中心"约束方式如图 7-5 所示。

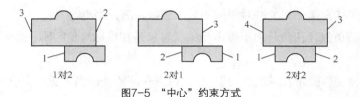

图7-5 "中心"约束方式

相配组件是指需要添加约束进行定位的组件，基础组件是指位置固定的组件。

3. 胶合 ⑩

"胶合"约束可将组件胶合（焊接）在一起，使其可以像钢体那样移动。

4. 适合（拟合）=

"适合"（拟合）约束可将半径相等的 2 个圆柱面拟合在一起。此约束对确定孔中销或螺栓的位置很有用。如果以后 2 个图柱面的半径变为不等，则该约束无效。

5. 接触对齐 ⑴

"接触对齐"约束可约束 2 个组件，使它们彼此接触或对齐，这是最常用的约束，如图 7-6 所示。

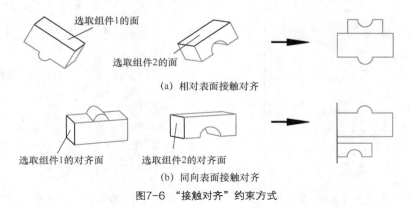

图7-6 "接触对齐"约束方式

选取组件1的圆柱面

选取组件2的圆柱面

（c）圆柱表面接触对齐

图7-6　"接触对齐"约束方式（续）

6. 同心◎

"同心"约束用于约束两个组件的圆形边界或椭圆边界，以使它们的中心重合，并使边界的面共面，如图 7-7 所示。如果选择接受公差曲线装配首选项，则也可选择接近圆形的对象。

圆柱边

图7-7　同心约束方式

7. 距离

该配对类型用于指定两个相关联对象间的最小三维距离，距离可以是正值也可以是负值，正负号用于确定相关联对象是在目标对象的哪一边。

8. 固定

"固定"约束可将组件固定在其当前位置。要确保组件停留在适当位置且根据其约束其他组件时，此约束很有用。

9. 平行

该配对类型用于约束两个对象的方向矢量彼此平行。

10. 垂直

该配对类型用于约束两个对象的方向矢量彼此垂直。

7.1.4　装配导航器

【装配导航器】如图 7-8 所示，其列表框中罗列出了每一个组件，用单击鼠标右键某一组件会显示如图 7-9 所示的快捷菜单，选择【设为工作部件】命令则可直接在装配中进行修改；选择【设为显示部件】命令则可打开原部件进行修改，还可以选择【显示父项】等操作。

图7-8　【装配导航器】

图7-9　【装配导航器】右击组件快捷菜单

7.1.5 装配引用集

在装配中，由于各部件含有草图、基准平面及其他辅助图形数据，如果要显示装配中各部件和子装配的所有数据，一方面容易混淆图形，另一方面需要占用大量内存，因此，不利于装配工作的进行。通过引用集可以减少这类混淆，提高机器的运行速度。

1. 引用集的概念

"引用集"是用户在零部件中定义的部分几何对象，它代表相应的零部件参入装配。引用集可包含下列数据：零部件名称、原点、方向、几何体、坐标系、基准轴、基准平面、属性等。引用集一旦产生，就可以单独装配到部件中。一个零部件可以有多个引用集。

2. 默认引用集

每个零部件有 2 个默认的引用集。

（1）整个部件默认：该默认引用集表示整个部件，即引用部件的全部几何数据。在添加部件到装配中时，如果不选择其他引用集，默认使用该引用集。

（2）空默认：该默认引用集为空的引用集。空的引用集是不含任何几何对象的引用集，当部件以空的引用集形式添加到装配中时，在装配中看不到该部件。

如果部件几何对象不需要在装配模型中显示，可使用空的引用集，以提高显示速度。

3. 引用集操作

单击【格式】→【引用集】命令，系统将打开如图 7-10 所示的【引用集】对话框。

应用【引用集】对话框中的选项，可进行引用集的建立、删除、查看指定引用集信息及编辑引用集属性等操作。下面对该对话框中的各个选项进行说明。

图7-10 【引用集】对话框

（1）添加新的引用集🗋。单击【添加新的引用集】，如果希望在创建新组件时自动将其添加到引用集，则在设置选项中选中"自动添加组件"复选框。如不想使用默认名称，则在名称框中输入新的名称。可在图形窗口中选择（或取消选择）对象，直到选择了引用集中想要的所有对象。完成对引用集的定义之后，单击【关闭】关闭【引用集】对话框。

（2）删除✕。该选项用于删除部件或子装配中已建立的引用集。在【引用集】对话框中选中需删除的引用集，单击【删除】图标✕即可将该引用集删去。

（3）属性🖉。在列表框中选中某一引用集，单击"属性"图标🖉后，系统将打开【引用集属性】对话框，在该对话框中输入属性的名称和属性值，按回车键即可完成该引用集属性的编辑，如图 7-11 所示。

（4）信息ⓘ。该选项用于查看当前零部件中已建引用集的有关信息。

在列表框中选中某一引用集后，该选项被激活，选择【信息】选项则直接弹出引用集信息窗口，列出当前工作部件中所有引用集的名称，如图 7-12 所示。

图7-11　【引用集属性】对话框

图7-12　【引用集信息】窗口

（5）设置当前引用集。该选项用于将高亮度显示的引用集设置为当前引用集。

7.2　装配操作

装配有自底向上的装配和自顶向下的装配 2 种方法。这 2 种方法的区别，在 7.1.2 中已详细阐述，现将对 2 种方法的操作步骤做详细介绍。

7.2.1　自底向上的装配

首先，需要在【建模】中将装配所需要的全部零件建模完毕，才能开始自底向上的装配。下面以底座和 4 个定位销的装配说明自底向上的装配过程。

（1）创建装配文件。单击【新建】→【装配】命令，系统弹出如图 7-13 所示的【新建】对话框，在【新建】对话框中输入装配文件名称及保存的文件夹，单击【确定】。

（2）添加第一个组件。在弹出的如图 7-14 所示的【添加组件】对话框中，开始添加第一个组件底座，使用"绝对

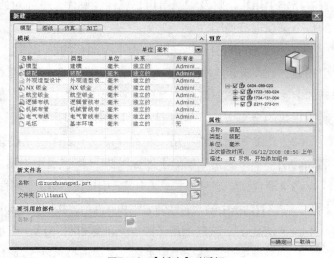

图7-13　【新建】对话框

原点"的定位方式，单击要添加的组件 "dizuo.prt"（或在指定路径下将其打开），单击【应用】，此时，底座被添加到绘图区的坐标原点处，如图 7-15 所示。

（3）添加后续组件。在如图 7-16 所示的【添加组件】对话框中，选择定位方式为"通过约束"，并单击要添加的组件定位销 "dingweixiao.prt"（或在指定路径下将其打开），此时，弹出将要添加的组件定位销（dingweixiao.prt）【组件预览】对话框，如图 7-17 所示。

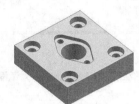

图7-14　第一个【加组件】对话框　　图7-15　底座　　　图7-16　【添加组件】对话框　　图7-17　定位销预览

（4）装配约束。单击【添加组件】对话框的【确定】或【应用】按钮后，弹出如图 7-18 所示的【装配约束】对话框，根据定位销和底座之间的配合关系，选择"接触对齐"约束方式进行约束。首先，将定位销下部台阶的环形表面和底座上其中一个沉孔的环形表面进行"接触对齐"约束，如图 7-19 所示，继续按照"接触对齐"方式对定位销和沉孔的中心线进行"接触对齐"约束，如图 7-20 所示。

本装配中，只有底座和定位销 2 个组件（4 个相同的定位销装配一个即可，其余可用"创建阵列"方式完成）。如果有多个组件，则可继续按照（3）、（4）步骤完成添加组件和约束。

（5）创建定位销的阵列。"组件阵列"是一种快速生成组件的方法，同时带有对应的约束条件，阵列得到的组件与样板（底座）组件相关。

图7-18　【装配约束】对话框

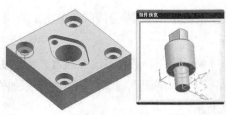

图7-19 环形表面"接触对齐"约束

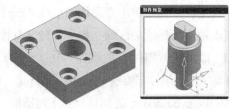

图7-20 定位销及沉孔轴线"接触对齐"约束

选择【装配】→【组件】→【创建阵列】命令或单击【装配】工具栏中的"创建组件阵列"命令图标 ，弹出【类选择】对话框，将需要阵列的组件定位销选中，如图7-21所示。单击【确定】按钮，弹出如图7-22所示的【创建组件阵列】对话框，选择"从实例特征"阵列方式，单击【确定】按钮，完成定位销的阵列，最终完成全部装配的效果如图7-23所示。

图7-21 【类选择】对话框

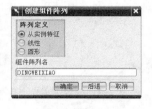

图7-22 【创建组件阵列】对话框

图7-23 完成定位销阵列

> 创建组件阵列时，底座上的系列沉孔如果不是采用实例特征方式生成的，则不能采用"从实例特征"方式进行创建组件阵列。

7.2.2 自顶向下的装配

如7.1.2中所述，自顶向下的装配方法有2种。下面采用在装配中创建几何模型及新组件的装配方法（以底座和4个定位销的装配过程为例）介绍自顶向下装配的具体操作过程。此种方法是先在装配环境中建立几何模型（草图、曲线、实体等），然后建立新组件，并且把几何模型加入到新建组件中，再进行装配约束。

（1）在装配环境下创建底座模型。单击【开始】→【装配】，进入到装配环境，在装配环境下创建底座模型"dizuo.prt"，如图7-24所示。

（2）新建组件。单击【装配】→【新建组件】命令，弹出如图7-25所示的【新组件文件】对话框，设置文件名及保存的文件夹，单击【确定】。系统弹出如图7-26所示的【新建组件】对话框，将底座模型选中作为新建组件的对象，单击【确定】按钮，完成【新建组件】创建。

图7-24 在装配环境下创建的底座模型

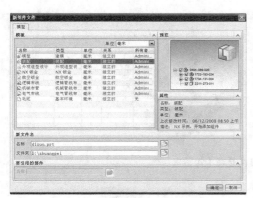

图7-25 【新组件文件】对话框

图7-26 【新建组件】对话框

（3）在装配环境下创建定位销模型

同（1）过程相同，在原点处创建定位销模型，如图 7-27 所示。

（4）继续新建组件。与（2）相同，单击【装配】→【新建组件】命令，在弹出的【新组件文件】对话框中设置文件名及保存的文件夹，单击【确定】按钮后，在弹出的【新建组件】对话框中将定位销模型选中作为新建组件的对象，单击【确定】按钮，完成【新建组件】创建。

（5）装配约束。单击【装配】→【组件】→【装配约束】命令，弹出【装配约束】对话框，根据定位销和底座之间的配合关系，选择"接触对齐"约束方式进行约束。分别将定位销下部台阶的环形表面和底座上其中一个沉孔的环形表面、定位销和沉孔的中心线进行"接触对齐"约束，单击【确定】按钮完成装配约束，如图 7-28 所示。

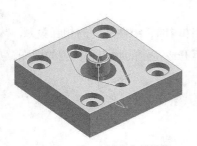

图7-27 创建定位销模型

图7-28 装配约束

（6）创建定位销的阵列

选择【装配】→【组件】→【创建阵列】命令，弹出【类选择】对话框，将需要阵列的组件定位销选中，如图 7-29 所示。单击【确定】按钮，弹出如图 7-30 所示的【创建组件阵列】对话框，选择"从实例特征"阵列方式，单击【确定】按钮，完成带有约束条件的定位销组件的阵列，最终完成全部装配的效果如图 7-31 所示。

UG NX6.0应用与实例教程（第2版）

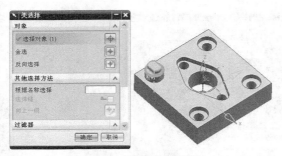

图7-29 【类选择】对话框

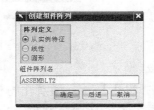

图7-30 【创建组件阵列】对话框

图7-31 完成装配

7.3 装配爆炸图

完成装配操作后，用户可以创建"爆炸视图"来表达装配部件内部各组件之间的相互关系。"爆炸视图"是把零部件或子装配部件模型从装配好的状态和位置拆开成特定的状态和位置的视图，如图 7-32 所示。

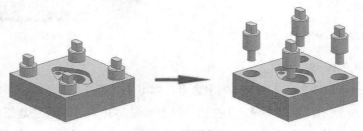

图7-32 爆炸视图

7.3.1 自动爆炸图

自动爆炸图的操作方法如下。

（1）创建爆炸图。单击如图 7-33 所示的【爆炸图】工具栏中的"创建爆炸图"命令图标，或者单击主菜单【装配】→【爆炸图】→【创建爆炸图】命令，弹出【创建爆炸图】对话框，如图 7-34 所示，输入爆炸图的名称或默认，单击【确定】按钮。

图7-33 【爆炸图】工具栏

图7-34 【创建爆炸图】对话框

（2）自动爆炸。选择【装配】→【爆炸图】→【自动爆炸组件】命令或单击【爆炸图】工具栏中的"自动爆炸组件"命令图标，弹出如图 7-35 所示的【类选择】对话框，选中 4 个定位销，单击【确定】按钮，弹出如图 7-36 所示的【爆炸距离】对话框，输入爆炸距离后，单击【确定】按钮。完成自动爆炸后的爆炸视图，如图 7-32 所示。

图7-35 【类选择】对话框

图7-36 【爆炸距离】对话框

7.3.2 编辑爆炸图

爆炸图生成后，可对爆炸图进行进一步的编辑，具体操作如下。

单击【装配】→【爆炸图】→【编辑爆炸图】命令或单击【爆炸图】工具栏中"编辑爆炸图"命令图标，打开【编辑爆炸图】对话框。首先，单击"选择对象"按钮，选择需要编辑爆炸位置的 4 个定位销，然后，单击"移动对象"按钮，将定位销移到合适的位置，单击【确定】或【应用】按钮，完成如图 7-37 所示的爆炸图编辑。

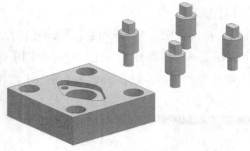

图7-37   编辑爆炸图操作

7.3.3   爆炸图的其他操作

1. 创建追踪线

爆炸图生成后，可对爆炸组件创建爆炸追踪线，具体操作如下。

单击【装配】→【爆炸图】→【追踪线】命令或单击【爆炸图】工具栏中"创建追踪线"命令图标，打开【创建追踪线】对话框，如图 7-38 左图所示。选择追踪线的开始点和结束点，注意追踪线的方向要正确。单击【应用】按钮。对所有需要创建追踪线的组件依次完成创建后，得到如图 7-38 右图所示的带有追踪线的爆炸图。

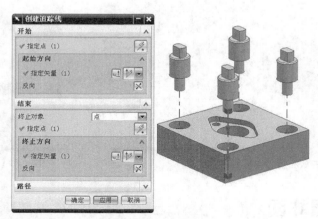

图7-38   创建爆炸追踪线

2. 取消爆炸组件

爆炸图生成后，可根据需要对爆炸图进行取消爆炸组件操作。

单击【装配】→【爆炸图】→【取消爆炸组件】命令或单击【爆炸图】工具栏中"取消爆炸组件"命令图标，系统弹出【类选择】对话框。依次选择需要取消爆炸的组件，单击【确定】按钮，爆炸组件被取消，如图 7-39 所示。

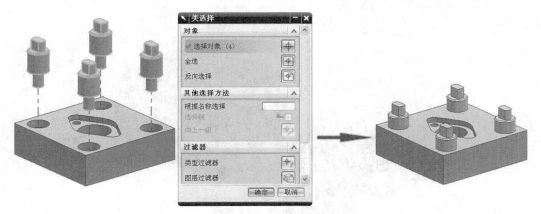

图7-39　取消爆炸组件

3. 删除爆炸图

单击【装配】→【爆炸图】→【删除爆炸图】命令或单击【爆炸图】工具栏中的"删除爆炸图"命令图标 ，系统弹出如图 7-40 所示的【爆炸图】对话框，在对话框中选择需要删除的爆炸图名称，单击【确定】按钮，该爆炸图被删除。

注意：在视图中显示的爆炸图不能被删除。

图7-40　【爆炸图】对话框

7.4　装配设计实例——台钳

本节通过一个设计范例的操作过程来说明 UG NX 6.0 的装配基本功能，包括装配设计方法、约束条件、引用集操作、爆炸视图等装配操作。当然，设计范例不能包含 UG NX 6.0 装配的全部功能，但经过设计实例的详细介绍，可以使读者更好地掌握 UG NX 6.0 的装配操作要点。

7.4.1　模型分析

本节设计实例是台钳，它由 1 个底座、4 个螺钉、1 个螺旋推进杆、1 个支撑座、2 个虎钳夹垫装配而成。用自底向上的装配设计方法，其中，最先添加的组件为底座，并且以底座为参考的原有组件，以"装配约束"的方式创建约束条件，添加支撑座、螺钉和螺旋推进杆。

7.4.2　设计步骤

台钳共有 5 种零件，如图 7-41 所示。台钳装配设计包括这些零部件的设计及它们的装配过程，具体步骤如下。

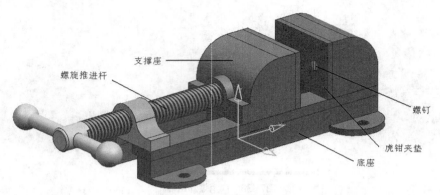

图7-41　台钳装配模型图

1. 底座设计

（1）新建底座文件。打开 UG NX 6.0，选择【文件】→【新建】命令，在【新建】对话框中输入文件名"dizuo"，选择单位为"毫米"，单击【确定】按钮，进入建模环境。

（2）绘制如图 7-42 所示的草图。在【拉伸】对话框中，设置拉伸【开始】距离为"0"，【结束】距离为"12"，如图 7-43 所示。

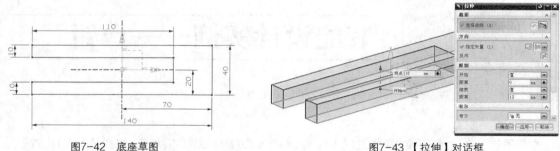

图7-42　底座草图 　　　　　　　　　　　　　　　　图7-43　【拉伸】对话框

（3）绘制如图 7-44 所示的 4 个座耳。座耳高度为 3，半径为 15；中间孔直径为 5，通孔。

（4）绘制如图 7-45 所示的草图。在【拉伸】对话框中，设置【开始】距离为"0"，【结束】距离为"5"，布尔求和，如图 7-46 所示。

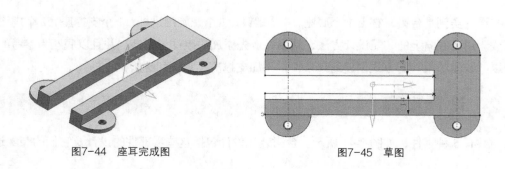

图7-44　座耳完成图 　　　　　　　　　　　　　　　图7-45　草图

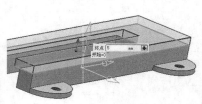

图7-46　拉伸

（5）绘制如图 7-47 所示的草图。设置拉伸【开始】距离为"0"，【结束】距离为"40"；创建螺纹孔，孔直径为 5，深度为 10，顶椎角为 118°，定位距离一为 10，如图 7-48 所示，定位距离二为15，如图 7-49 所示。创建螺纹孔后，螺纹参数设置如图 7-50 所示。

图7-47　草图

图7-48　竖直定位

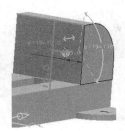

图7-49　水平定位

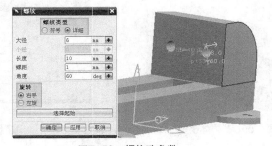

图7-50　螺纹孔参数

（6）建立草图。在如图 7-51 所示的平面绘制草图，绘制的草图如图 7-52 所示。设置拉伸【开始】距离为"0"，【结束】距离为"15"，如图 7-53 所示。

图7-51　绘制草图选取平面图

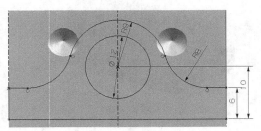

图7-52　草图

（7）创建螺纹。螺纹参数设置如图 7-54 所示。

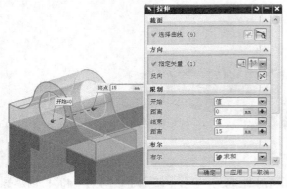

图7-53 拉伸结果图   图7-54 螺纹参数设置

2. 支撑座

（1）创建长方体。设置长方体的长为 33，宽为 12，高为 5，放置点坐标为（14，0，−5），如图 7-55 所示。

（2）创建垫块。选择【插入】→【设计特征】→【垫块】命令，设置垫块类型为矩形，选择上边建立长方体的下表面作为放置面，侧面为水平参考面，垫块参数设置如图 7-56 所示，矩形垫块完成后的效果如图 7-57 所示。

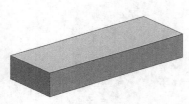

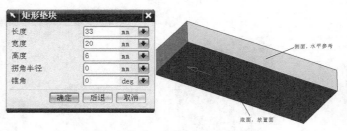

图7-55 长方体模型   图7-56 矩形垫块参数设置

（3）绘制草图。选择绘制草图平面如图 7-58 所示，绘制的草图如图 7-59 所示，设置草图拉伸【开始】距离为"0"，【结束】距离为"40"。

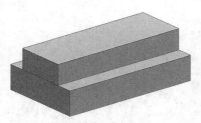

图7-57 完成垫块建模   图7-58 绘制草图选取面

（4）螺纹孔。螺纹孔 2 个，直径为 5，长度为"10"，定位距离为水平为"10"，竖直为"15"；

螺纹直径为"6"，长度为"10"，螺距为"1"，角度为"60°"，右旋，参数设置如图 7-60 所示，支撑座完成建模如图 7-61 所示。

图7-59　草图

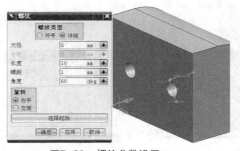
图7-60　螺纹参数设置

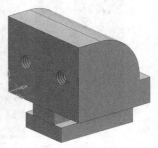
图7-61　完成支撑座建模

3. 虎钳夹垫

（1）创建长方体。长方体长为 40，宽为 30，高为 3，放置在点（-20，0，0）处，如图 7-62 所示。

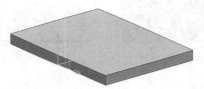
图7-62　长方体

（2）创建螺纹孔。螺纹孔 2 个，直径为"5"，长度为"10"，定位距离为水平为"10"，竖直为"15"；螺纹直径为"6"，长度为"3"，螺距为"1"，角度为"60°"，右旋，虎钳夹垫完成效果如图 7-63 所示。

图7-63　虎钳夹垫

4. 螺钉

（1）创建圆柱。设置圆柱直径为"6"，高度为"10"，如图 7-64 所示。

（2）键槽。单击【特征】工具栏中【键槽】命令，键槽类型选为矩形，圆柱上表面为放置面，键槽长为"10"，宽为"1.5"，深为"2"；键槽定位，选择【水平】，如图 7-65 所示；单击【确定】按钮，打开如图 7-66 所示的对话框，选择图中所示圆弧及"圆弧中心"，单击【确定】按钮；选择刀具边，如图 7-67 所示，打开如图 7-68 所示的对话框，输入数据为"0"，单击【确定】按钮；选择【竖直】定位，如图 7-69 所示，同样选择"圆弧中心"，刀具边选择如图 7-70 所示，竖直定位数据为"0"，单击【确定】→【确定】按钮，完成螺钉槽的创建。

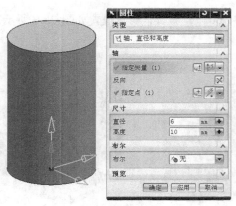

图7-64　圆柱体

图7-65　水平定位

图7-66　圆弧

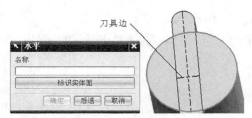

图7-67　刀具边

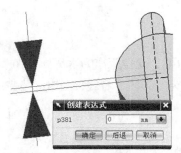

图7-68　【水平定位数值】对话框

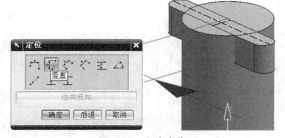

图7-69　竖直定位

（3）螺纹。螺纹参数设置如图 7-71 所示。

图7-70　【竖直定位数值】对话框

图7-71　螺纹参数设置

5. 螺旋推进杆

（1）创建圆柱体。设置直径为"12"，高度为"100"，效果如图 7-72 所示。

（2）螺纹。设置螺纹小径为"10"，长度为"87"，螺距为"2"，角度为"60°"，右旋，螺纹建模完成后的效果如图 7-73 所示。

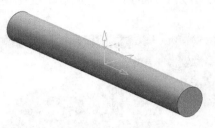

图7-72　圆柱体

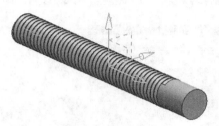

图7-73　螺纹建模

（3）草图。创建基准平面，在基准平面上绘制草图，如图 7-74 所示，设置拉伸【开始】距离为"30"，【结束】距离为"−37"，完成后的效果如图 7-75 所示。

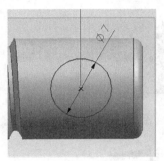

图7-74　草图

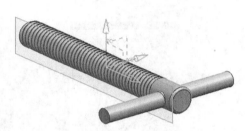

图7-75　完成拉伸

（4）创建球体。单击【特征】工具栏上【球】命令，选"直径、圆心"类型，设置直径为"13"，球心位置如图 7-76 所示。

（5）边倒圆。设置半径为"1"，完成后的效果如图 7-77 所示。

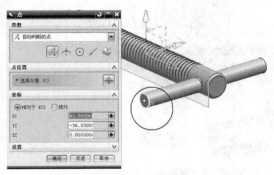

图7-76　球心位置

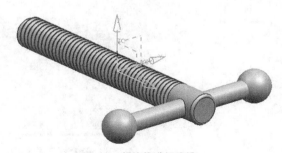

图7-77　螺旋推进杆建模

6．装配

（1）打开底座。单击【装配】工具栏上的【添加组件】命令，定位为"绝对原点"方式，单击【应用】，将底座组件放置在坐标原点。继续添加组件，打开支撑座，定位为"通过约束"方式，单击【应用】；

在弹出的【装配约束】对话框中，选择约束类型为"接触对齐"方式，如图7-78所示，单击【应用】，完成垂直面的配合；再次选择约束类型为"接触对齐"方式，如图7-79所示，单击【应用】，完成水平面的配合；选择约束类型为"距离"方式，设置距离值为"50"，如图7-80所示，完成钳口之间的距离配合。

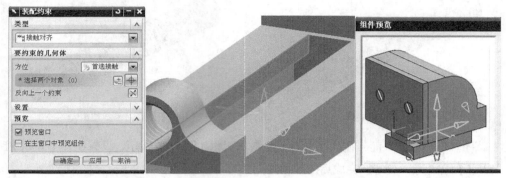

图7-78　支撑座垂直面的"接触对齐"方式装配约束

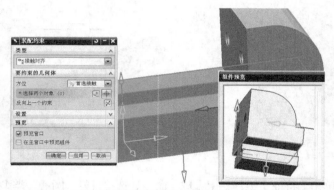

图7-79　支撑座水平面的"接触对齐"方式装配约束

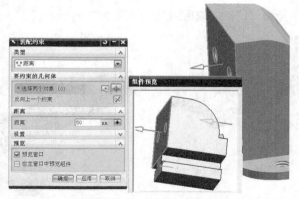

图7-80　支撑座与底座钳口之间的"距离"方式装配约束

（2）添加虎钳夹垫。对虎钳夹垫螺纹孔的轴线与底座螺纹孔的轴线采用"接触对齐"方式装配约束，如图 7-81 所示；对虎钳夹垫平面与底座平面间采用"接触对齐"方式装配约束，如图 7-82 所示；虎钳夹垫侧面与底座侧面采用"接触对齐"方式装配约束，如图 7-83 所示。

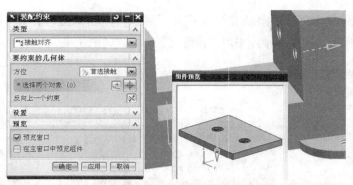

图7-81 虎钳夹垫螺纹孔的轴线与底座螺纹孔的轴线的"接触对齐"方式装配约束

图7-82 虎钳夹垫平面与底座平面间的"接触对齐"方式装配约束

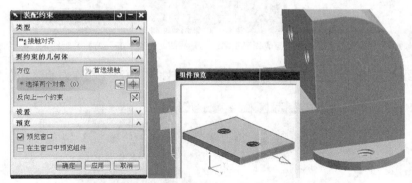

图7-83 虎钳夹垫侧面与底座侧面的"接触对齐"方式装配约束

（3）同理，添加并约束支撑座上另一个虎钳夹垫，完成两个虎钳夹垫装配约束的效果如图 7-84 所示。

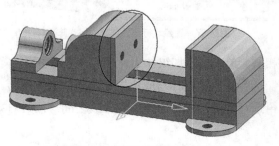

图7-84 完成两个虎钳夹垫装配约束

（4）添加螺钉。螺钉端面与虎钳夹垫平面采用"接触对齐"方式进行装配约束，如图 7-85 所示；再对螺钉轴线与虎钳夹垫螺纹孔轴线采用"接触对齐"方式装配约束，如图 7-86 所示。

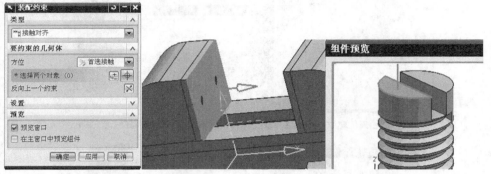

图7-85　螺钉端面与虎钳夹垫平面的"接触对齐"方式装配约束

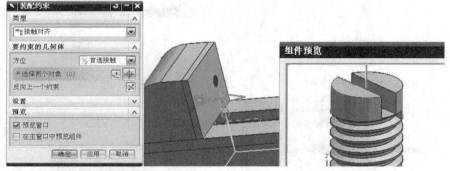

图7-86　螺钉轴线与虎钳夹垫螺纹孔轴线的"接触对齐"方式装配约束

（5）创建组件阵列。单击【创建组件阵列】→【线性】，填写线性阵列参数，如图 7-87 所示。

图7-87　创建螺钉组件装配的线性阵列

（6）同理，对面一侧相同，单击【添加组件】→螺钉→【创建组件阵列】。

（7）添加螺旋推进杆。选择螺旋推进杆与底座端面之间约束方式为"距离"，如方向不对，选反向，如图 7-88 所示；再选择螺旋推进杆与螺纹孔轴线之间"接触对齐"约束方式，如图 7-89 所示。

台钳装配完成后如图 7-90 所示。

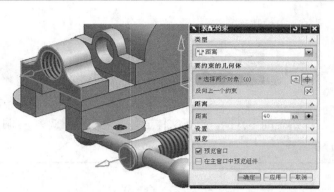

图7-88　螺旋推进杆与底座端面之间的"距离"方式装配约束

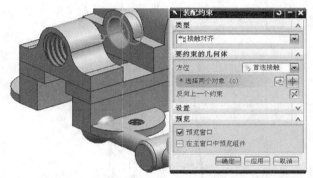

图7-89　螺旋推进杆与螺纹孔轴线之间的"接触对齐"方式装配约束

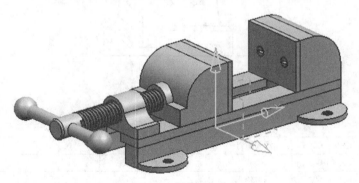

图7-90　台钳装配完成

本章主要介绍了 UG NX 6.0 的装配功能，包括装配功能概述、装配操作、装配爆炸图。其中，装配功能概述包括装配方法、装配约束条件、装配导航器、装配引用集，装配操作包括自底向上的装配和自顶向下的装配，装配爆炸图包括自动爆炸、编辑爆炸图、创建追踪线、取消爆炸组件和删除爆炸图，最后，用一个装配实例来说明装配操作的全过程。本章的重点是装配操作方法及装配约束方法的应用，这需要通过装配训练达到熟练掌握的目的。

根据图 7-92～图 7-95 给定的零件图，进行实体造型。再按照图 7-91 可调支座装配图所示的装配关系，完成可调支座的装配。

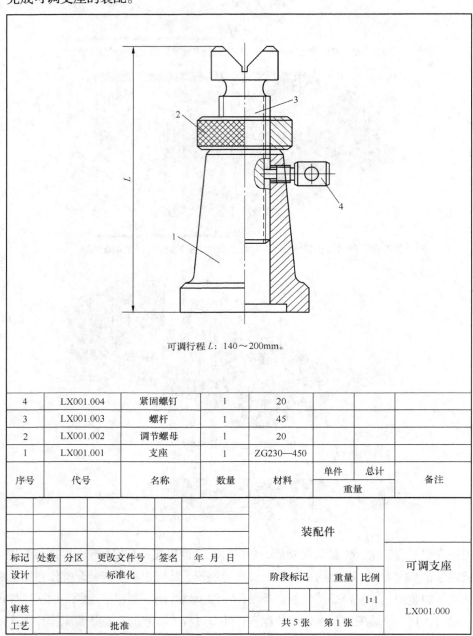

可调行程 L：140～200mm。

4	LX001.004	紧固螺钉	1	20			
3	LX001.003	螺杆	1	45			
2	LX001.002	调节螺母	1	20			
1	LX001.001	支座	1	ZG230—450			
序号	代号	名称	数量	材料	单件	总计	备注
						重量	

						装配件		
标记	处数	分区	更改文件号	签名	年 月 日			可调支座
设计			标准化			阶段标记	重量	比例
审核								1:1
工艺			批准			共 5 张　第 1 张		LX001.000

图 7-91　可调支座装配图

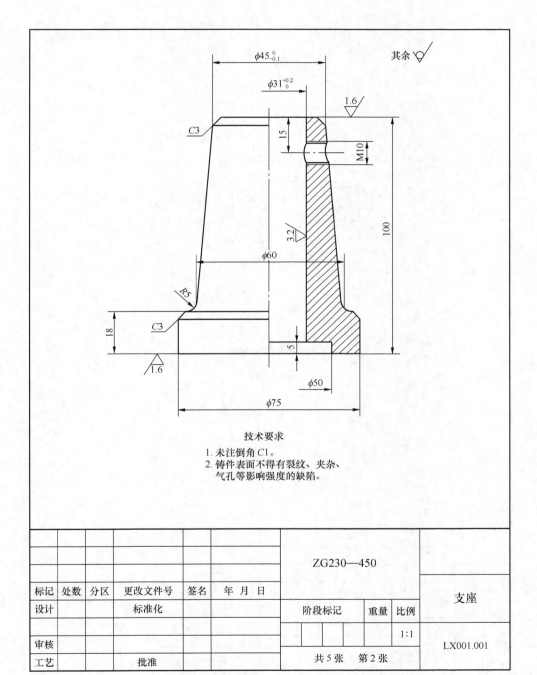

技术要求

1. 未注倒角 C1。
2. 铸件表面不得有裂纹、夹杂、
   气孔等影响强度的缺陷。

标记	处数	分区	更改文件号	签名	年 月 日				
设计			标准化			阶段标记		重量	比例
审核									1:1
工艺			批准			共 5 张　第 2 张			

ZG230—450

支座

LX001.001

图7-92　支座

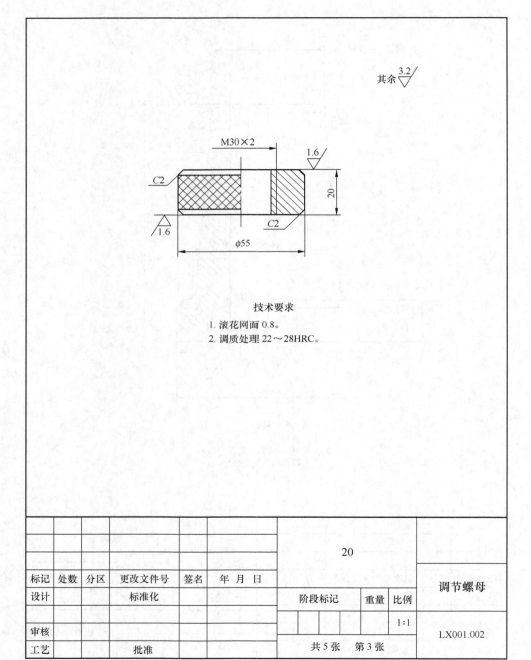

技术要求

1. 滚花网面 0.8。
2. 调质处理 22～28HRC。

标记	处数	分区	更改文件号	签名	年 月 日			
设计			标准化			阶段标记	重量	比例
审核								1:1
工艺			批准			共5张　第3张		

20

调节螺母

LX001.002

图7-93　调节螺母

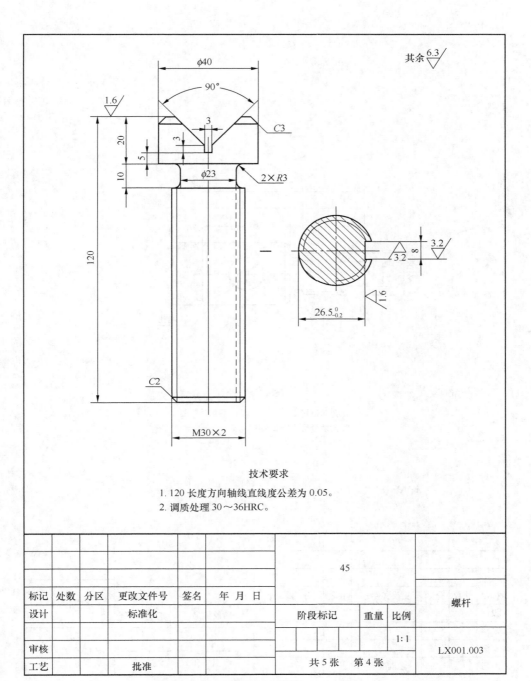

技术要求

1. 120 长度方向轴线直线度公差为 0.05。

2. 调质处理 30～36HRC。

标记	处数	分区	更改文件号	签名	年 月 日					45		
设计			标准化								螺杆	
						阶段标记		重量	比例			
审核									1∶1			
工艺			批准			共 5 张　第 4 张				LX001.003		

图7-94　螺杆

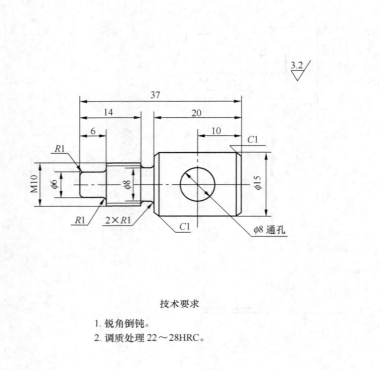

技术要求

1. 锐角倒钝。
2. 调质处理22～28HRC。

标记	处数	分区	更改文件号	签名	年 月 日				
设计			标准化			20			紧固螺钉
审核						阶段标记	重量	比例	
工艺			批准			共5张　第5张		1:1	LX001.004

图7-95　紧固螺钉

Chapter 8

第8章

| UG NX 6.0 数控铣削加工基础 |

【学习目标】

1. 了解数控铣削加工的基本概念和加工环境
2. 熟悉 UG NX 6.0 数控铣削加工方法和基本操作步骤
3. 掌握 UG NX 6.0 数控铣削参数的设置方法
4. 掌握 UG NX 6.0 数控铣削常用加工方法及综合应用

8.1 数控铣削加工基本概念

通过 UG NX 6.0 的 "加工" 模块，可进行交互式编程并对铣、钻、车及线切割刀轨进行后处理；可定制的配置文件用来定义可用的加工处理器、刀具库、后处理器和其他高级参数，而这些参数的定义可以针对机械加工等行业。通过各个模板，可以定制用户界面并指定加工设置，这些设置可以包括机床、切削刀具、加工方法、共享几何体和操作顺序。本章只介绍数控铣削加工的方法和操作。

8.1.1 铣削加工类型

UG NX 6.0 的加工类型包括 "mill_planar"（平面铣）、"mill_contour"（轮廓铣）和 "mill_multi_axis"（多轴铣加工），用户只要在【类型】下拉菜单中选择相应的子类型即可指定加工类型。

具体铣削类型、子类型及功能如附录所示。

8.1.2　数控编程一般步骤

数控编程是指系统根据用户指定的加工机床、刀具、加工方法、加工几何体、加工顺序等信息来创建数控程序，然后，把这些程序输入到相应的数控机床中，进行自动加工，生成零件，因此，在编写数控程序之前，用户需要根据图纸的技术要求和零件的几何形状确定刀具、毛坯、加工方法和加工顺序。

通过"操作导航器"，可以查看并管理操作、几何体、加工方法和刀具之间的关系。该导航器允许在许多操作之间共享多组参数，这就省去了为每个操作重新指定参数这一重复乏味的任务，同时，它还提供独立的视图来管理这些关系。

数控编程一般包括以下步骤。

（1）图纸分析和零件几何形状的分析。

（2）创建零件的模型。

（3）根据模型确定加工类型、加工刀具、加工方法、加工顺序等。

（4）生成刀具轨迹。

（5）后置处理。

（6）输出数控程序。

8.2　数控铣削加工环境

8.2.1　数控铣削加工环境简介

第一次在"加工"应用模块中打开部件时，需要从【加工环境】对话框中选择设置，然后进行初始化。设置包含所有操作及创建操作的环境。

在建模环境中，单击【开始】→【加工】命令，在弹出的【加工环境】对话框中选择要初始化的"CAM 会话配置"和"要创建的 CAM 设置"，然后单击【确定】按钮，如图 8-1 所示。

1. CAM 会话设置

（1）cam_express：包括 ascii 库类选择中的所有设置、GENERAL、MILL、TURN、MILL_TURN、HOLE_MAKING、WEDM、SHOPS、LEGACY、Inch、Metric、Express 和 Tool_Building。

（2）cam_express_part_planner：包括 Teamcenter Manufacturing 库

图8-1　加工环境设置

中的所有内容。

（3）cam_general：包括 mill_planar、mill_contour、mill_mulit-axis、drill、hole_making、turning、wire_edm 和 solid_tool。

（4）cam_teamcenter_library：包括 Teamcenter Manu facturing 库中的所有内容。

（5）cam_library：包括 Ascii 库中的所有设置、GENERAL、MILL、TURN、MILL_TURN、HOLE_MAKING、WEDM、SHOPS、LEGACY、Inch、Metric、Express 和 Tool_Building。

（6）feature_machining：包括 mill_feature、hole_making、mill_planar、mill_contour 和 drill。

（7）hole_making：包括 hole_making、mill_feature、mill_planar、mill_contour 和 drill。

（8）hole_making_mw：包括 hole_making、hole_making_mw、mill_planar、mill_contour 和 drill。

（9）lathe_mill：包括 turning、mill_planar、drill 和 hole_making。

（10）mill_contour：包括 mill_contour、mill_planar、drill、hole_making、die_sequences 和 mold_sequences。

（11）mill_multi-axis：包括 mill_multi_axis、mill_contour、mill_planar、drill 和 hole_making。

（12）mill_planar：包括 mill_planar、drill 和 hole_making。

2. CAM 设置

不同的加工类型，对应不同的初始设置及可以创建的内容，如表 8-1 所示。

表 8-1　　　　　　　　　不同的加工方法及设置

设置	初始设置的内容	可以创建的内容
mill_planar（平面铣）	其中包括 MCS、工件、程序及用于钻、粗铣、铣半精加工和精铣的方法	用来进行钻和平面铣的操作、刀具和组
mill_contour（轮廓铣）	其中包括 MCS、工件、程序、钻方法、粗铣、半精铣和精铣	用来进行钻、平面铣和固定轴轮廓铣的操作、刀具和组
mill_multi-axis（多轴铣）	其中包括 MCS、工件、程序、钻方法、粗铣、半精铣和精铣	用来进行钻、平面铣、固定轴轮廓铣和可变轴轮廓铣的操作、刀具和组

使用设置，可以输入和保存完整的加工环境，其中包括刀轨及其参数。

刀轨及其参数保存在操作中。每个操作包含其自己的刀轨和参数。UG NX 6.0 可以将操作分成各个部分（称为组）。在操作导航器中，如果将操作放入组之下，则这些组将成为父项，因此，在文档中，当谈及与组在包含操作前后相关的问题时，通常将它们称为父组。操作与这些父组之间的关联可以通过操作导航器中的不同视图来显示。

|8.2.2　操作导航器|

操作导航器包含 4 个视图："几何视图"、"机床视图"、"加工方法视图"和"程序顺序视图"。每个操作都有 4 个父组：几何体、刀具、方法和程序顺序。顾名思义，要查看几何体父组，则使用"几何视图"；要查看刀具父组，则使用"刀具视图"。【导航器】工具栏如图 8-2 所示。

图8-2　【导航器】工具栏

在这些视图中，可以规划、编辑、查看和操作数据。如果要创建操作或父组，必须单击相应的"创建"图标并在相应的对话框中创建操作或父组。创建之后，操作或父组将显示在操作导航器中，然后，从中编辑、查看和操作它，以及 NC 程序中已经存在的其他操作和父组。

8.3　数控加工基本操作

1.常用数控铣加工操作的基本操作流程

（1）创建程序、刀具几何体以及加工方法节点。

（2）创建操作，选择操作子类型，选择程序、刀具、几何体以及加工方法父节点。

（3）在操作对话框中指定零件几何体/边界、毛坯几何体/边界、检查几何体/边界和底面等对象。

（4）设置切削方法、步进、切削深度、切削层、切削参数、进给率及避让几何体等参数。

（5）生成刀轨。

（6）通过切削仿真进行刀轨校验、过切及干涉检查。

（7）进行后处理并生成 NC 程序。

有关数控铣加工操作的【插入】工具栏如图 8-3 所示。

图8-3　【插入】工具栏

2. 数控铣加工操作的 4 个父节点

（1）程序节点。

NC_PROGRAM：根节点，所有其他的节点都是它的子节点；

NONE：用于存储暂时不需要的操作；

PROGRAM：初始程序节点，用户可以添加操作节点。

（2）刀具节点。一个操作只能包含一把刀具；换刀需要创建不同的操作；刀具之间是平等关系，不互相包含。刀具节点包括：GENERIC_MACHINE（根节点）、NONE（根节点），暂时刀具。

（3）几何体节点。刀轨生成的几何载体。包括加工坐标系（MCS）、毛坯几何体、零件几何体和检查几何体。

（4）加工方法节点。定义切削类型。切削类型包括 MILL_ROUGH（粗加工）、MILL_SEMI_FINISH（半精加工）和 MILL_FINISH（精加工）。

8.3.1 创建程序

UG NX 6.0 可以创建程序来帮助组织操作，以及系统运行这些操作的顺序。图 8-4 所示为【创建程序】对话框，在【类型】下拉列表中选择加工类型，如选择"mill_planar"；【程序子类型】只有一种，无须选择；在【程序】下拉列表中选择"NC_PROGRAM"；系统默认的程序【名称】为"PROGRAM_1"，也可根据自己的需要进行编辑修改；然后，单击【确定】或【应用】按钮，完成加工程序"PROGRAM_1"的创建。

如果某一任务需要两个程序（或程序文件），则可以为每个程序创建一个程序组，如"PROGRAM _1"和"PROGRAM _2"。在创建操作时，可以在操作导航器中选择是在程序"PROGRAM _1"还是在程序"PROGRAM _2"中进行加工。在进行后处理之前，可以对每个程序中的操作进行重新排序，或者将它们从一个程序移到另一个程序。

图8-4 【创建程序】对话框

8.3.2 创建刀具

每个操作都需要一个刀具来切削刀轨。可以从库中调用刀具（库中含有数百种标准刀具），也可以根据需要创建刀具。刀具可放入夹持器、刀架、转台及机床上。刀具也具有相应的刀具材料设置，可用于计算加工数据。

图 8-5 所示为【创建刀具】对话框，在【类型】下拉列表中选择加工类型，如选择"mill_planar"；在【刀具子类型】中选择具体刀具；在【刀具】下拉列表中选择"GENERIC_MACHINE"；系统默认的刀具名称为"MILL"，一般改成"MILL_D10"这种表示直径大小的名称，便于有多把刀具时不至于选错。然后，单击【应用】按钮，系统弹出【铣刀参数】设置对话框。在该对话框中，可进行铣刀参数的设置，单击【确定】按钮，完成加工刀具的创建。

图8-5 创建名称为"MILL_D10"的刀具

8.3.3 创建几何体

"几何体组"可定义机床上加工的几何体和部件方向，如"部件"、"毛坯"、"检查"几何

体，MCS（机床坐标系）方向和安全平面这样的参数都在此处定义。"机床坐标系"是所有后续刀轨输出点的基准位置，而几何体可以采用不同的方法定义，具体取决于所创建的操作的类型。

每个操作中要加工的几何体需要在几何体父组或每个操作内进行定义。通常，在几何体父组中定义几何体更为方便。如果在此处指定了几何体，则父项的所有后续操作均可以使用它。例如，如果要在两个腔体上重复相似的操作，则可以将腔体几何体放在两个组中，然后，在每个组下创建或复制相同的操作，这样可节省重复劳动的时间。几何体还定义了部件的材料，可用于计算加工数据。

根据指定的"CAM 设置"，可以创建下列类型的"几何体组"，如图 8-6 所示。

图8-6　【创建几何体】对话框

1. MCS

MCS 是所有后续刀轨输出点的基准位置。各个"铣削方位"组定义加工"部件"某一侧所需要的 MCS 和关联的安全平面。如果移动 MCS，则可为后续刀轨输出点重新建立基准位置。

2. 铣几何体/工件（Mill_GEOM/WORKPIECE）

【创建几何体】对话框中的"铣几何体"和"工件"图标可执行相同的功能。使用这两个图标可从选定的体、面、曲线或曲面区域定义部件、毛坯和检查几何体。另外，还可以使用这两个图标来定义"部件"厚度、"部件材料"，并保存当前显示的布局和图层。

3. 铣边界（MILL_BND）

用"铣边界"图标能够定义"部件"、"毛坯"、"检查"和"修剪"边界，这些边界在以各种组合使用时，可以定义约束切削运动的区域。这些区域既可以由包含刀具的单个边界定义，也可以由包含和排除刀具的多个边界的组合定义。边界的行为、用途和可用性因使用它们的加工模块的不同而有差别。不过，无论属于哪个应用程序，所有边界都具有一些共同的特性。

4. 铣区域（MILL_AREA）

"铣区域"可通过定义"部件几何体"、"检查几何体"、"切削区域"和"修剪边界"来指定要加工的曲面。

5. 铣文字（MILL_TEXT）

在"铣文字"组中可指定要铣削的文字，使用此选项可以雕刻"planar_text"和"contour_text"操作将继承的文本。

在【创建几何体】对话框的【类型】下拉列表中选择加工类型；在【几何体子类型】中选择第 4 个图标；在【几何体】下拉列表中选择"GEOMETRY"；几何体的名称可直接使用系统自动生成的名称"MILL_GEOM"，也可根据自己的需要修改名称；然后，单击【应用】按钮；系统弹出【几何体】参数设置对话框。在该对话框中，直接使用默认的几何体参数，然后，单击【确定】按钮，返回【创建几何体】对话框，完成加工几何体"MILL_GEOM"的创建。

8.3.4 创建方法

UG CAM 操作中的所用加工方法是指 NONE（未使用的项）、MILL_ROUGH（粗加工）、MILL_SEMI_FINISH（半精加工）、MILL_FINISH（精加工）等方法，在自动计算切削进给量和主轴转数时，才需要去指定相应参数，所以，加工方法并不是生成刀具轨迹的必要参数。

在【类型】下拉列表中选择"mill_planar"，在【位置】选项中的【方法】下拉列表中选择根节点"METHOD"，方法的名称由系统默认，即"MILL_METHOD"，也可以修改为自己需要的名称，如图 8-7 所示。然后，单击【应用】按钮，打开【加工方法】参数设置对话框。在该对话框中，采用系统默认的方法，然后单击【确定】按钮，返回到【创建方法】对话框，完成加工方法"MILL_METHOD"的创建。

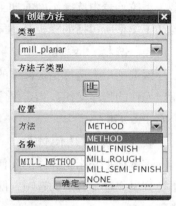

图8-7 创建方法"MILL_METHOD"

8.3.5 创建操作

通过【创建操作】对话框，能够创建指定的操作类型，该类型使用来自 4 个选定组（创建程序组、创建刀具、创建几何体、创建方法）的参数。选择【插入】→【操作】命令或单击【插入】工具栏上的【创建操作】命令图标，将打开如图 8-8 所示的对话框。对话框中各选项功能如下。

图8-8 创建操作功能选项

1. 选择"类型"

该选项用于指定零件加工类型模板。一般每种类型对应一种数控加工设备。单击【类型】下拉列表，会出现供选择的加工类型："mill_planar"（平面铣）、"mill_contour"（轮廓铣）、"mill_multi_axis"（可变轴铣）、"drill"（点位加工）、"hole_making"（孔加工）等。

2. 选择"操作子类型"

该选项用来指定具体工序操作模板。【操作子类型】中的图标由所选择的加工类型决定，即在"类型"下拉列表中选择不同的加工类型，与之对应的【操作子类型】的图标是不同的，也就是说不同的加工类型所包括的模板是不同的。子类型的功能及含义见附录。

3. 选择"程序"

该选项用来选择指定操作的程序父组。单击该选项的下拉列表，在其中选择合适的选项，即可指定操作的程序父组。指定程序父组后，操作可以从指定的程序父组中继承参数。默认程序名称为"NC_PROGRAM"。

4. 选择"几何体"

该选项用来指定操作的几何体，它包括"制造坐标系"、"工件"和"毛坯"等。单击该选项的下拉列表，选择合适的选项，即可指定操作几何体。几何体指定后，所创建的操作即可对该几何体进行加工。

5. 选择"刀具"

该选项用来指定操作的加工刀具。单击该选项的下拉列表，选择合适的选项，即可指定操作的加工刀具。刀具指定后，所创建的操作即可用该刀具对几何体进行加工。

6. 选择"方法"

该选项用来指定操作的加工方法，包括"粗加工"、"半精加工"、"精加工"和"点位加工"等。单击该选项的下拉列表，选择合适的选项，即可指定操作的加工方法。加工方法指定后，系统根据该方法中的切削速度、内外公差、部件余量等对几何体进行切削加工。

7. 指定"名称"

该选项用来指定操作的名称，如果不输入操作名称，系统将使用自动生成的名称。在【类型】下拉列表中选择"mill_planar"，在【位置】组中选择已设定好的程序、刀具、几何体、方法，在【名称】文本框中，显示系统默认的操作名称"PLANAR_MILL"，如图 8-8 所示，然后单击【确定】或【应用】按钮，完成加工操作"PLANAR_MILL"的创建。

8.4　数控加工实例

8.4.1　平面铣

加工如图 8-9 所示的零件，材料为 45#钢，毛坯尺寸为 150 mm×100mm×35mm。零件内的型腔中有圆柱凸台带倒圆角的长方体凸台，要求对零件的型腔进行平面铣加工。

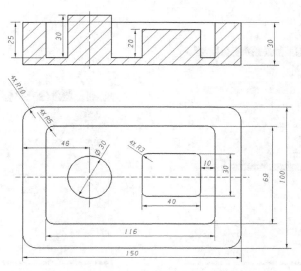

图8-9 平面铣削加工零件

加工步骤如下。

1. 建模

在"建模"状态下构建长方体、腔体、圆形凸台、垫块。将实体放置在第一图层中，如图8-10所示。

2. 创建毛坯及机床坐标系

选择底边曲线→拉伸→开始值为"0"，结束值为"40"→编辑→对象显示→改透明度为"80%"。将工作坐标系向Z轴正方向平移40mm，调整到如图8-11所示的位置。将毛坯图层复制到第10层中。

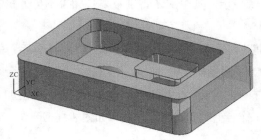

图8-10 创建实体模型

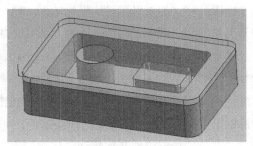

图8-11 创建毛坯及坐标系

3. 加工初始化设置

首先进行图层设置，将第1层设为工作层，将第10层设为不可见层。选择【开始】→【加工】命令，在弹出的【加工环境】对话框中，将【要创建的CAM设置】设置为"mill_planar"，单击【确定】，完成加工环境设置，如图8-12所示。

4. 创建程序

选择【插入】→【程序】命令或单击"创建程序"命令图标，打开如图 8-13 所示的【创建程序】对话框，创建程序名。

图8-12　加工环境设置

图8-13　创建程序

5. 创建刀具

选择【插入】→【刀具】命令或单击【创建刀具】命令图标，创建如图 8-14 所示的刀具。选择的刀具直径要小于被铣削圆弧的最小直径，故选择刀具直径为 6mm 的平底立铣刀。单击【应用】，在铣刀参数对话框中修改刀具参数，如图 8-14 所示。

6. 创建加工坐标系和几何体

（1）建立加工坐标系。

加工坐标系是所有后续刀具路径各坐标点的基准位置，在刀具路径中，所有坐标点的坐标值与加工坐标关联。加工坐标系的坐标轴用 *XM*、*YM*、*ZM* 表示，其中 *ZM* 特别重要，如果不另外指定刀具矢量方向，则 *ZM* 轴为默认的刀轴矢量方向。

建立加工坐标系时，先在如图 8-15 所示的【创建几何体】对话框中选择子类型为"坐标系"的命令图标，并输入名称，单击【应用】后弹出【MCS】对话框，可通过单击"CSYS"对话框命令图标，在弹出的【CSYS】对话框中创建坐标系，并调整加工坐标系和机床坐标系重合，保证加工坐标系原点在毛坯的对角点上，并且保证工件安装在工作台上时的对刀点一致，如图 8-16 所示。

（2）分别指定工件几何体和毛坯几何体。

① 在如图 8-15 所示的【创建几何体】对话框中单击【铣削几何体】图标，弹出如图 8-17 所示的【铣削几何体】对话框。

② 在图 8-17 所示的【铣削几何体】对话框中的【几何体】选项组中单击【指定部件】图标，打开【部件几何体】对话框，在视图窗口中选中工件主模型，然后单击【确定】按钮，即可完成工件几何体的指定，如图 8-18 所示。

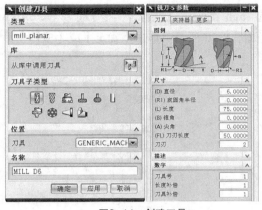

图8-14　创建刀具

图8-15　创建几何体

图8-16　创建加工坐标系

图8-17　【铣削几何体】对话框

③再次在图 8-17 所示的【铣削几何体】对话框中的【几何体】选项组中单击【指定毛坯】几何图标，然后单击【选择】按钮，在层操作中，设置第 10 层为工作层，第 1 层为不可见层，然后，在视图窗口中，选择毛坯实体模型，单击【确定】按钮，即可完成毛坯几何体的指定。单击【确定】、【确定】按钮，即完成了本实例的几何体创建过程，如图 8-19 所示。

图8-18　指定部件几何体

图8-19　指定毛坯几何体

④ 再次进行层操作，设置第 1 层为工作层，第 10 层为不可见层，让工件主模型正常显示在实体窗口中。

7. 创建操作

（1）创建操作重点是选择操作子类型和设置刀轨参数。选择【创建操作】图标或选择【插入】→【操作】命令，打开【创建操作】对话框。【类型】选 "mill_planar"，【操作子类型】选 " PLANAR_MILL"
选项，【位置】、【名称】等其他选项参数设置如图 8-20 所示。单击【确定】或【应用】后，弹出如
图 8-21 所示的【平面铣】参数设置对话框。

图8-20 　创建操作选项及参数设置

图8-21 　【平面铣】参数设置对话框

（2）指定部件边界。单击图 8-21 所示的【平面铣】参数设置对话框中【指定部件边界】选项图
标，弹出【边界几何体】对话框，取消【忽略岛】选项的勾选，采用 "面" 模式拾取部件的上表面
及 2 个凸台上表面，单击【确定】，部件的边界被确认，如图 8-22 所示。

（3）指定毛坯边界。单击图 8-21 所示的【平面铣】参数设置对话框中【指定毛坯边界】选项图
标，弹出【边界几何体】对话框。按前面所述方法将毛坯显示，采用 "面" 模式拾取毛坯的上表面，
单击【确定】，毛坯的边界被确认，如图 8-23 所示。

图8-22 　指定部件边界

图8-23 　指定毛坯边界

（4）指定底面。指定底面可确定加工深度。单击图 8-21 所示的【平面铣】参数设置对话框中【指
定底面】选项图标，弹出【平面构造器】对话框。按前面所述方法将毛坯隐藏，拾取部件型腔的内
表面，单击【确定】按钮，部件的底面被确认，如图 8-24 所示。

图8-24 指定底面

（5）刀轨参数设置及仿真。按图 8-25 所示进行刀轨参数设置，单击"刀轨生成"命令图标 ，生成如图 8-26 所示的刀轨；单击"确认刀轨"命令图标 ，弹出【刀轨可视化】对话框，可进行 3D 及 2D 刀具轨迹仿真，如图 8-27 所示。最后单击【确定】，完成刀轨生成。

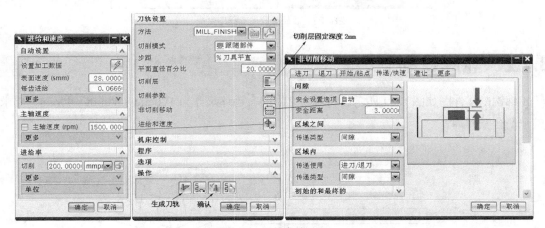

图8-25 刀轨参数设置

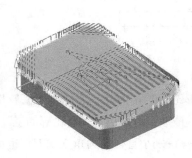

图8-26 加工刀轨

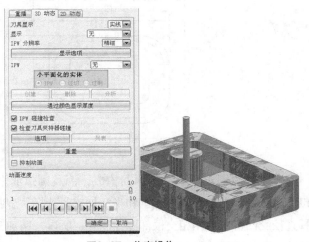

图8-27 仿真操作

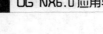
8. 后处理

进行后处理生成加工程序，选择【加工操作】工具栏上的"后处理"图标 ，打开【后处理】对话框，选择后处理器为"MILL_3_AXIS"三轴铣削，设置【输出文件】的文件名，最好与零件名有关，方便记忆。最后，单击【确定】或【应用】按钮，打开后处理程序，如图 8-28 所示。

图8-28　后处理及加工程序生成

8.4.2　轮廓铣削

轮廓铣削零件图如图 8-29 所示，材料为 ZL104，毛坯尺寸为 100mm×80mm×40mm，要求加工整个凸台及四周。

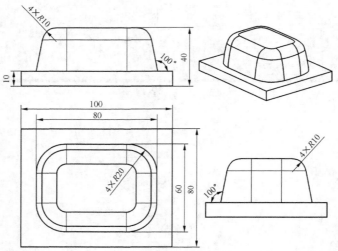

图8-29　轮廓铣削零件图

由于工件表面由平面和圆弧面构成，而且圆弧面上有锥体拔模 10°，因此，要采用等高轮廓（Mill_Contour）加工，故粗加工和半精加工时选择"型腔铣削"，精加工时采用"等高轮廓加工"。刀具直径受凸台与底座相交根部圆角制约，所以，精加工时要选择特别小直径的圆角立铣刀，也可以单独利用"清根精加工"专门加工此处，粗加工时可适当放大。分析后采用如表 8-2 所示的工艺参数。

表 8-2　　　　　　　　　　　　　　　轮廓铣削工艺参数

工步	加工类型	刀具	切削方式	步距	切削用量		
					切削深度（mm）	主轴转速（r/min）	进给速度（mm/min）
1. 粗加工成形	型腔铣+创建 IPW	直径 20mm 平底立铣刀	跟随工件	刀具直径 80%	3	1000	200
2. 半精加工成形	型腔铣+使用 IPW	直径 10mm 圆角 R3 立铣刀	跟随工件	刀具直径 50%	1.5	1500	300
3. 精加工凸台成形	陡峭区域等高轮廓铣削	直径 8mm 球头刀	区域	每刀全局深度	0.2	3000	200

具体操作如下。

1. 建模

（1）在"建模"状态下选择"块"操作，输入长、宽、高参数（100，80，10），选择点构造器，输入块操作起点坐标（-50，40，0），将工件坐标系创建于块体中心。

（2）创建垫块，选择矩形垫块，输入长、宽、高、拐角半径、锥角参数（80，60，30，20，10），选择"垂直定位"定位方式将垫块定位在块的中心，距各块边为 10mm。最后，对垫块上表面 4 条边进行"边倒圆"，输入圆角半径为 10mm。

创建的轮廓铣削零件模型如图 8-30 所示。

2. 构建毛坯

选择【格式】菜单中的"图层设置"，新建图层 10。利用【拉伸】命令选择块体底面 4 条边作为拉伸曲线，向 Z 正方向拉伸实体，开始距离为"0"，结束距离为"45"，如图 8-31 所示。

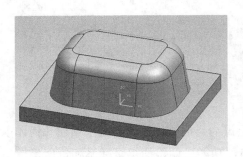

图8-30　轮廓铣削零件实体模型

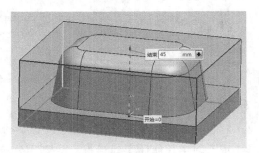

图8-31　创建毛坯实体

3. 加工初始化设置

首先进行图层设置，将第 1 层设为工作层，将第 10 层设为不可见层。选择【开始】→【加工】命令，在弹出的对话框中，将【要创建的 CAM 设置】设为"mill_contour"，单击【确定】按钮，完成加工环境设置，如图 8-32 所示。

图8-32 加工环境初始化设置

4. 创建程序和刀具

选择【插入】→【程序】命令或单击【创建程序】命令图标，打开对话框，创建程序名默认为"PROGRAM_1"，单击【确定】按钮，如图 8-33 所示。再选择【插入】→【刀具】命令或单击"创建刀具"图标，创建如图 8-33 所示的三把刀具，从左至右依次为"MILL_D20"、"MILL_D10"、"BALL_MILL_D8"。

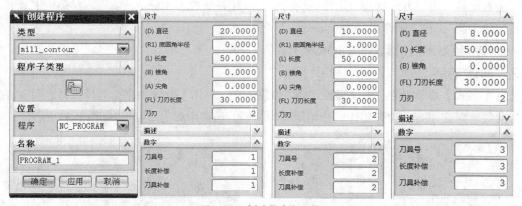

图8-33 创建程序和刀具

5. 创建几何体

（1）建立加工坐标系。进行图层设置，将第 10 层设为当前工作层，单击【创建几何体】图标，打开【创建几何体】对话框。先利用坐标系构造器功能，调整加工坐标系和机床坐标系重合，保证加上坐标系原点在毛坯的中心点上，并且保证工件安装在工作台上时的对刀点一致，如图 8-34 所示。

（2）分别指定工件几何体和毛坯几何体。

① 在【创建几何体】对话框中单击"铣削几何体"图标，打开默认名称为"铣削几何体"的对话框。一定要记住"MILL_GEOM"这个几何体名称，用户也可以根据需要自己命名。单击【确定】

或【应用】按钮，如图8-35所示。

图8-34 创建加工坐标系

② 指定毛坯几何体。在打开的【铣削几何体】对话框中选择"指定毛坯"图标，单击毛坯实体为指定毛坯。单击【确定】按钮，如图8-36所示。

图8-35 选择几何体子类型

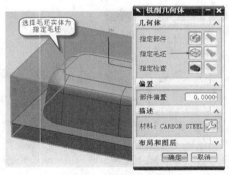

图8-36 指定毛坯

③ 指定部件几何体。在打开的【铣削几何体】对话框中选择"指定部件"图标，将图层1设置为当前工作层、图层10设置为不可见层，单击工件实体模型为指定部件。单击【确定】按钮，如图8-37所示。

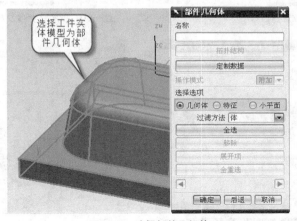

图8-37 选择部件几何体

6. 创建操作

选择"创建操作"图标或选择【插入】→【操作】命令，打开【创建操作】对话框。【操作子类型】选为"CAVITY_MILL"；【位置】组中的【程序】选为已建立的"PROGRAM_1"；【刀具】选为粗加工直径为20mm的"MILL_D20"；【几何体】选为刚建立的"MILL_GEOM"；加工【方法】选择粗加工"MILL_ROUGH"，创建型腔铣削粗加工名称为"CAVITY_MILL"，如图8-38所示。单击【确定】或【应用】按钮，进入【型腔铣】对话框。

在打开的【型腔铣】对话框中，【几何体】默认为"MILL_GEOM"；【刀具】默认为"MILL_D20"。【刀轨设置】参数中【方法】默认选择"MILL_ROUGH"；【步距】选为"%刀具平直"；【平面直径百分比】长为"80"，【全局每刀深度】长为"3"。【切削层】、【切削参数】选择默认，如图8-39所示。【非切削移动】设置如图8-40所示，进、退刀选择"螺旋式"，【传递/快速】选项卡的【间隙】组中的【安全设置选项】设为"自动"，【区域之间】组中的【传递类型】选择"最小安全值Z"，【安全距离】设为"3mm"。【进给和速度】设置主轴转数为"1000"，进给设置"200"，完成后单击【确定】按钮。在【型腔铣】对话框的操作中选择【生成】刀轨命令图标，生成粗加工刀具轨迹，如图8-41所示。

图8-38　创建操作类型及位置参数选项

图8-39　型腔铣参数设置

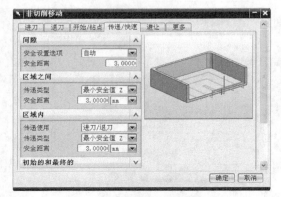

图8-40　非切削移动选项参数设置

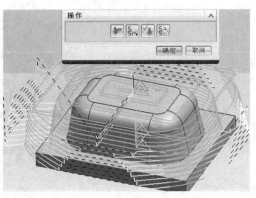

图8-41　生成粗加工刀具轨迹

7. 轨迹仿真

在图 8-39 所示的【型腔铣】对话框中,单击"确认刀轨"命令图标,弹出【刀轨可视化】对话框中,选择【3D 动态】选项卡,在【IPW(中间毛坯)分辨率】中选择"精细",【IPW】选择"保存",然后进行图层设置,新建"图层 20"作为当前图层,用于存放 IPW。最后,单击【播放】按钮进行仿真,仿真结束后,单击【创建】IPW,最后选择【确定】,如图 8-42 所示。

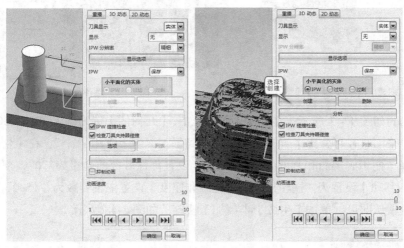

图8-42 3D仿真及创建IPW设置

8. 以 IPW 为毛坯几何体进行重建几何体

(1)选择"创建几何体"图标,打开其对话框,在【几何体子类型】中单击"WORKPIECE"图标,【位置】中的【几何体】也选择"WORKPIECE",名称可以选择默认为"WORKPIECE_1"或自定义。最后,单击【应用】或【确定】按钮,如图 8-43 所示。

(2)在弹出的工件对话框中选择【指定毛坯】,在弹出的【毛坯几何体】对话框中【选择选项】选为"小平面",单击刚创建的中间毛坯IPW。最后单击【确定】按钮,如图 8-44 所示。

(3)在工件对话框中继续选择"指定部件",然后进行图层设置,将第 1 层设置为当前工作层,将第 20 层设为不可见层。选择工件实体模型为【几何体】,如图 8-45 所示。

图8-43 重新创建几何体

9. 半精加工

(1)创建半精加工操作。选择"创建操作",打开其对话框,如图 8-46 所示。【操作子类型】还是选择"型腔铣";【位置】参数中【程序】名不变,【刀具】选择"MILL_D10",【几何体】选择上面刚创建的"WORKPIECE_1",加工【方法】选择"MILL_SEMI_FINISH"半精加工。名称默认为"CAVITY_MILL_1",单击【确定】按钮。

图8-44　创建IPW中间毛坯几何体

图8-45　选择部件几何体

（2）在弹出的如图 8-47 所示【型腔铣】对话框中，【几何体】选为"WORKPIECE_1"，【刀轨设置】中，将【平面直径百分比】改为"50"，【全局每刀深度】改为"1.5"，在【切削参数】中设置余量，不选择"使用底部面和侧部面余量一致"，设置部件底部面余量为"0"，部件侧面余量为"0.25"；【非切削移动】设置为"同粗加工"，【进给和速度】设置主轴转数为"1500"，【进给】设置为"300"，其他默认即可。单击【生成】半精加工轨迹，如图 8-48 所示。

图8-46　创建半精加工操作

图8-47　设置半精加工工艺参数

（3）半精加工轨迹仿真。生成轨迹后，单击"确认刀轨"命令图标 进行轨迹仿真。在弹出的【刀轨可视化】对话框的【3D 动态】选项卡中的【IPW】中选择"保存"。再单击【确定】按钮两次，如图 8-49 所示。

10．精加工

（1）创建精加工几何体和切削区域。在【创建几何体】对话框中单击【MILL_AREA】图标，位置参数中的【几何体】默认名称为"WORKPIECE_1"，【名称】为"MILL_AREA"，也可以自定义。单击【确定】或【应用】按钮,如图 8-50 所示。

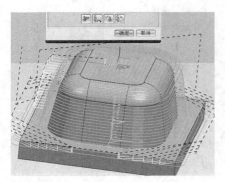

图8-48 生成半精加工刀具轨迹

图8-49 半精加工刀具轨迹仿真

(2)在弹出的【铣削区域】对话框中【指定部件】选为"工件实体模型",【指定切削区域】选为"特征"。单击【确定】按钮,如图 8-51 所示。

图8-50 创建精加工几何体

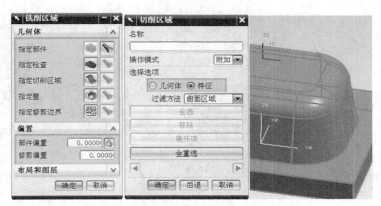

图8-51 选择铣削区域

(3)创建精加工操作。选择"创建操作",打开其对话框,选择【操作子类型】为 Z 轴等高深度加工轮廓铣削 "ZLEVEL_PROFILE";【位置】参数中的【程序】名不变,【刀具】选择 "MILL_D8",【几何体】选择 IPW 创建后的 "WORKPIECE_1";加工【方法】选择 "MILL_FINISH" 精加工。【名称】默认为 "ZLEVEL_PROFILE" 或自定义。单击【确定】按钮,如图 8-52 所示。

(4)深度精加工轮廓铣削参数设置。在【深度加工轮廓】对话框中,【几何体】选择"MILL_AREA",【刀轨设置】中的【方法】选为 "MILL_FINISH",【陡峭空间范围】为 "无",【最小切削深度】设为 "0.1",【全局每刀深度】设为 "0.2"。单击【生成】刀轨命令图标,完成精加工刀具轨迹生成,如图 8-53 所示。

(5)精加工轨迹仿真。生成轨迹后,单击"确认"命令图标[图]进行轨迹仿真。在弹出的【刀轨可视化】对话框中选择【3D 动态】选项卡,再单击【确定】按钮两次,仿真效果如图 8-54 所示。若精加工使用刀具直径选择再小一点,加工效果会更好。

图8-52　创建精加工操作

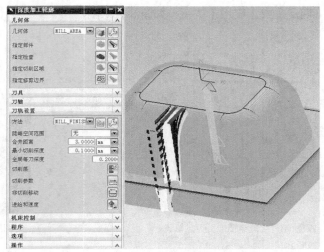

图8-53　生成精加工刀具轨迹

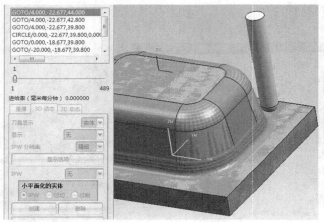

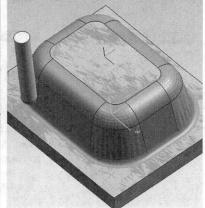

图8-54　精加工轨迹仿真

（6）进行后处理生成加工程序。选择【加工操作】工具栏中的"后处理"图标，打开【后处理】对话框，选择后处理器为"MILL_3_AXIS"三轴铣削，【输出文件】可自己命名，最好与零件名有关，方便记忆。最后，单击【确定】或【应用】按钮，打开后处理程序，如图8-55所示。

图8-55　精加工后处理生成程序

　　本章主要讲述应用 UG NX 6.0 进行数控铣削加工的基本操作，即如何创建程序、创建刀具、创建加工几何体、创建加工方法、加工操作，以及数控加工类型、加工环境等。介绍了平面铣削和曲面轮廓铣削两个实例。本章难点在于创建毛坯和部件几何体，切削区域的设置，中间毛坯 IPW 的生成，切削参数的设定。重点是加工子类型的选择和应用，其实在实际加工中，加工类型的选择和工艺过程参数的设置要本着节约加工成本，提高加工效率的原则，尽可能创建简单、快捷的走刀轨迹和程序，不要局限于本章实例中的操作步骤和设置，特别是数控加工工艺参数，要考虑具体的工件材料、刀具材料和加工机床的刚性、特点等，要具体问题具体分析。

1. 用平面铣削如图 8-56 所示的零件，材料选择 45#钢。毛坯大小为 300mm×200mm×50mm。

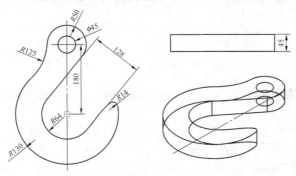

图8-56　平面铣削练习　习题1

2. 轮廓铣削练习，如图 8-57 所示，构造曲面零件。零件长为 60mm，宽为 40mm，顶部有一曲面，其最高点至长方体顶面为 4.5mm。

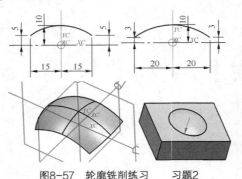

图8-57　轮廓铣削练习　习题2

（1）曲面构造步骤如下。

① 先构造曲面，如图 8-57 所示，曲面通过简单的工业造型构面 1×1 即可。

② 创建块与其求和，将曲面和实体补片处理，形成一体。

（2）采用等高 Z 轮廓铣削，进行 UG CAM 自动编程处理，提示如下。

① 用 10mm 立铣刀进行粗加工，去除大部分余量，余量值为默认，也可修改。

② 用 6mm 立铣刀进行半精加工，只要在上述程序中改动刀具设置即可。

③ 用 6mm 球头铣刀进行曲面精加工。

3. 铣削加工练习，如图 8-58 所示，要求生成粗精加工轨迹和程序代码。

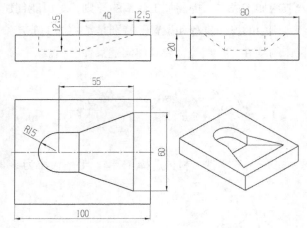

图8-58　铣削加工练习　　习题3

4. 铣削加工练习，如图 8-59 所示，要求生成粗精加工轨迹和程序代码。

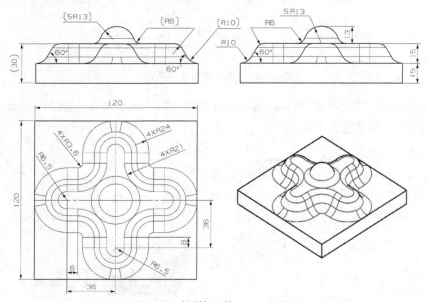

图8-59　铣削加工练习　　习题4

Chapter 9

第9章

| UG NX 6.0 应用综合实例 |

【学习目标】

1. 全面掌握 UG NX 6.0 常用造型方法和工具栏的应用

2. 掌握 UG NX 6.0 加工参数的设置、操作方法和应用

9.1　蜗轮造型设计

图 9-1 所示为蜗轮零件模型,蜗轮模数为 8,法面模数为 7.845,压力角为 14.5°,轴向齿距为 24.6mm,分度圆直径为 320mm,齿顶圆直径为 336mm,齿根圆直径为 300.8mm,下面根据这些蜗轮尺寸参数进行此零件造型设计。

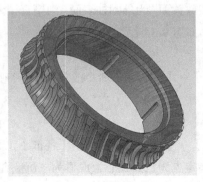

图9-1　蜗轮模型

9.1.1 模型分析

由蜗轮尺寸参数可知，蜗轮最大外圆直径为336mm，设计选取蜗杆分度圆直径 $d_{a1}=96mm$，根据蜗轮宽度 $B\leq0.75d_{a1}$，选择蜗轮宽度 $B=72mm$，可直接由圆柱实体生成整个轮廓；选择齿数为40，齿形可由草图创建，再与实体布尔求差获得，齿条可采用移动对象（旋转）操作获得。具体操作如下。

9.1.2 设计过程

1. 创建圆柱

在"建模"状态下新建文件"wolun.prt"，单击【插入】→【设计特征】→【圆柱】命令或工具栏中的图标，在打开的【圆柱】对话框中输入直径为"336"、高度为"72"，矢量轴默认为 Z 轴，单击指定点，指定圆柱的起始点（0，0，-36），如图9-2所示。

图9-2　创建圆柱体

2. 开槽操作

选择【插入】→【设计特征】→【槽】命令或单击【特征】工具栏中的"槽"命令图标，在打开的对话框中选择"球形端"，"放置面"为外圆柱表面，沟槽直径为"320mm"，球直径为"61mm"。定位尺寸距离上表面"5.5mm"，如图9-3所示。

3. 倒斜角操作

选择【插入】→【细节特征】→【倒斜角】命令或单击【特征操作】工具栏中的"倒斜角"命令图标，选择截面为"非对称"，输入距离1为"5"，距离2为"3"，如图9-4所示。

4. 沉头孔操作

选择【插入】→【设计特征】→【孔】命令或单击【特征】工具栏中的"孔"命令图标，在打开的对话框中选择"常规孔"，指定点为截面圆心，成形为"沉头孔"，尺寸为沉头直径"270"，沉头孔深度"10"，孔直径"250"，孔深度"100"。布尔选择"求差"，其操作如图9-5所示。

1. 打开【槽】对话框，选择"球形端"　　　2. 选择圆柱表面为放置面　　　　3. 输入槽的参数

6. 单击【确定】或【应用】　　　5. 输入定位尺寸 5.5　　　4. 选择目标边和刀具边，进行槽的定位
按钮，完成槽的创建

图9-3　创建槽

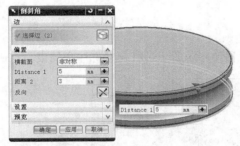

图9-4　创建倒斜角

1. 打开【孔】对话框，填写孔尺寸参数　　　2. 选择圆柱上表面及圆心作为孔的放置表面及中心

3. 单击【确定】按钮，完成沉头孔操作

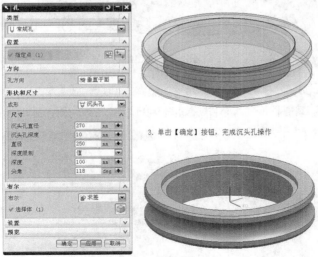

图9-5　沉头孔操作

5. 旋转 WCS

选择【格式】→【WCS】→【旋转】命令或工具栏中的"旋转"命令图标，如图 9-6 所示，以

+*XC* 为轴，*YC*—*ZC* 旋转 20°。

6. 创建草图

选择 *XC*—*ZC* 平面进入草图，如图 9-7 所示。

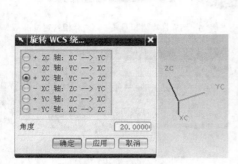
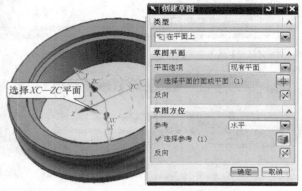

图9-6　旋转WCS

图9-7　进入草图平面

7. 绘制圆弧

绘制圆弧如图 9-8 所示，按照图中所示进行尺寸标注和约束，完成后退出。

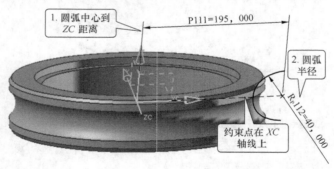

图9-8　圆弧绘制

8. 绘制截面草图

（1）以 *XC*—*YC* 为基准平面进入草图，如图 9-9 所示。接下来绘制如图 9-10 所示的草图。

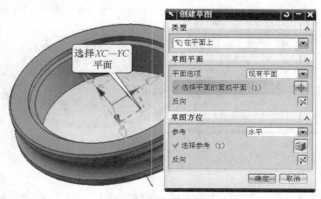

图9-9　选择草图平面

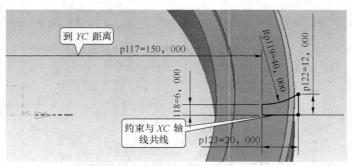

图9-10 绘制草图

（2）选择【编辑】→【变换】命令，选择要镜像的曲线为已绘制的 3 条曲线，确定后选择【通过一直线镜像】，镜像中心线为 X 轴，如图 9-11 所示。

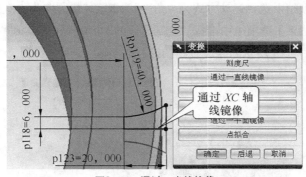

图9-11 通过一直线镜像

（3）完成后，单击【完成草图】退出。

9. 扫掠

选择【插入】→【扫掠】→【扫掠】命令，如图 9-12 所示选择 6 条截面曲线，选择圆弧为引导线，单击【确定】或【应用】按钮完成扫掠。

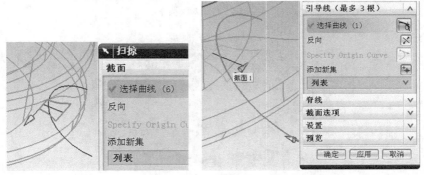

图9-12 扫掠操作

10. 旋转 WCS

选择【格式】→【WCS】→【旋转】命令或单击工具栏中的"旋转"命令图标，如图 9-13 所示，以–XC 为轴，ZC—YC 旋转 20°。

图9-13　旋转WCS

11. 复制扫掠实体

选择【编辑】→【移动对象】命令，弹出如图9-14所示的【移动对象】对话框。选择对象为扫掠实体，在【变换】选项组中选择运动方式为"角度"，指定矢量方向为 ZC 方向，轴点为坐标原点，角度为"360°"，在【结果】选项组中选择"复制原先的"，角度分割"40"份。预览无误后，单击【确定】按钮，得到如图9-15所示的完成复制扫掠后的实体。

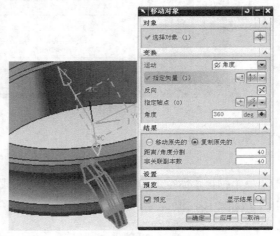

图9-14　移动对象操作

图9-15　完成复制扫掠实体

12. 求差

选择【插入】→【组合体】→【求差】命令，弹出如图9-16所示的对话框，包括目标体（内实体，1个）、刀具体（扫掠实体，40个），求差后生成如图9-17所示的实体图形。

 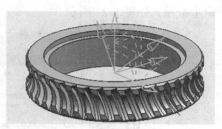

图9-16 求差目标体和刀具体的选择　　　　图9-17 求差后的结果

13. 打孔

（1）选择【插入】→【设计特征】→【孔】命令，弹出如图9-18所示的对话框，类型选为"常规孔"，位置指定点选择"点构造器"。

（2）输入定位孔中心点坐标（125，0，36），如图9-19所示。

图9-18 孔中心定位　　　　图9-19 定位坐标确定

（3）输入孔尺寸参数，如图9-20所示，单击【确定】按钮，完成第一个孔。

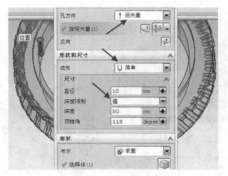

图9-20 孔尺寸参数输入

14. 复制蜗轮定位孔

（1）选择【插入】→【关联复制】→【实例特征】命令，单击【圆形阵列】，单击【确定】按钮后选择要阵列的"简单孔（89）"，如图 9-21 所示。

（2）单击【确定】按钮，选择实例方法为"常规"，选择孔的数量为"6"，角度为"60"，单击【确定】按钮，如图 9-22 所示。

图9-21　引用特征过滤器选择　　　　　图9-22　选择孔数量、角度

（3）选择"基准轴"为 Z 轴，确定后选择"是"。如图 9-23 所示，生成蜗轮。

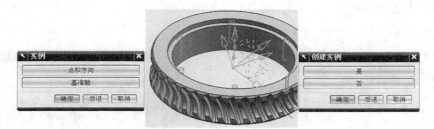

图9-23　创建实例结果

15. 优化显示

（1）单击【编辑】→【显示与隐藏】→【隐藏】命令，选择所有辅助曲线。

（2）设定自己喜欢的颜色。选择【编辑】→【对象显示】，弹出【类选择】对话框，选择蜗轮实体，单击【确定】，弹出【编辑对象显示】对话框，在【基本】选项栏中将颜色块选中，单击【确定】按钮，在【颜色】对话框中选择颜色，如图 9-24 所示。最后单击【确定】按钮完成蜗轮的建模，最终效果如图 9-25 所示。

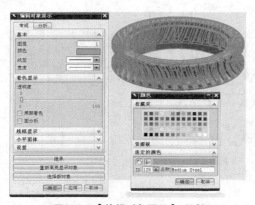 

图9-24　【编辑对象显示】对话框　　　　　图9-25　蜗轮实体模型

曲轴设计

9.2

图 9-26 所示为曲轴实体模型，下面介绍其设计方法和步骤。

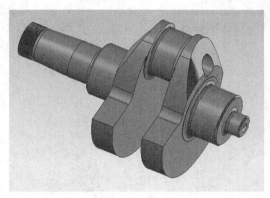

图9-26 曲轴

9.2.1 模型分析

该零件模型的难点在曲柄臂造型，它的形状不规则，可利用草图功能来建立，再通过镜像来完成相同的部分，其他部分通过凸台、键槽、螺纹等操作完成其实体建模设计。

9.2.2 设计过程

1. 创建部件文件

单击【新建】命令，系统弹出【新建】部件文件对话框。在【文件名】文本框中输入"quzhou"，【单位】选择"毫米"，单击【确定】按钮，即可创建部件文件。

2. 主轴颈创建

选择【插入】→【设计特征】→【圆柱】命令，绘制直径为"30"，高度为"21"的圆柱，参数设置如图 9-27 所示。接下来在圆柱轴颈的一端绘制"凸台"，选择【插入】→【设计特征】→【凸台】命令，输入直径、高度和拔锥角的参数为（70，40.5，0），如图 9-28 所示。

3. 创建曲柄臂

（1）插入草图，绘制如图 9-29 所示的曲线，标注尺寸并进行约束，完成草图后退出。

（2）拉伸草图，设置开始距离为"0"，结束距离为"29"，布尔为"求和"，如图 9-30 所示。

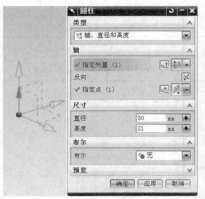

图9-27 创建轴颈圆柱

图9-28 创建凸台

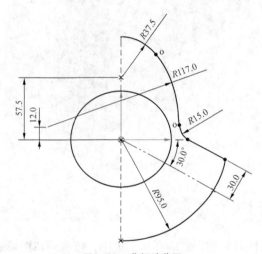

图9-29 曲柄臂草图

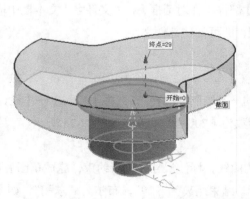

图9-30 曲柄臂草图拉伸

（3）再插入草图，创建如图 9-31 所示的草图平面，绘制如图 9-32 所示的圆弧草图。

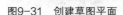
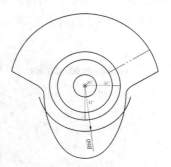

图9-31　创建草图平面　　　　　　　　　　图9-32　创建圆弧草图

（4）建立基准平面。建立相互垂直的两基准平面如图 9-33 所示，建立基准轴，即两相互垂直的基准平面的相交线，如图 9-34 所示。再以此基准轴为轴，旋转如图 9-35 所示的平面"成一角度"创建新的基准平面。

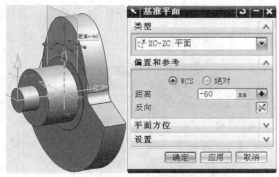
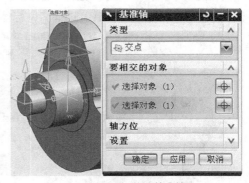

图9-33　构造基准平面　　　　　　　　　　图9-34　构造基准轴

（5）拉伸创建修剪片体。应用"拉伸"命令，选择绘制的圆弧曲线，指定其矢量，如图 9-36 所示。注意指定矢量是最后我们建立的基准平面的法向方向。拉伸距离为"0～60"。

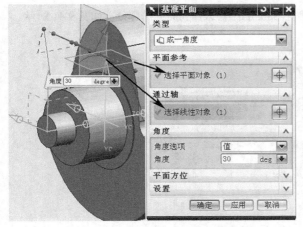
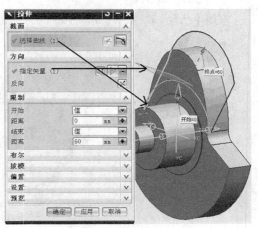

图9-35　创建新的"成一角度"基准平面　　　图9-36　创建修剪片体

（6）应用修剪体，完成曲柄臂一侧曲面。选择【插入】→【特征操作】→【修剪体】命令，在弹出的对话框中选择"目标体"和"刀具体（片体）"，如图9-37所示，修剪后隐藏"刀具体"。

（7）应用【凸台】命令，建立直径为"80"，高度为"1"的凸台，如图9-38所示。

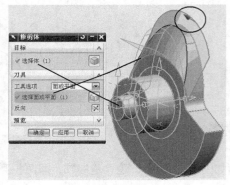
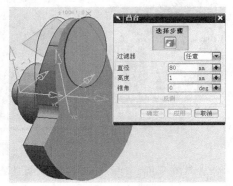

图9-37 应用修剪体　　　　　　　　　　　图9-38 创建曲柄销

（8）应用【拉伸】命令，拉伸4条已绘制弧线，距离为"0～60"，如图9-39所示。

（9）修剪体，完成曲柄臂。选择"目标体"及"刀具体"，如图9-40所示。修剪后隐藏刀具体。

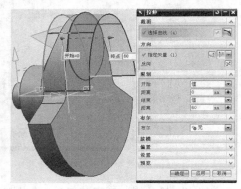
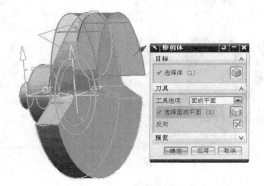

图9-39 拉伸曲线　　　　　　　　　　　图9-40 完成曲柄臂曲面

4. 创建曲柄销

应用【凸台】命令，建立直径为"65"，高度为"38"的凸台，作为曲柄销部分，如图9-41所示。

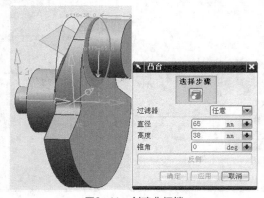

图9-41 创建曲柄销

5. 创建另一侧对称曲柄臂

（1）拆分体。单击【拆分体】，选择曲柄臂为目标体，刀具选择"新平面"，如图 9-42 所示。选择主轴颈的圆柱轴平面进行拆分，如图 9-43 所示。单击【确定】按钮，拆分结束。

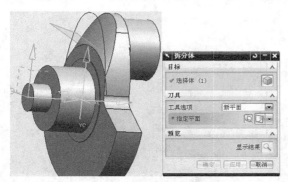

图9-42 【拆分体】对话框

图9-43 拆分平面的创建

（2）创建镜像基准平面。在【基准平面】对话框中，选择"按某一距离"类型，建立距离圆台面 19mm 的平面，如图 9-44 所示。

（3）镜像特征，完成曲柄臂的创建。"选择特征"为图中已建立的"曲柄臂左半部分"特征，"选择镜像平面"为图中已建立的镜像基准平面，如图 9-45 所示，完成镜像特征操作。

图9-44 创建镜像基准平面

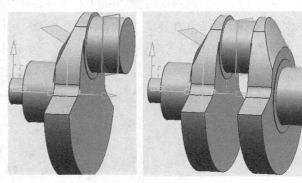

图9-45 镜像特征操作

6. 创建曲轴后端

（1）单击【凸台】命令，建立直径为"65"，高度为"30"的凸台，如图 9-46 所示。在刚才建立凸台的面上再建立直径为"60"，高度为"80"的凸台，如图 9-47 所示。

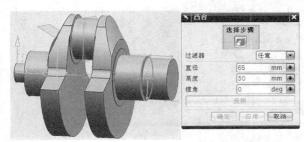

图9-46 创建曲轴连接凸台

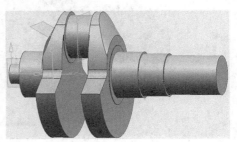

图9-47 创建曲轴后端凸台

（2）创建圆锥体。打开如图9-48所示的【圆锥】对话框，选择"直径和高度"类型进行创建，输入圆锥体参数（底部直径"50"，顶部直径"45"，高度"48"），选择刚创建的曲轴后端凸台中心点建立圆锥体，如图9-49所示，单击【确定】按钮完成圆锥体的创建，如图9-50所示。

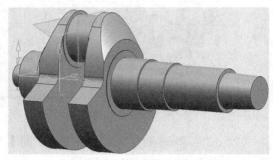

图9-48 【圆锥】对话框　　图9-49 在曲轴后端凸台中心创建圆锥　　图9-50 圆锥体完成后的建模图形

7. 打孔

单击【孔】命令图标，在弹出的【孔】对话框中选择"常规孔"，输入参数（孔的直径为"25"，深度为"100"，顶锥角为"118"），单击【应用】按钮，定位方式选择圆心到中心轴的垂直距离为"62.5"，圆心到竖直轴的距离为"0"，如图9-51所示，单击【确定】按钮完成打孔操作，如图9-52所示。

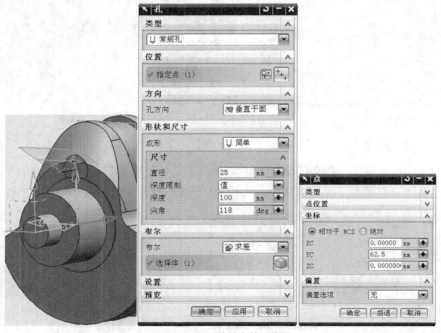

图9-51 设置孔的参数及位置

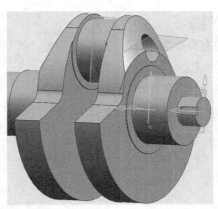

图9-52　完成孔的创建

8. 创建键槽

（1）在主轴颈一端创建一个相切的基准面，并建立"矩形键槽"，其长度为"36"，宽度为"8"，深度为"4"；定位尺寸为"20"，如图 9-53 所示，键槽完成创建，如图 9-54 所示。

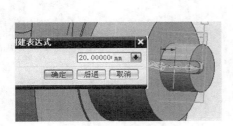

图9-53　【键槽定位】对话框

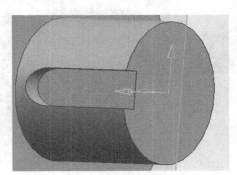

图9-54　主轴颈键槽创建

（2）用同样的方法，在曲轴后端连接轴的位置建立"矩形键槽"，长度为"40"，宽度为"12"，深度为"5.75"，如图 9-55 所示。定位尺寸为键槽所在圆柱的中心，距离两边均为40mm。

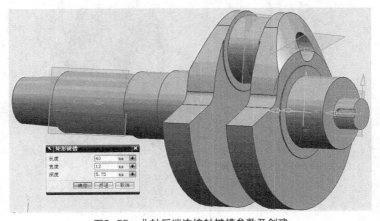

图9-55　曲轴后端连接轴键槽参数及创建

9. 曲轴后端螺纹轴颈创建

（1）应用【凸台】命令，建立直径为"41"，高度为"10"，拔模角为"0"的凸台。在其上再建立直径为"45"，高度为"18.5"，拔模角为"0"的凸台。

（2）创建螺纹，选择【插入】→【设计特征】→【螺纹】命令，选择螺纹类型为"详细的"，单击最后建立的凸台表面，"螺纹"参数如图9-56所示，单击【确定】按钮完成螺纹创建。

10. 创建埋头孔

设置埋头孔直径为"13.2"，埋头孔角度为"120"，孔径为"6.3"，孔深度为"14"，如图 9-57所示，定位为"圆弧中心"。

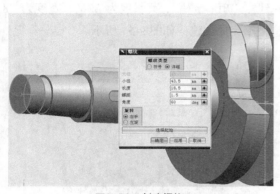

图9-56　创建螺纹

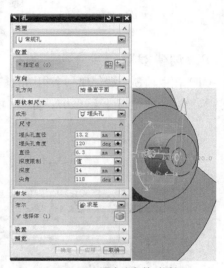

图9-57　埋头孔参数对话框

11. 边倒圆

选择图示的5条边，设置边倒圆半径为"5"，结果如图9-58所示。

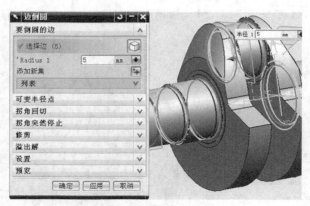

图9-58　边倒圆操作

12. 倒斜角

选择如图9-59所示的3条边，设置偏置为横截面"对称"，距离为"2"进行倒斜角操作。

13. 整理图形

将基准及曲线隐藏，最终完成的曲轴建模如图 9-60 所示。

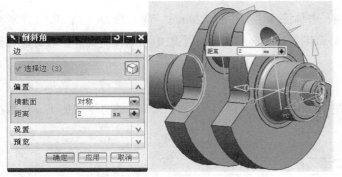
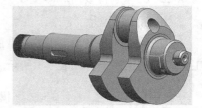

图9-59　倒斜角操作　　　　　　　　　　图9-60　最终完成的曲轴模型

加工综合实例

加工如图 9-61 所示的零件，零件材料为 HT150，毛坯为 120mm×120mm×42mm 的方料。

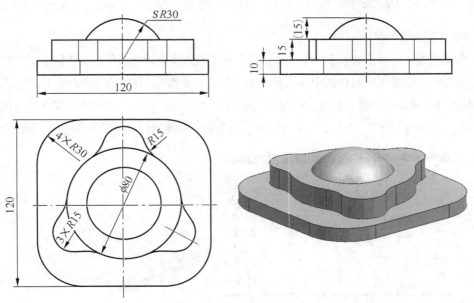

图9-61　加工综合实例零件

9.3.1 模型分析

1. 建模分析

模型零件如图 9-61 所示，可先绘制长方体底座，其中长 120mm，宽 120mm，高 10mm，圆角半径 30mm；然后，按尺寸绘制中间部分草图，拉伸高度 15mm 生成中间部分的实体；最上面直径为 60mm 的球冠直接用球体生成。

2. 加工分析

模型球冠部分采用"型腔铣"的方法来加工；下半部分利用"平面铣"的方法来加工。根据加工特点制定工序卡，如表 9-1 所示。

表 9-1　　　　　　　　　　　　模型加工工序卡（仅供参考）

加工工件	工步内容	加工模板	选用刀具	切削方式	步距宽度	切削用量		
						每刀深度 mm	转速 r/min	进给速度 mm/min
主模型	粗加工	型腔铣 + 创建 IPW	8mm 平底立铣刀	跟随工件外形	刀具直径 50%	2	1 000	500
	半精加工	型腔铣 + 使用 IPW	6mm 圆角立铣刀	往复平行式	刀具直径 50%	1	3 000	500
	精加工	陡峭区域等高轮廓铣	6mm 圆角立铣刀	跟随工件外形	恒定 0.1mm	0.5	3 000	500

9.3.2 设计过程

1. 建模设计过程

（1）底座建模。选择【插入】→【设计特征】→【长方体】命令或单击【特征】工具栏上的"长方体"命令图标，在弹出的对话框中输入长度为"120"，宽度为"120"，高度为"10"，选择"点构造器"，在弹出的对话框中输入长方体的起点坐标为（-60，-60，0），使坐标系零点坐落在长方体底面中心，单击【确定】按钮，然后，用【边倒圆】命令进行圆角操作，半径为 30mm，如图 9-62 所示。

图9-62　底座建模

（2）模型中间部分建模。选择底座上表面按尺寸绘制草图，拉伸高为 15mm，布尔求和，如图 9-63 所示。

图9-63 中间部分建模

（3）模型上面部分建模。创建直径为 60mm、圆心点坐标为（0，0，10）的球体，并用【修剪体】命令将球体多余部分修剪掉（注意预览，确认需要修剪的部分），如图 9-64 所示。然后，将球的顶部（修剪体后剩余的部分）和已建模型求和，得到最终的零件模型，如图 9-65 所示。

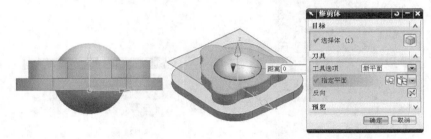

图9-64 上面部分建模

（4）绘制毛坯。先新建图层 2，再创建长方体毛坯，毛坯底面尺寸与所创建实体底面重合，毛坯长方体尺寸参数为：长 120mm，宽 120mm，高 42mm。绘制后，将图层 1 作为"当前工作层"，图层 2 作为"可选层"。创建后的毛坯如图 9-66 所示。

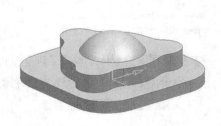

图9-65 最终的零件模型

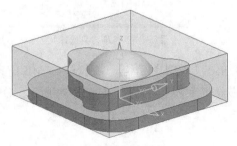

图9-66 毛坯的创建

2. 加工设计过程

（1）加工环境设置。选择【开始】→【加工】命令，进入 UG CAM 环境，在【CAM 会话配置】中选择"cam general"，然后，在【CAM 设置】中选择"mill_contour"（固定轴轮廓铣）铣削方式，单击【确定】，完成加工环境设置。

（2）创建程序。单击【创建程序】，在程序名称内输入"PROGRAM_01"，其他选项保持默认，单击【确定】按钮，完成程序的创建。

（3）创建刀具。单击【创建刀具】图标，在"子类型"区域中选择"mill"图标，名称输入为"MILL_D8"，其他选项保持默认。单击【应用】按钮，弹出"铣刀-5参数"对话框，输入直径为8mm的平底立铣刀的相关参数，如图9-67所示，单击【确定】按钮，完成第一把刀的创建。

同理，创建直径为6mm、圆角半径为1.5mm的立铣刀，名称为"MILL_D6"。

（4）创建几何体。

① 单击子类型中的"MCS"，单击【应用】按钮，弹出如图9-68所示的对话框，选择（原点，x轴，y轴），将加工坐标系选择到毛坯上表面的对角点，如图9-69所示。连续单击两次【确定】按钮，返回到【创建几何体】对话框。

图9-67　铣削刀具选择

图9-68　创建【MCS】对话框

② 单击【铣削几何体】，名称输入"MILL_GEOM_01"，其他选项保持默认。单击【确定】按钮，弹出【铣削几何体】对话框，如图9-70所示，分别指定加工部件为创建的主模型，毛坯为长方体。

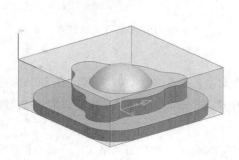

图9-69　创建【CSYS】对话框

图9-70　创建【铣削几何体】对话框

（5）创建方法。粗加工方法创建：在子类型中选择"MILL_METHOD"，在位置方法中选择"MILL_ROUGH"，名称输入"MILL_METHOD_01"，单击【应用】按钮，弹出【MILL_METHOD】对话框，选择"进给和速度"，在弹出的对话框中输入进给率为"500"，其他选项保持默认，完成粗加工方法设置。

半精加工方法创建：在子类型中选择"MILL_METHOD"，在位置方法中选择"MILL_SEMI_FINISH"，名称输入"MILL_METHOD_02"，单击【应用】按钮，弹出【MILL_METHOD】对话框，选择"进给和速度"，在弹出的对话框中输入进给率为"500"，其他选项保持默认，完成半精加工方法设置。

精加工方法创建：在子类型中选择"MILL_METHOD"，在位置方法中选择"MILL_FINISH"，名称输入"MILL_METHOD_03"，单击【应用】按钮，弹出【MILL_METHOD】对话框，选择"进给和速度"，在弹出的对话框中输入进给率为"500"，其他选项保持默认，完成精加工方法设置。

（6）创建操作。单击【创建操作】，在操作子类型中选择第 1 个图标"CAVITY_MILL"，在位置程序中选择"PROGRAM_01"，刀具选择"MILL_D8"，几何体选择"MILL_GEOM_01"，方法选择"MILL_METHOD_01"，名称输入"CAVITY_MILL_01"，单击【应用】按钮。

在弹出的【型腔铣】对话框中输入切削模式为"跟随部件"，步进为"刀具平直（刀具平面直径）"，百分比为"50%"，全局每刀深度为"2"，单击【进给和速度】，主轴速度输入"1000"，单击【生成】刀轨图标，如图 9-71 所示，生成加工模型的刀具轨迹如图 9-72 所示。单击【确认】后进行仿真加工，加工前选择 IPW（中间毛坯）为"保存"，将其放置到图层 3 中。粗加工后的模型生成图如图 9-73 所示。

图9-71　生成刀具轨迹图标

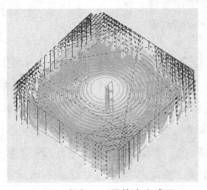

图9-72　粗加工刀具轨迹生成图

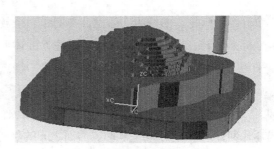

图9-73　粗加工后模型生成图

（7）半精加工。修改毛坯为粗加工创建的中间毛坯"IPW1"（即小平面），加工方法改为"半精加工"，切削模式为"跟随部件"，全局每刀深度为"1"，设置安全平面，生成半精加工刀具轨迹如图 9-74 所示。将创建的中间毛坯"IPW2"放置到图层 4 中。半精加工后的模型生成图如图 9-75 所示。

（8）精加工。同理，修改毛坯为半精加工时的中间毛坯"IPW2"（即小平面），加工方法改为"精加工"，切削模式为"跟随部件"，全局每刀深度为"0.5"，设置安全平面，刀具改为 D6 的球头立铣

刀，生成刀具轨迹如图 9-76 所示，精加工后的模型生成图如图 9-77 所示。

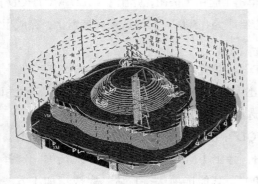

图9-74　半精加工刀具轨迹生成图

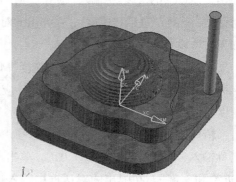

图9-75　半精加工后的模型生成图

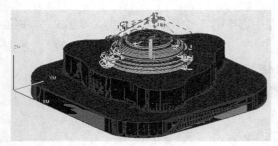

图9-76　精加工刀具轨迹生成图

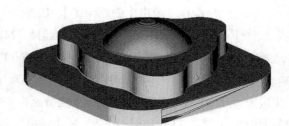

图9-77　精加工后的模型生成图

本 章 小 结

　　本章介绍了蜗轮、曲轴的实体设计实例和一个数控铣削加工实例。实体设计实例中运用了草图功能、坐标系旋转、块、凸台、螺纹、圆柱、锥体、球体、扫掠、拉伸、开槽、孔等特征操作进行建模，采用了边倒圆、拆分体、倒斜角、镜像、绕点或直线旋转、修剪体、引用特征、布尔运算、隐藏、显示等编辑操作命令。数控加工实例中运用了型腔铣削、平面铣削对实例零件进行加工操作，其中加工方法的选择及参数的设定是难点。加工操作步骤较多，参数设置烦琐，走刀轨迹复杂，尤其是选择几何体的 IPW 中间毛坯时，层面之间的保存和切换，有工作层、可见层、不可见层、可选层之间的选择应用，IPW 和工件几何体所在图层的切换选择较为困难。另外，切削参数的设置和切削方法的选择更需要长时间的练习和实践，最好结合企业实际加工产品进行实训。

练 习 题

　　1. UG NX 6.0 型腔铣削适合什么工件加工？

第 9 章　UG NX 6.0 应用综合实例　299

2. IPW 中间毛坯有何用途，怎样创建?

3. 完成如图 9-78 所示零件的实体造型和加工轨迹的生成、仿真。

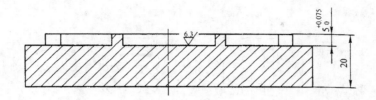

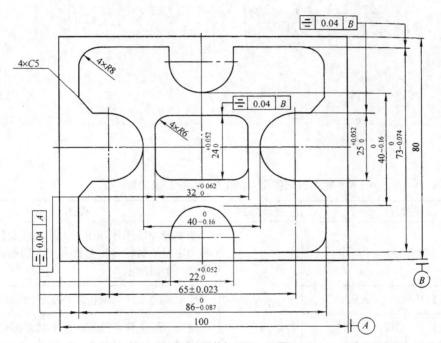

图9-78　零件加工图　习题3

附　录

| 数控铣削类型及功能 |

子类型	处理方式	描述
CAVITY_MILL	型腔铣	基本型腔铣操作，用于去除毛坯及部件所定义的一定量的材料，带有许多平面切削模式，型腔铣常用于粗加工
ZLEVEL_FOLLOW_CAVITY		使用跟随工件切削模式在形状内部切削
ZLEVEL_FOLLOW_CORE		使用跟随工件切削模式在形状外部切削
CORNER_ROUGH		用于切削拐角中的剩余材料，这些材料因前一刀具的直径和拐角半径关系而无法去除
ZLEVEL_PROFILE	Z 级铣削	基本的 Z 级铣削，用于以平面切削方式对部件或切削区域进行轮廓铣
ZLEVEL_PROFILE_STEEP		与 ZLEVEL_PROFILE 相同，但只切削陡峭区域。经常与 CONTOUR_ AREA_NON_STEEP 一起使用，以便在精加工切削区域时控制残余波峰
ZLEVEL_CORNER		用于精加工前一刀具因直径和拐角半径关系而无法到达的拐角区域
FIXED_CONTOUR	曲面轮廓铣	基本的固定轴曲面轮廓铣操作，用于以各种驱动方式、包容和切削模式轮廓铣部件或切削区域，刀具轴是+ZM

续表

子类型	处理方式	描述
CONTOUR_AREA		区域铣削驱动，用于以各种切削模式切削选定的面或切削区域。常用于半精加工和精加工
CONTOUR_AREA_NON_STEEP	曲面轮廓铣	与 CONTOUR_AREA 相同，但只切削非陡峭区域。经常与 ZLEVEL_PROFILE_STEEP 一起使用，以便在精加工切削区域时控制残余波峰
CONTOUR_AREA_DIR_STEEP		区域铣削驱动，用于以切削方向为基础，只切削非陡峭区域，与 CONTOUR_ZIGZAG 或 CONTOUR_AREA 一起使用，以便通过十字交叉前一往复切削来降低残余波峰
CONTOUR_SURFACE_AREA		用于曲面区域驱动，它使用单一驱动曲面的 U–V 方向，或者是曲面的直角坐标网格
FLOWCUT_SINGLE		自动清根驱动方式，单刀路，用于精加工或减轻角及谷
FLOWCUT_MULTIPLE		自动清根驱动方式，多刀路，用于精加工或减轻角及谷
FLOWCUT_REF_TOOL		自动清根驱动方式，以前一参考刀具直径为基础的多刀路。用于铣削剩下的角和谷
FLOWCUT_SMOOTH		与 FLOWCUT_REF_TOOL 相同，只是平稳进刀、退刀和移刀，用于高速加工
PROFILE_3D	平面铣	特殊的三维轮廓铣切削类型，其深度取决于边界中的边或曲线，常用于修边
CONTOUR_TEXT	曲面轮廓铣	切削制图注释中的文字，用于三维雕刻
MILL_USER	用户自定义	此刀轨由定制的 NX Open 程序生成
MILL_CONTROL	机床控制	它只包含机床控制事件

表 A2　　　　　　　　　　平面铣削类型（Mill_Planar）及功能

子类型	处理方式	描述
FACE_MILLING_AREA		"面铣削区域"有部件几何体、切削区域、壁几何体、检查几何体和自动壁面选择
FACE_MILLING	面铣削	基本的面切削操作，用于切削实体上的平面
FACE_MILLING_MANUAL		混合切削模式，各个面上都不同。其中的一种切削模式是手动，它能够把刀具正好放在所需的位置，就像教学模式一样

续表

子类型	处理方式	描述
PLANAR_MILL	平面铣	基本平面铣操作，它采用多种切削模式加工二维边界及平底面
PLANAR_PROFILE		特殊的二维轮廓铣切削类型，用于在不定义毛坯的情况下进行轮廓铣，常用于修边
ROUGH_FOLLOW		使用跟随工件切削模式的平面铣
ROUGH_ZIGZAG		使用往复切削模式的平面铣
ROUGH_ZIG		使用单向轮廓铣切削模式的平面铣
CLEANUP_CORNERS		使用来自于前一操作的二维 IPW，以跟随部件切削类型进行平面铣，常用于清除角，因为这些角中有前一刀具留下的材料
FINISH_WALLS		将余量留在底面上的平面铣
FINISH_FLOOR		将余量留在壁上的平面铣
THREAD_MILLING	螺纹铣	使用螺旋切削铣削螺纹孔
PLANAR_TEXT	平面铣（非高速）	切削制图注释中的文字，用于二维雕刻
MILL_CONTROL	螺纹铣	它只包含机床控制事件
MILL_USER	螺纹铣	此刀轨由定制的 NX Open 程序生成

表 A3　　　　　　　多轴铣削类型（Mill_Multi_Axis）及功能

子类型	处理方式	描述
VARIABLE_CONTOUR	曲面轮廓铣	基本的可变轴曲面轮廓铣操作，用于以各种驱动方式、包容和切削模式轮廓铣部件或切削区域，刀具轴控制有多种
VC_MULTI_DEPTH		可变轴曲面轮廓铣操作，其多个刀路均偏离部件
VC_BOUNDARY_ZZ_LEAD_LAG		可变轴曲面轮廓铣操作，具有边界驱动方式、往复切削模式和刀具轴（由前/后角定义）
VC_SURF_AREA_ZZ_LEAD_LAG		可变轴曲面轮廓铣操作，具有曲面区域驱动方式、往复切削模式和刀具轴（由前/后角定义）
CONTOUR_PROFILE		使用轮廓铣驱动方式的可变轴曲面轮廓铣操作。通过选择底面，使用此操作可以使用刀具侧面来加工带有角的壁

续表

子类型	处理方式	描述
FIXED_CONTOUR	曲面轮廓铣	基本的固定轴曲面轮廓铣操作,用于以各种驱动方式、包容和切削模式轮廓铣部件或切削区域。刀具轴可以设为用户定义的矢量
SEQUENTIAL_MILL	顺序铣	也称为 GSSM,它与 APT 相似。刀具由部件、检查和驱动曲面驱动。当需要对刀具运动、刀具轴和环回进行全面控制时,应使用此类型
ZIG_ZAG_SURFACE	往复曲面	对于新程序,不能使用传统操作类型

参考文献

［1］杨晓琪，胡仁喜. UG NX 6.0 中文版标准教程. 北京：清华大学出版社，2008.

［2］张云杰. UG NX 6.0 中文版基础教程. 北京：清华大学出版社，2009.

［3］袁峰. 计算机辅助设计与制造实训图库. 北京：机械工业出版社，2007.

［4］沈春根，许洪龙，周丽萍. UG 曲面造型实例教程. 北京：化学工业出版社，2007.

［5］申爱民. UG NX 6.0 完全自学教程. 北京：中国铁道出版社，2010.

［6］王卫兵，田秀红. UG NX 6 数控编程实用教程（第 2 版）. 北京：清华大学出版社，2010.

［7］李体仁. UG NX 6.0 数控加工. 北京：化学工业出版社 2010.

［8］孟英爱. CAD/CAM 技术应用——UG NX 6.0 实训教程. 北京：清华大学出版社，2012.

［9］胡仁喜，路纯红，刘昌丽. UG NX 5.0 中文版标准教程. 北京：科学出版社，2008.